Erich Lamprecht

Lineare Algebra 1

2., korrigierte Auflage

Springer Basel AG

Prof. Dr. Erich Lamprecht, geboren in Mainz, Studium der Mathematik in Berlin, Promotion 1952 in Berlin, Habilitation für Mathematik 1955 in Würzburg, seit 1963 o. Professor für Mathematik an der Universität des Saarlandes in Saarbrücken.

Die erste Auflage dieses Titels erschien 1980 in der Reihe UTB.

Die Deutsche Bibliothek – CIP-Einheitsaufnahme

Lamprecht, Erich:
Lineare Algebra / Erich Lamprecht. – Basel ; Boston ; Berlin :
Birkhäuser.
1.–2., korrigierte Aufl. – 1993
  ISBN 978-3-7643-2830-6   ISBN 978-3-0348-8551-5 (eBook)
  DOI 10.1007/978-3-0348-8551-5

Vorwort zur 1. Auflage

Da die Zahl der Lehrbücher, Taschenbücher und Vorlesungsskripten zur «Linearen Algebra» nicht gering ist, soll zunächst eine Einordnung des vorliegenden Buches und eine kurze Schilderung seiner Zielsetzung gegeben werden.

Dieses Buch entstand aus Vorlesungen und weiteren Lehrveranstaltungen gleichen Titels, die ich an der Universität des Saarlandes mehrfach durchgeführt habe. Sie richteten sich hauptsächlich an Studierende der Mathematik und Informatik ab zweitem Studiensemester. Dieser Hörerkreis hatte zuvor im ersten Studiensemester gemeinsam mit Studierenden der Physik, der Elektrotechnik und anderer Ingenieurfächer eine einführende Vorlesung zur Algebra und linearen Algebra besucht und dabei, neben einigen Grundbegriffen und allgemeinen Hilfsmitteln aus der Algebra, insbesondere die wichtigsten Rechentechniken der linearen Algebra in praxisnaher Fassung kennengelernt. Auch an anderen Universitäten dürfte eine ähnliche Situation vorliegen – nämlich, daß nur ein Teil des Kurses der linearen Algebra von Mathematikern und Naturwissenschaftlern bzw. Technikern gemeinsam gehört wird, während der zweite Teil vornehmlich den Mathematikstudenten vorbehalten bleibt.

Die Vorkenntnisse aus dem ersten Studiensemester sind in meiner an gleicher Stelle erschienenen «Einführung in die Algebra» geschildert. Mit der «Linearen Algebra» soll zugleich ein denkbares Konzept für eine Fortsetzung dieser Einführungsvorlesung vorgestellt werden, d.h. eine mögliche Gliederung und Aufteilung des Gesamtgegenstandes beschrieben werden. Die Frage von Kollegen nach dem Inhalt meines Konzeptes für den zweiten Teil dieses Kurses in Algebra gab mir den Anstoß für diese Niederschrift.

Diese «Lineare Algebra» wendet sich somit vornehmlich an Leser, die schon gewisse Kenntnisse und Erfahrung im Umgang mit einfachen konkreten Spezialfällen der linearen Algebra besitzen, wie z.B. der Auflösung linearer Gleichungssysteme, dem Rechnen mit n-tupeln und Matrizen sowie der Determinantentheorie und mit algebraischen Grundbegriffen. Darüber hinaus sollte es jedoch auch für Studienanfänger verständlich sein, die gute Schulkenntnisse der linearen Algebra besitzen bzw. bereit sind, sich zusätzliche Rechenpraxis parallel zum Studium des Gegenstandes anzueignen. In dem einleitenden Paragraphen des Buches sind deshalb alle benötigten Begriffe, Bezeichnungen und Ergebnisse noch einmal aufgelistet.

Der Gesamtumfang dieser «Linearen Algebra» umfaßt die Gegenstände, die man in einer vierstündigen Vorlesung mit anschließender Ergänzung bzw. einem Proseminar in den Grundzügen behandeln kann. Hierzu gehören die Theorie der K-Vektorräume und ihrer Homomorphismen einschließlich einiger Grundtatsachen über Moduln und Dualität (Kapitel I), eine systematische Untersuchung der Eigenschaften und Wirkungen von K-Endomorphismen, der Bedeutung der Elementarteilertheorie und ihre Anwendungen auf Normalformenprobleme für Matrizen (Kapitel II), sowie die Diskussion semibilinearer und quadratischer Formen, unitärer und euklidischer Räume und spezieller linearer Abbildungen (Kapitel III). Weiter stellen einige Grundtatsachen aus der multilinearen Algebra (Kapitel IV) und Kenntnisse über die Anwendungen der linearen Algebra in der Geometrie (Kapitel V) ein wünschenswertes Wissen für Studierende der Mathematik und ihrer Anwendungsfächer dar.

Natürlich sind diese Gegenstände teilweise unabhängig voneinander und gehören nicht alle zum obligatorischen Wissen. Die anschließenden «Hinweise für den Leser» und der «Leitfaden» sollen dem Leser die logischen Abhängigkeiten und damit diverse Wege durch diesen Gegenstand aufzeigen und Auswahlmöglichkeit erleichtern. Den einzelnen Paragraphen sind Ergänzungen beigefügt, in denen jeweils eine Weiterführung und Vertiefung des behandelten Themas skizziert wird. Der Inhalt dieser Ergänzungen wird – bis auf wenige angegebene Ausnahmen – bei dem späteren Stoff nicht vorausgesetzt (vgl. auch die «Hinweise für den Leser»); diese Ergänzungen sollen zugleich bei Interesse zu weitergehenden Studien anregen. Darüber hinaus sind den einzelnen Paragraphen jeweils Aufgaben zum Thema beigefügt.

Die Aufteilung dieser Linearen Algebra in zwei Teilbände war aus drucktechnischen Gründen geboten. Da die ersten beiden Kapitel deutlich umfangreicher als der Rest sind, ein in sich abgeschlossenes Thema umfassen (Theorie der Vektorräume bei allgemeinem Grundkörper) und zugleich den Inhalt meines früheren

Buches «Einführung in die Algebra» sinnvoll ergänzen, bot es sich an, hier einen Einschnitt vorzunehmen.

Kollegen, Mitarbeiter und Studenten gaben mir in Gesprächen viele Anregungen und Hinweise für die Stoffauswahl und Gliederung dieses Buches. Bei der Auswahl des Übungsprogramms gingen Anregungen der Herren H. Augustin und G. Lehrmann ein; die Manuskriptreinschrift besorgte Frl. Chr. Wilk, bei der Manuskripterstellung und beim Lesen der Korrekturen halfen mir darüber hinaus Herr Andres, Frl. Schommer sowie meine Frau und meine Tochter. Ihnen allen gilt mein Dank hierfür. Schließlich danke ich dem Birkhäuser Verlag für die Aufnahme dieses Buches in die UTB-Reihe Mathematik und das große Entgegenkommen bei der drucktechnischen Gestaltung.

Saarbrücken, Frühjahr 1980

E. Lamprecht

Vorwort zur 2. und korrigierten Auflage

Allen, die mir durch Hinweise auf Druckfehler und Ungenauigkeiten bei der Verbesserung der vorliegenden Neuauflage dieses Buches und seiner Fortsetzung geholfen haben, bin ich hierfür dankbar. Für die schnelle Ausführung des korrigierten Nachdruckes des Bandes sowie die drucktechnische Ausstattung gilt mein Dank dem Birkhäuser Verlag.

Saarbrücken, Sommer 1992   E. Lamprecht

Hinweise für den Leser

Für das Verständnis dieses Buches ist es nützlich, einige Kenntnisse und praktische Erfahrungen in elementaren Tatsachen und Rechentechniken der Algebra zu besitzen (z.B. elementare Gleichungs-, Matrizen- und Determinantentheorie). Diese Gegenstände sind z.B. in meinem Buch

> Einführung in die Algebra (vgl. «Ergänzende Literatur»)
> im folgenden zitiert mit EA,

enthalten. Zur Bequemlichkeit des Lesers schließen wir uns in der Terminologie EA an und zitieren gelegentlich zusätzliches Illustrationsmaterial und Ergebnisse von dort unter Angabe der Paragraphen-, Satz- bzw. Formelnummern aus EA (z.B. EA, Satz 8.14 usw.).

Im anschließenden Leitfaden geben wir die logische Abhängigkeit der einzelnen Paragraphen dieses Bandes und die Beziehungen zu Band 2 an. Die den Paragraphen angefügten Ergänzungen (zitiert z.B. mit §1, E) sind nur in den wenigen Fällen für das Verständnis des Nachfolgenden erforderlich, die im Leitfaden angegeben werden Ansonsten wird der Inhalt dieser Ergänzungen nicht als bekannt vorausgesetzt; sie sollen es vielmehr dem Leser ermöglichen – sozusagen in einem Baukastensystem–, nach Interesse und Neigung die Kenntnisse der betreffenden Gegenstände (eventuell bei einer späteren Zweitlektüre) zu vertiefen und zu erweitern.

Schließlich wird noch eindringlich empfohlen, an Hand der beigefügten Aufgaben zu überprüfen, ob die behandelten Gegenstände beherrscht werden.

Leitfaden

Band 1

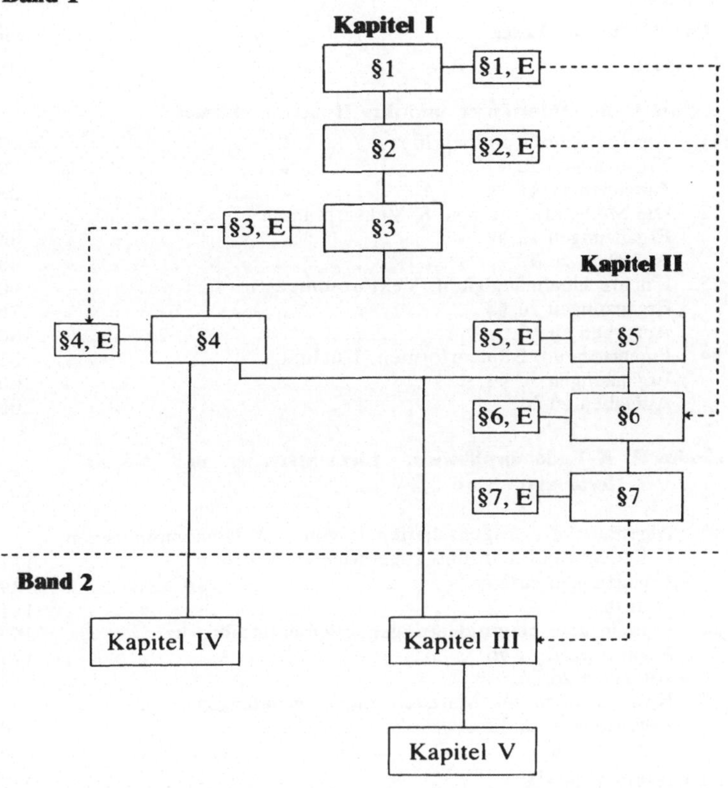

Vgl. auch das Inhaltsverzeichnis.
- - - →: Ergebnisse werden zum Teil benötigt

ix

Inhaltsverzeichnis

Kapitel I
K-Vektorräume und ihre Homomorphismen

Dieses Kapitel enthält eine in sich abgeschlossene Darstellung der Theorie der K-Vektorräume und ihrer Homomorphismen. Vektorräume endlicher Dimension über beliebigen kommutativen Körpern K stehen hierbei im Vordergrund des Interesses, doch soll auch auf unendlich-dimensionale Vektorräume eingegangen werden. In diesem Zusammenhang wollen wir den begrifflichen Hintergrund dieser wichtigen algebraischen Struktur (R-Modulstruktur bzw. die Konsequenzen aus der Körpereigenschaft des Skalarbereiches) einsichtig machen und dabei einige propädeutische Kenntnisse von diesem Gegenstand annehmen.

Die Bedeutung dieser hier eingeführten Begriffe liegt in ihrer Allgemeinheit, d.h. in der Tatsache, daß sie in den verschiedenartigsten Gebieten wie Algebra, Analysis, Geometrie und Anwendungsgebieten der Mathematik auftreten. Dies illustrieren wir an geeigneten Beispielen und Aufgaben, wobei wir beim Leser gewisse Vorkenntnisse aus diesen Anwendungsbereichen erwarten. Den einzelnen Paragraphen dieses Kapitels sind Ergänzungen und Aufgaben beigefügt, für die das in den «Hinweisen für den Leser» Gesagte zu beachten ist.

Im einleitenden §1 werden einige einfache Tatsachen und Bezeichnungen der elementaren Algebra noch einmal zusammengestellt und etwas weitergeführt. Diese Auflistung soll dem Leser das Nachschlagen von Bezeichnungsweisen erleichtern und ihn an einige im folgenden benutzte Rechentechniken erinnern. So führen wir z.B. Matrizen über beliebigen kommutativen Ringen R mit Einselement ein und erklären auch die zugehörigen Determinanten unter dieser Voraussetzung, die ja für viele Anwendungen wichtig ist. Speziell bei euklidischen Ringen R kann man durch eine Kombination von Gaußschem und euklidischem Algorithmus Matrizen auf Diagonalform bringen. – In den Ergänzungen zu §1 werden die Zusammenhänge zwischen Zeilen- und Spaltenoperationen und Matrizenmultiplikation aufgezeigt und als Beispiel eines Schiefkörpers der Quaternionenschiefkörper **H** diskutiert.

Der Definition des K-Vektorraumes V über einem beliebigen kommutativen Körper K stellen wir in §2 die des R-Linksmoduls zur Seite. Es werden dann die Teile der Theorie der Vektorräume behandelt, die bei nahezu ungeändertem Beweis auch für R-Linksmoduln gelten (es genügt jedoch, dabei zunächst an K-Vektorräume zu denken): Teilräume, Durchschnitte, Erzeugnisse, direkte Summen, Faktorräume, K-Homomorphismen (lineare Abbildungen) $\varphi : V \to W$, Homomorphiesatz, sowie die Struktur von Homomorphismen- und Endomorphismenmengen. – Die Ergänzungen von §2 enthalten einige weitere Bemerkungen zum Modulbegriff, über Diagramme und exakte Sequenzen von Homomorphismen und als Illustration den 2. Isomorphiesatz für R-Linksmoduln in verschiedenen Beschreibungen.

Ist der Skalarenbereich K ein Körper, d.h. liegt ein K-Vektorraum vor, so erhält man (§3) die auf dem Begriff der linearen Unabhängigkeit aufbauenden Folgebegriffe, wie z.B. Basis und Dimension mit ihren einfachen Eigenschaften; als eines der Haupthilfsmittel dient dabei der Austauschsatz von Steinitz. Da ein endlich-dimensionaler K-Vektorraum durch seine Dimension bis auf Isomorphie eindeutig bestimmt ist, liefern die Dimensionen (bei festem K), genauer die arithmetischen Vektorräume K^n, ein Repräsentantensystem der Isomorphieklassen endlich-dimensionaler Vektorräume. Den Strukturaussagen aus §2 entsprechen Dimensionsaussagen, und man kann den Homomorphismen φ bzgl. Basen $\mathfrak{a}$ und $\mathfrak{b}$ von V und W umkehrbar eindeutig Matrizen $A_{\mathfrak{a},\mathfrak{b}}^{\varphi}$ zuordnen. Diese Zuordnung und ihr Formalismus ist so gewählt, daß sie bei arithmetischen Vektorräumen mit den üblichen Regeln der Matrizenrechnung übereinstimmt und daß der Hintereinanderausführung von Homomorphismen das Matrizenprodukt in der gleichen Reihenfolge entspricht. – In den Ergänzungen zu §3 wird noch auf Isomorphiesätze und insbesondere auf unendlich-dimensionale Vektorräume (Existenz einer Basis) eingegangen.

Die Grundtatsachen über lineare Funktionen, den dualen Vektorraum, nichtausgeartete Bilinearformen B und allgemeine Dualität bilden den Hauptinhalt von §4. Insbesondere im endlich-dimensionalen Fall kann man mittels der zugehörigen Fundamentalmatrizen $G_{\mathfrak{a},\mathfrak{b}}^{B}$ einige Folgeaufgaben (Orthogonalräume) auf die Lösung linearer Gleichungssysteme zurückführen. Eine Matrix A kann dann sowohl als Transformationsmatrix $A_{\mathfrak{a},\mathfrak{b}}^{\varphi}$ (§3) als auch als

2

Fundamentalmatrix $G_{a,b}^{B}$ interpretiert werden (vgl. auch Kapitel III); dies eröffnet später wesentliche Zugänge zur Untersuchung und Klassifikation von Matrizen. – Die Ergänzungen zu §4 enthalten u.a. Überlegungen zum unendlich-dimensionalen Fall und zur Eindeutigkeit des Dualraumes. Einige Bemerkungen zum Auftreten von Vektorräumen und ähnlichen Strukturen in Anwendungsgebieten runden diese Ergänzungen ab.

§1 Algebraische Grundbegriffe

In diesem Paragraphen sollen zunächst einige Bezeichnungen, Definitionen und Schreibweisen aus der elementaren Algebra zur Bequemlichkeit des Lesers zusammengestellt werden. Für eine ausführliche Darstellung dieser Gegenstände vergleiche auch EA.

Bezeichnung. Wir verwenden die folgenden Standardbezeichnungen bei den angegebenen wichtigen Mengen:

$\mathbf{N}: = \{1, 2, 3, \ldots\}$ Menge der *natürlichen Zahlen*;

$\mathbf{N_0}: = \{0, 1, 2, 3, \ldots\}$ Menge der *nichtnegativen ganzen Zahlen*;

$\mathbf{N}_n: = \{1, 2, \ldots, n\}$ Menge der Zahlen von 1 «bis» n;

$\mathbf{Z}: = \{\ldots, -3, -2, -1, 0, 1, 2, 3, \ldots\}$ Menge der *ganzen Zahlen*;

$\mathbf{Q}$: Menge der *rationalen Zahlen*;

$\mathbf{R}$: Menge der *reellen Zahlen*.

Ist $M \neq \emptyset$, d.h. eine nichtleere Menge, so ist eine (*innere*) *algebraische Verknüpfung auf M* eine Zuordnung

$$f : M \times M \rightarrow M \text{ mit}$$
$$M \times M \ni (a, b) \mapsto f(a, b) = a \circ b \in M; \tag{1.1}$$

mit $(M; \circ)$ wird die *algebraische Struktur* mit der Verknüpfung $\circ$ gemäß (1.1) bezeichnet (andere Verknüpfungszeichen: $+, \cdot, *$ usw.).

Definition 1A. $(G; \circ)$ mit $G \neq \emptyset$ heißt eine *Gruppe*, falls gilt:

$(G_1) = (A^\circ)$ Die Verknüpfung $\circ$ ist assoziativ, d.h.

$$(a \circ b) \circ c = a \circ (b \circ c) \quad \text{für alle } a, b, c \in G. \tag{1.1a}$$

(G_2) Es gibt ein eindeutig bestimmtes neutrales Element $n \in G$ mit

$$\text{(i)} \quad a \circ n = n \circ a = a \quad \text{für jedes } a \in G. \tag{1.1b}$$

(ii) Zu jedem $a \in G$ gibt es ein eindeutig bestimmtes inverses Element $a' \in G$ mit

$$a \circ a' = a' \circ a = n. \tag{1.1c}$$

Ist in $(G; \circ)$ zusätzlich noch

(K°) $a \circ b = b \circ a$ für alle $a, b \in G$ $\tag{1.1d}$

erfüllt, so heißt $(G; \circ)$ eine *abelsche* oder *kommutative Gruppe*.

Bemerkung 1. Gruppen können zum Beispiel durch *Verknüpfungstafeln* gegeben werden; ein weiteres wichtiges Beispiel ist die Gruppe $(\mathfrak{S}_n; \circ)$ der Permutationen von n Ziffern, d.h. von $\mathbf{N}_n$, wobei die Verknüpfung durch Hintereinanderausführung der zugehörigen Abbildungen erklärt ist (vgl. auch EA, §2 und §12).

Eine erste wichtige Struktur mit zwei algebraischen Verknüpfungen erhält man durch

Definition 1B. Ist $R \neq \varnothing$, so heißt $(R; +, \cdot)$ mit zwei algebraischen Verknüpfungen $+$ und $\cdot$ ein *Ring*, falls gilt:
(R_1) $(R; +)$ ist eine additive abelsche Gruppe.
(R_2) Die Multiplikation $\cdot$ ist assoziativ.
(R_3) Für beliebige $a, b, c \in R$ gelten die Distributivregeln

$$(D) \quad a \cdot (b + c) = a \cdot b + a \cdot c \quad \text{und}$$

$$(D') \quad (a + b) \cdot c = a \cdot c + b \cdot c.$$

Existiert in R zusätzlich ein Element $1 \neq 0$ mit

$(N^{\times})$ $1 \cdot a = a \cdot 1 = a$ für alle $a \in R$,

d.h. ein neutrales Element der Multiplikation, so heißt $(R; +, \cdot)$ ein *Ring mit Einselement*.

Durch zusätzliche Bedingungen erhält man folgende wichtige Spezialfälle:

Definition 1B'. Ein Ring $(R; +, \cdot)$ mit der Eigenschaft

$(K^{\times})$ $a \cdot b = b \cdot a$ für alle $a, b \in R$

   (Kommutativität der Multiplikation)

heißt ein *kommutativer Ring*. Ein kommutativer Ring R mit Einselement, der nullteilerfrei ist, d.h. mit der Eigenschaft

$$a \neq 0, \quad b \neq 0 \Rightarrow a \cdot b \neq 0 \tag{1.1e}$$

heißt ein *Integritätsring* oder *Integritätsbereich*.

Definition 1C. Ein Ring $(K; +, \cdot)$ mit mindestens zwei verschiedenen Elementen heißt ein (kommutativer) *Körper*, wenn für $K^* := K \setminus \{0\}$ gilt:

(K_2) $(K^*; \cdot)$ ist eine abelsche Gruppe.

Bemerkung 2. Ein Körper ist also zugleich ein Integritätsring, nur daß die Multiplikation der Elemente $\neq 0$ zusätzlich invertierbar ist. – Falls in einem Ring R für Elemente a, b (1.1e) verletzt ist, spricht man von *Nullteilern*.

Wir erinnern nun an einige wichtige Beispiele für diese Strukturen:

$\boxed{1}$ Mit üblicher Addition und Multiplikation ist
   $(\mathbf{Z}; +, \cdot)$ ein Integritätsring,
   $(\mathbf{Q}; +, \cdot)$ ein Körper,
   $(\mathbf{R}; +, \cdot)$ ein Körper.

$\boxed{1a}$ Ist $n > 1$, $\in \mathbf{N}$ und R ein (kommutativer) Ring mit 1, so ist $R^n = \{(x_1, \ldots, x_n) \mid x_i \in R(i = 1, \ldots, n)\}$ mit der «komponentenweisen» Addition

$$(x_1, \ldots, x_n) + (y_1, \ldots, y_n) := (x_1 + y_1, \ldots, x_n + y_n)$$

eine abelsche additive Gruppe, die bei der zusätzlichen Multiplikation

$$(x_1, \ldots, x_n) \cdot (y_1, \ldots, y_n) := (x_1 y_1, \ldots, x_n y_n)$$

ein (kommutativer) Ring mit 1 wird, der kein Integritätsring ist, da er Nullteiler enthält wie z.B. (vgl. (1.1e)):

$$(1, 0, \ldots, 0) \cdot (0, \ldots, 0, 1) = (0, 0, \ldots, 0).$$

Dies gilt auch dann, wenn $R = K$ ein Körper ist, d.h. wenn K^n betrachtet wird.

Bemerkung 3. Ist K ein Körper, so ist $(K^n; +)$ mit der äußeren Verknüpfung

$$K \times K^n \to K^n \quad \text{mit}$$
$$(\rho, x) \mapsto \rho \cdot x = \rho \cdot (x_1, \ldots, x_n) := (\rho x_1, \ldots, \rho x_n) \tag{1.1f}$$

der sogenannte *arithmetische K-Vektorraum der n-tupel über K* (vgl. EA, §5); der Malpunkt in (1.1f) weist auf die Verknüpfung zwischen $\rho \in K$ und $x \in K^n$ hin. Wir schreiben später oft $\tilde{x}^T = (\xi_1, \ldots, \xi_n)$ für Zeilen-n-tupel aus K^n und $\tilde{x}$ für die entsprechenden Spalten-n-tupel.

Ein weiterer wichtiger Ringtypus ist der des *Polynomringes $R[X]$ in X über einem kommutativen Ring R mit* 1 (für eine genauere Definition vgl. EA, § 9, insbesondere Definition 9D), d.h.:

$\boxed{2}$ $R =$ kommutativer Ring mit Einselement; dann bedeute

$$R[X] := \left\{ f = f(X) = \sum_{\nu \geq 0} a_\nu X^\nu \mid a_\nu \in R, \, \nu \in \mathbf{N}_0 \right\} \tag{1.2}$$

(jeweils endliche Summen, fast alle $a_\nu = 0$),

d.h. die Gesamtheit der Polynomausdrücke $f(X)$ mit den Verknüpfungen

$$f(X) + g(X) = \sum_\nu a_\nu X^\nu + \sum_\nu b_\nu X^\nu := \sum_\nu (a_\nu + b_\nu) X^\nu \tag{1.2a}$$

bzw.

$$f(X) \cdot g(X) = \left(\sum_{\rho \geq 0} a_\rho X^\rho \right) \cdot \left(\sum_{\mu \geq 0} b_\mu X^\mu \right)$$
$$:= \sum_{\nu \geq 0} \left(\sum_{\rho + \mu = \nu} a_\rho b_\mu \right) X^\nu ; \tag{1.2b}$$

mit $f = 0$ bezeichnen wir das Nullpolynom (Nullelement von $R[X]$). Falls $f \neq 0$, bezeichne

$$d(f) := \underset{a_\nu \neq 0}{\mathrm{Max}} \, \nu \quad \in \mathbf{N}_0 \, (a_\nu \text{ Koeffizient von } f) \tag{1.2c}$$

den *Grad* von f. $R[X]$ enthält in Form der Polynome 0-ten Grades und des Nullpolynoms R als Teilring. Ist R ein Integritätsring, so auch $R[X]$ und es gilt

$$d(f \cdot g) = d(f) + d(g) \quad \text{für } f, g \neq 0. \tag{1.2d}$$

Ist $f(X) \in R[X]$ vom Grad $d = d(f)$ und ist $a_d = 1$, d.h. ist der höchste Koeffizient $= 1$, so heißt f ein *normiertes Polynom*.

Man kann derartige Polynomringe auch über nichtkommutativen Ringen R mit Einselement einführen.

6

Nun noch einige weitere algebraische Begriffe:

Bezeichnungen. Ist $(G; \circ)$ eine Gruppe, so nennt man eine Teilmenge $U \neq \varnothing$, $U \subseteq G$, die bzgl. $\circ$ selbst eine Gruppe bildet, eine *Untergruppe* $U \leq G$. Entsprechend nennt man eine nichtleere Teilmenge R_0 eines Ringes $(R; +, \cdot)$, die bzgl. $+$ und $\cdot$ einen Ring bildet, einen *Teilring* oder *Unterring* von R; R heißt dann ein *Erweiterungsring* von R_0.

Definition 1D. Sind $(G; \cdot)$ und $(G'; \cdot)$ Gruppen, so heißt eine Abbildung

$$\varphi : G \to G' \quad \text{mit}$$
$$\varphi(x \cdot y) = \varphi(x) \cdot \varphi(y) \quad \text{für } x, y \in G \tag{1.3}$$

ein *Gruppenhomomorphismus*; sind $(R; +, \cdot)$ und $(R'; +, \cdot)$ Ringe, so heißt eine Abbildung

$$\varphi : R \to R' \quad \text{mit}$$
$$\varphi(x + y) = \varphi(x) + \varphi(y) \quad \text{und} \quad \varphi(x \cdot y) = \varphi(x) \cdot \varphi(y) \tag{1.3a}$$

ein *Ringhomomorphismus*.

Bemerkung 4. Ist φ ein Gruppenhomomorphismus, so ist sein *Kern*

$$\text{Kern } \varphi := \{x \in G \mid \varphi(x) = 1 \text{ in } G'\} = U \trianglelefteq G \tag{1.3b}$$

ein *Normalteiler* von G, d.h.

$$(U; \cdot) \text{ ist selbst eine Untergruppe von } G \text{ mit}$$
$$a \cdot U = U \cdot a \quad \text{für alle } a \in G. \tag{1.3c}$$

Ist φ ein Ringhomomorphismus, so ist sein Kern

$$\text{Kern } \varphi := \{x \in R \mid \varphi(x) = 0 \text{ in } R'\} = \mathfrak{a} \tag{1.3d}$$

ein zweiseitiges *Ideal* in R, d.h.

$$a, b \in \mathfrak{a}, r \in R \Rightarrow a \pm b \in \mathfrak{a}; r \cdot a \in \mathfrak{a}, a \cdot r \in \mathfrak{a}. \tag{1.3e}$$

Bezeichnungen. Ein bijektiver Homomorphismus wird *Isomorphismus* genannt. Ein Isomorphismus von G bzw. R mit sich, d.h.

$$\varphi : G \leftrightarrow G \quad \text{bzw.} \quad \varphi : R \leftrightarrow R \tag{1.3f}$$

heißt ein *Automorphismus*. – Ein Ideal eines kommutativen Ringes R mit 1 der Form

$$a \cdot R = \{x = a \cdot r \mid r \in R\} = (a) \tag{1.3g}$$

heißt ein *Hauptideal*; genauer: das von a erzeugte Ideal in R.

Bemerkung 5. Ist $\mathfrak{a}$ ein (zweiseitiges) Ideal des kommutativen Ringes R, so ist die Menge der Klassen

$$R/\mathfrak{a} = \{\bar{r} = r + \mathfrak{a} \mid r \text{ aus einem geeigneten}$$

$$\text{Repräsentantensystem in } R\} \tag{1.3h}$$

$$\text{mit} \quad \bar{r} = r + \mathfrak{a} = \{c \in R \mid c = r + a, \ a \in \mathfrak{a}\}$$

bei den Verknüpfungen

$$\begin{aligned} (r_1 + \mathfrak{a}) + (r_2 + \mathfrak{a}) &:= (r_1 + r_2) + \mathfrak{a} \\ \text{bzw.} \quad (r_1 + \mathfrak{a}) \cdot (r_2 + \mathfrak{a}) &:= (r_1 \cdot r_2) + \mathfrak{a} \end{aligned} \quad (r_1, r_2 \in R) \tag{1.3i}$$

ein Ring, der *Restklassenring R modulo* $\mathfrak{a}$, und die Zuordnung

$$\varphi_{\mathfrak{a}} : R \to R/\mathfrak{a} \quad \text{mit} \quad r \mapsto \bar{r} = r + \mathfrak{a} \tag{1.3j}$$

ist der *kanonische Homomorphismus* von R auf $R/\mathfrak{a}$.

$\boxed{3}$ Ist $R = \mathbf{Z}$, $m \in \mathbf{N}$, so bezeichne
$$m\mathbf{Z} = m \cdot \mathbf{Z} = \{x = m \cdot z \mid z \in \mathbf{Z}\}$$

das von m erzeugte Hauptideal und $\mathbf{Z}/m \cdot \mathbf{Z}$ den zugehörigen Restklassenring von m Elementen, d.h. $|\mathbf{Z}/m \cdot \mathbf{Z}| = m$. Ist dabei $m = p$ eine Primzahl, so ist $\mathbf{F}_p = \mathbf{Z}/p \cdot \mathbf{Z}$ ein Körper von p Elementen; da es unendlich viele verschiedene Primzahlen gibt, existieren auch unendlich viele verschiedene Körper von endlicher Elementanzahl.

$\boxed{3a}$ Ist K ein Körper, $R = K[X]$ der Integritätsring der Polynome in X über K und $f(X)$ ein *irreduzibles Polynom* aus $K[X]$ (das also keine Zerlegung in Faktoren vom Grad > 0 besitzt), so ist der Restklassenring

$$L = K[X]/f(X) \cdot K[X] \quad \text{mit}$$

$$f(X) \cdot K[X] = \{g(X) = f(X) \cdot h(X) \mid h(X) \in K[X]\}$$

stets ein *Körper* (vgl. EA, §10, insbesondere Satz 10.7); hiermit kann man sich viele weitere Körper konstruieren.

$\boxed{3b}$ Ist R ein Integritätsring, so ist sein Quotientenkörper ein Körper; z.B. $R = K[X]$, $L = Q(R) = K(X)$ (rationaler Funktionenkörper, vgl. EA, §10).

$\boxed{3c}$ Ist $(\mathfrak{S}_n; \circ)$ die Gruppe der $n!$ Permutationen

$$f = \begin{pmatrix} 1 & 2 \cdots n \\ f_1 & f_2 \cdots f_n \end{pmatrix}$$

von n Ziffern bei Hintereinanderausführung und $(\mathbf{R}^*; \cdot)$ die Multiplikativgruppe von $\mathbf{R}$, so ist

$$\varphi: \mathfrak{S}_n \to \mathbf{R}^* \quad \text{mit} \quad \varphi(f) = \text{sign}(f)$$

(Signum der Permutation) ein Gruppenhomomorphismus; hierbei ist $\text{sign}(f) = (-1)^{o(f)}$, wobei $o(f)$ die *Inversionsanzahl* von f ist (vgl. auch EA, §2 und §12).

In Anlehnung an EA, §6 und die Weiterführung in §9 (Ergänzungen), insbesondere Satz 9.16, formulieren wir nun die

Definition 1E. Ist

$$(R; +, \cdot) \text{ kommutativer Ring mit } 1 \tag{1.4}$$

und sind $m, n \in \mathbf{N}$, d.h. zwei natürliche Zahlen, so bezeichnen wir mit

$$R^{m,n} := \{ A = (a_{\mu\nu}) \mid a_{\mu\nu} \in R, \ \mu = 1, \ldots, m; \ \nu = 1, \ldots, n \}, \tag{1.4a}$$

wobei

$$A = (a_{\mu\nu}) = \begin{pmatrix} a_{11} & \cdots & a_{1\nu} & \cdots & a_{1n} \\ \vdots & & \vdots & & \vdots \\ a_{\mu 1} & \cdots & a_{\mu\nu} & \cdots & a_{\mu n} \\ \vdots & & \vdots & & \vdots \\ a_{m 1} & \cdots & a_{m\nu} & \cdots & a_{mn} \end{pmatrix} \tag{1.4a$'$}$$

die *Gesamtheit der (m, n)-Matrizen über R* (m Zeilen, n Spalten); man nennt die $z^\mu = (a_{\mu 1}, \ldots, a_{\mu n})$ $(\mu = 1, \ldots, m)$ die *Zeilen-n-tupel* und die

$$s^\nu = \begin{pmatrix} a_{1\nu} \\ \vdots \\ a_{m\nu} \end{pmatrix} \quad (\nu = 1, \ldots, n) \text{ die } \textit{Spalten-m-tupel von A.}$$

Bemerkung 6. Bei der Festsetzung der *Addition*

$$A = (a_{\mu\nu}), \ B = (b_{\mu\nu}) \in R^{m,n}$$

$$A + B = C = (c_{\mu\nu}) \in R^{m,n} \quad \text{mit} \tag{1.4b}$$

$$c_{\mu\nu} := a_{\mu\nu} + b_{\mu\nu} \ (\mu = 1, \ldots, m; \ \nu = 1, \ldots, n)$$

wird $(R^{m,n}; +)$ eine additive abelsche Gruppe.
Als weitere Verknüpfungen kann man einführen:

$$\lambda \in R, \ A = (a_{\mu\nu}) \in R^{m,n} \ \Rightarrow \ \lambda \cdot A := (\lambda \cdot a_{\mu\nu}) \in R^{m,n}, \tag{1.4c}$$

ferner die *Multiplikation:*

$$m, n, r \in \mathbf{N}, \ R^{m,n} \times R^{n,r} \to R^{m,r}$$

$$A = (a_{\mu\nu}) \in R^{m,n}, \ B = (b_{\nu\rho}) \in R^{n,r}$$

$$\Rightarrow A \cdot B = C = (c_{\mu\rho}) \in R^{m,r} \tag{1.4d}$$

$$\text{mit} \quad c_{\mu\rho} := \sum_{\nu=1}^{n} a_{\mu\nu} b_{\nu\rho} \ (\mu = 1, \ldots, m; \ \rho = 1, \ldots, r).$$

Gelegentlich nennen wir die Matrizenelemente auch $\alpha_{\mu,\nu}$ usw.

Da diese Multiplikation, sofern durchführbar, stets assoziativ ist und mit der Addition distributiv verbunden ist, folgt

Bemerkung 7. Ist $n \in \mathbf{N}$ mit $n > 1$ und gilt (1.4), so ist

$$(R^{n,n}; +, \cdot) \tag{1.4e}$$

ein *nichtkommutativer Ring mit Einselement*

$$E = \begin{pmatrix} 1 & 0 & \cdots & \cdots & 0 \\ 0 & 1 & & & \vdots \\ \vdots & & \ddots & & \vdots \\ \vdots & & & 1 & 0 \\ 0 & \cdots & \cdots & 0 & 1 \end{pmatrix} \quad \text{bzw. Nullelement } O = \begin{pmatrix} 0 & \cdots & 0 \\ \vdots & & \vdots \\ 0 & \cdots & 0 \end{pmatrix}. \tag{1.4f}$$

Falls die Zeilenzahl n hierbei hervorgehoben werden soll, schreiben wir auch $E = E_{n,n} = $ *Einheitsmatrix.*

Weiter gibt es für Matrizen noch die *Transponiertenbildung*

$$R^{m,n} \ni A = \begin{pmatrix} a_{11} & \cdots & a_{1n} \\ \vdots & & \vdots \\ a_{m1} & \cdots & a_{mn} \end{pmatrix}$$

$$\mapsto A^T = \begin{pmatrix} a_{11} & \cdots & a_{m1} \\ \vdots & & \vdots \\ a_{1n} & \cdots & a_{mn} \end{pmatrix} \in R^{n,m},$$

(1.4g)

und wir nennen A^T die zu A *transponierte Matrix*.

Bemerkung 8. Man kann n-tupel von Ringelementen, d.h. R^n aus $\boxed{1a}$, in zweifacher Weise durch Matrizen veranschaulichen, nämlich als *Zeilen* $R^{1,n}$ und als *Spalten* $R^{n,1}$.

Zu (1.4g) vermerken wir noch die Rechenregeln

$$(A+B)^T = A^T + B^T, \qquad (A \cdot B)^T = B^T \cdot A^T,$$
$$(A^T)^T = A.$$

(1.4h)

Matrizen mit $A = A^T \in R^{n,n}$ werden *symmetrische Matrizen* genannt; gilt in $A = (a_{\mu\nu}) \in R^{n,n}$, $a_{\mu\nu} = 0$ für $\mu \neq \nu$, so heißt A eine *Diagonalmatrix*.

Wir erinnern an zwei Beschreibungsmöglichkeiten für den *Körper* **C** der *komplexen Zahlen*:

$\boxed{4}$ Betrachte

$$\mathbf{C} = \mathbf{R}^2 = \{(x_1, x_2) \mid x_1, x_2 \in \mathbf{R}\}$$

(1.5)

mit den Verknüpfungen (vgl. EA, §3, Definition 3D)

$$(x_1, x_2) + (y_1, y_2) := (x_1 + y_1, x_2 + y_2) \text{ bzw.}$$
$$(x_1, x_2) \cdot (y_1, y_2) := (x_1 y_1 - x_2 y_2, x_1 y_2 + x_2 y_1),$$

(1.5a)

so erhält man den Körper $(\mathbf{C}; +, \cdot)$. Dabei schreibt man

$$z = (x_1, x_2) = x_1(1, 0) + x_2(0, 1) = x_1 + x_2 \cdot i$$
$$\text{mit} \quad 1 = (1, 0), \ i = (0, 1);$$

(1.5b)

R ist in der Form $\mathbf{R} \cdot 1 \subseteq \mathbf{C}$ isomorph eingebettet.

Schreibweisen:

$$x_1 = \mathrm{Re}(z) \qquad \text{(Realteil von } z\text{),}$$
$$x_2 = \mathrm{Im}(z) \qquad \text{(Imaginärteil von } z\text{),}$$
$$|z| = \sqrt{x_1^2 + x_2^2} \quad \text{(Betrag von } z\text{),} \tag{1.5c}$$
$$\bar{z} = x_1 - x_2 i \qquad \text{(zu } z \text{ konjugiert-komplexe Zahl);}$$

$$z \neq 0 \Rightarrow z^{-1} = \frac{\bar{z}}{|z|^2}.$$

Weitere Rechenregeln hierzu in EA, §3.

[4a] Betrachtet man im Matrizenring $(\mathbf{R}^{2,2}; +, \cdot)$ die Teilmenge der Matrizen

$$A_{x_1,x_2} = \begin{pmatrix} x_1 & x_2 \\ -x_2 & x_1 \end{pmatrix} \in \mathbf{R}^{2,2} \quad (x_1, x_2 \in \mathbf{R}), \tag{1.5d}$$

so rechnet man sofort nach, daß

$$A_{x_1,x_2} + A_{y_1,y_2} = A_{x_1+y_1,x_2+y_2},$$
$$A_{x_1,x_2} \cdot A_{y_1,y_2} = A_{x_1y_1-x_2y_2,x_1y_2+x_2y_1} \tag{1.5e}$$

gilt, d.h. daß diese Matrizen einen kommutativen Teilring von $\mathbf{R}^{2,2}$ bilden, der sogar ein Körper ist. Die Zuordnung

$$\mathbf{C} \ni z = x_1 + x_2 i \mapsto A(z) = A_{x_1,x_2} = \begin{pmatrix} x_1 & x_2 \\ -x_2 & x_1 \end{pmatrix} \tag{1.5f}$$

ist dann ein Körperisomorphismus von $\mathbf{C}$ auf die Teilmenge der Matrizen A_{x_1,x_2} gemäß (1.5d); dabei entsprechen (bei Identifizierung von $x_1 \in \mathbf{R}$ mit $x_1 \cdot 1 \in \mathbf{C}$)

$$\mathbf{R} \ni x_1 \leftrightarrow A_{x_1,0} = \begin{pmatrix} x_1 & 0 \\ 0 & x_1 \end{pmatrix}. \tag{1.5g}$$

Auch die anderen Bildungen aus (1.5c) lassen sich in Form der A_{x_1,x_2} ausdrücken. Somit haben wir hier ein zweites konkretes Modell für den komplexen Zahlkörper $(\mathbf{C}; +, \cdot)$.

Bemerkung 9. Während $(\mathbf{R}; +, \cdot)$ ein angeordneter Körper ist, d.h. in $\mathbf{R}$ existiere eine $<$-Beziehung mit den Eigenschaften der Transitivität und Monotonie der Addition und Multiplikation, ist eine solche Anordnung in $(\mathbf{C}; +, \cdot)$ unmöglich (vgl. EA, §3).

Wir vermerken noch folgende nützliche

Regel. Sind $A, B \in R^{m,n}$, so gilt:

$$A \cdot \tilde{x} = B \cdot \tilde{x} \text{ für alle } \tilde{x} = \begin{pmatrix} x_1 \\ \vdots \\ x_n \end{pmatrix} \in R^n \Rightarrow A = B \text{ in } R^{m,n}. \quad (1.5h)$$

Beweis. Setzt man der Reihe nach für $\tilde{x}$ die Werte

$$\begin{pmatrix} 1 \\ 0 \\ \vdots \\ 0 \end{pmatrix}, \begin{pmatrix} 0 \\ 1 \\ 0 \\ \vdots \\ 0 \end{pmatrix}, \ldots, \begin{pmatrix} 0 \\ \vdots \\ 0 \\ 1 \end{pmatrix} \quad \text{ein, so folgt hieraus die Behauptung.} \quad \blacksquare$$

Weiter erwähnen wir in Anlehnung an EA, §8 und §9, insbesondere (III. 9.11b,c):

Definition 1F. Ist $(R; +, \cdot)$ ein kommutativer Ring mit 1, $n \in \mathbf{N}$ und ist

$$A = \begin{pmatrix} z_{11} & \cdots & z_{1n} \\ \vdots & & \vdots \\ z_{n1} & \cdots & z_{nn} \end{pmatrix} = \begin{pmatrix} z^1 \\ \vdots \\ z^n \end{pmatrix} = (s^1, \ldots, s^n) \in R^{n,n} \quad (1.6)$$

eine n-reihige quadratische Matrix über R mit z^μ als Zeilen-n-tupel bzw. s^ν als Spalten-n-tupel (aus R^n), bezeichnet weiter

$$\varepsilon(f) = \operatorname{sign}(f) = (-1)^{o(f)} \in R \quad \text{(als Ringelement)}$$

$$\text{für eine Permutation } f = \begin{pmatrix} 1 & \cdots & n \\ f_1 & \cdots & f_n \end{pmatrix} \in \mathfrak{S}_n, \quad (1.6a)$$

so nennen wir das Ringelement

$$|A| = \det(A) = D(z^1, \ldots, z^n) = D(s^1, \ldots, s^n)$$

$$= \begin{vmatrix} z_{11} & \cdots & z_{1n} \\ \vdots & & \vdots \\ z_{n1} & \cdots & z_{nn} \end{vmatrix} := \sum_{f \in \mathfrak{S}_n} \varepsilon(f) \cdot z_{1f_1} \cdot z_{2f_2} \cdots z_{nf_n} \in R \quad (1.6b)$$

die *Determinante von A.*

Dieser Wert als Element aus R ist jeweils eindeutig bestimmt, da ja ± 1 und die $z_{\mu\nu}$ Elemente von R sind; weiter gelten hierfür auch unter den obigen Voraussetzungen über R eine Reihe von Rechenregeln, die wir für *Zeilen-n-tupel* aufschreiben; sie gelten für Spalten-n-tupel ganz analog:

$$D(z^1, \ldots, z^\nu + z'^\nu, \ldots, z^n)$$

$$= D(z^1, \ldots, z^\nu, \ldots, z^n) + D(z^1, \ldots, z'^\nu, \ldots, z^n), \qquad (1.6c)$$

$$D(z^1, \ldots, \lambda z^\nu, \ldots, z^n) = \lambda \cdot D(z^1, \ldots, z^\nu, \ldots, z^n)$$

(Linearität in jedem Argument, d.h. für $\nu = 1, \ldots, n$);

$$z^\nu = z^\mu \quad \text{für} \quad \nu \neq \mu \Rightarrow D(z^1, \ldots, z^\nu, \ldots, z^\mu, \ldots, z^n) = 0;$$
$$(1.6d)$$

$$z^\mu = \sum_{\nu \neq \mu} \lambda_\nu z^\nu (\lambda_\nu \in R) \Rightarrow D(z^1, \ldots, z^\mu, \ldots, z^n) = 0; \qquad (1.6e)$$

$$D(z^1, \ldots, z^\nu, \ldots, z^\mu, \ldots, z^n)$$

$$= -D(z^1, \ldots, z^\mu, \ldots, z^\nu, \ldots, z^n) \qquad (1.6f)$$

(Vertauschung des ν-ten mit dem μ-ten Argument);

$$D(z^1, \ldots, z^\nu, \ldots, z^\mu, \ldots, z^n)$$

$$= D(z^1, \ldots, z^\nu, \ldots, z^\mu + \lambda \cdot z^\nu, \ldots, z^n) \qquad (1.6g)$$

mit $\lambda \in R$ und $(\nu \neq \mu)$ (d.h. λ-faches von z^ν

zu z^μ im μ-ten Argument addieren).

Weiter vermerken wir die folgenden Regeln, die für diese Determinanten über R gelten:

$$A, B \in R^{n,n} \Rightarrow |A| = |A^T|, \ |A \cdot B| = |A| \cdot |B|, \qquad (1.6h)$$

$$\begin{vmatrix} z_{11} & \cdots\cdots\cdots & z_{1n} \\ 0 & z_{22} & \vdots \\ \vdots & \ddots & \vdots \\ 0 & \cdots\cdots 0 & z_{nn} \end{vmatrix} = z_{11} \cdot z_{22} \cdots\cdots z_{nn}. \qquad (1.6i)$$

Ist weiterhin die Matrix A gemäß (1.6) gegeben, so bezeichne:

$$|A_{\mu\nu}| := \begin{vmatrix} z_{11} \cdots\cdots z_{1,\nu-1} & 0 & z_{1,\nu+1} \cdots\cdots z_{1n} \\ \vdots & \vdots & \vdots \\ z_{\mu-1,1} \cdots\cdots\cdots & 0 & \cdots\cdots\cdots z_{\mu-1,n} \\ 0 \cdots\cdots\cdots\cdots 0 & 1 & 0 \cdots\cdots\cdots\cdots 0 \\ z_{\mu+1,1} \cdots\cdots\cdots & 0 & \cdots\cdots\cdots z_{\mu+1,n} \\ \vdots & \vdots & \vdots \\ z_{n,1} \cdots\cdots z_{n,\nu-1} & 0 & z_{n,\nu+1} \cdots\cdots z_{nn} \end{vmatrix}$$

bzw. $\qquad\qquad\qquad\qquad\qquad\qquad\qquad\qquad\qquad$ (1.6j)

$$S_{\mu\nu} := \begin{pmatrix} z_{11} \cdots\cdots z_{1,\nu-1} & z_{1,\nu+1} \cdots\cdots z_{1n} \\ \vdots & \vdots \\ z_{\mu-1,1} \cdots\cdots\cdots\cdots\cdots z_{\mu-1,n} \\ z_{\mu+1,1} \cdots\cdots\cdots\cdots\cdots z_{\mu+1,n} \\ \vdots & \vdots \\ z_{n,1} \cdots\cdots z_{n,\nu-1} & z_{n,\nu+1} \cdots\cdots z_{nn} \end{pmatrix} \in R^{n-1,n-1}$$

$$|S_{\mu\nu}| = (-1)^{\mu+\nu} |A_{\mu\nu}|, \quad 1 \le \nu, \ \mu \le n,$$

(man nennt $|S_{\mu\nu}| = \det_{n-1}(S_{\mu\nu})$ auch eine $(n-1)$-*reihige Unterdeterminante von* A) und

$$ad(A) = (|A_{\mu\nu}|)^T = \begin{pmatrix} |A_{11}| & \cdots & |A_{n1}| \\ \vdots & & \vdots \\ |A_{1n}| & \cdots & |A_{nn}| \end{pmatrix} \in R^{n,n} \qquad (1.6k)$$

die zu A *adjungierte Matrix.* Dann gelten die Regeln

$$A \cdot ad(A) = |A| \cdot E_{n,n} = ad(A) \cdot A, \qquad (1.6l)$$

sowie die Entwicklungsformeln nach Zeilen bzw. Spalten

$$|A| = \sum_{\nu=1}^{n} (-1)^{\nu+\mu} z_{\mu\nu} |S_{\mu\nu}| = \sum_{\nu=1}^{n} z_{\mu\nu} |A_{\mu\nu}| \qquad (1.6m)$$

(Entwicklung nach der μ-ten Zeile, $\mu = 1, \ldots, n$)

bzw.

$$|A| = \sum_{\mu=1}^{n} (-1)^{\nu+\mu} z_{\mu\nu} |S_{\mu\nu}| = \sum_{\mu=1}^{n} z_{\mu\nu} |A_{\mu\nu}| \qquad (1.6n)$$

(Entwicklung nach der ν-ten Spalte, $\nu = 1, \ldots, n$).

Bemerkung 10. Ist speziell $R = K$ ein Körper, so stimmt der hier eingeführte Determinantenbegriff mit dem der linearen Algebra überein (vgl. EA, §8), so daß alle dortigen Rechenverfahren zur Determinantenberechnung, wie z.B. der Gaußsche Algorithmus zur Überführung der Matrix in eine Dreiecksform, herangezogen werden können. Eine Matrix $A \in K^{n,n}$ heißt *regulär* oder *nicht singulär* oder *nicht ausgeartet*, falls A^{-1} existiert; dabei gilt

$$A^{-1} \text{ existiert } \Leftrightarrow \det(A) = |A| \neq 0,$$
$$|A^{-1}| = |A|^{-1}. \tag{1.6o}$$

Ist R ein Integritätsring und $K = Q(R)$ sein Quotientenkörper bzw. ein Körper, der R enthält, so kann wegen $A \in R^{n,n} \subseteq K^{n,n}$ die Determinante $|A|$ auch als Determinante über K mit allen dortigen Regeln ausgerechnet werden und führt zum gleichen Wert wie die Berechnung nach (1.6b) in R. – Für $n = 3$ gilt in jedem Fall formal die Sarrussche Regel.

Wir erinnern in diesem Zusammenhang daran, daß der *Gaußsche Algorithmus* auf Matrizen angewendet aus den folgenden *Elementarumformungen* besteht:

$$\begin{aligned}
&\text{(i) Vertauschung von Zeilen (vgl. (1.6f)),} \\
&\text{(ii) Multiplikation einer Zeile mit } \lambda \in R, \\
&\quad \lambda \neq 0 \text{ (vgl. (1.6c)),} \\
&\text{(iii) Addition des } \lambda\text{-fachen einer Zeile zu einer} \\
&\quad \text{anderen (vgl. (1.6g)),}
\end{aligned} \tag{1.7}$$

die nach einem *Reduktionsverfahren* (EA, Definition 4D) zum Gaußschen Algorithmus (EA, Definition 4E) zusammengebaut werden.

Bei der Determinantenberechnung über R kann man die entsprechenden elementaren Spaltenumformungen zusätzlich heranziehen; dagegen läßt man die Elementarumformung (ii) bei diesem modifizierten Algorithmus i.a. weg. Bei einem beliebigen Ring oder Integritätsring R läßt sich die Matrix A nach diesem Verfahren allerdings nicht in Diagonalform überführen, da

$$\alpha + \lambda\beta = 0 \quad (\alpha, \beta \in R \text{ gegeben})$$

durch $\lambda \in R$ nicht lösbar sein muß. In speziellen Ringen R kann dieses Verfahren noch durchführbar sein.

16

Definition 1G. Ein Integritätsring R heißt ein *euklidischer Ring*, falls es eine Abbildung

$$\psi: R\setminus\{0\} \to \mathbf{N}_0 \quad \text{mit}$$
$$R\setminus\{0\} \ni a \mapsto \psi(a) \in \mathbf{N}_0 \tag{1.7a}$$

gibt, die die folgenden Eigenschaften hat:

$$a \neq 0,\ b \neq 0 \Rightarrow \psi(a \cdot b) \geq \psi(b). \tag{1.7a'}$$

Zu jedem Paar $a, b \in R$ mit $b \neq 0$ existieren $q, r \in R$
mit $a = q \cdot b + r$ und $\hspace{3cm}$ (1.7b)
$r = 0$ oder $\psi(r) < \psi(b)$ (Divisionsalgorithmus).

Wichtige Beispiele hierfür sind:

$\boxed{5}$ $\quad$ Sei $R = \mathbf{Z}$ und $\psi(z) = |z|$. Dann sind die ersten Eigenschaften klar und (1.7b) ist die Division mit Rest in $\mathbf{Z}$, d.h.

$$a = q \cdot b + r \quad \text{mit} \quad 0 \leq r < |b|. \tag{1.7b'}$$

$\boxed{5a}$ $\quad$ Es sei K ein Körper und $R = K[X]$ der Integritätsring der Polynome in X über K. Setze dann für $f \neq f_0 = 0$ (Nullpolynom) $\psi(f) = d(f) = \text{Grad von } f$. Dann ist $d(f) = 0$ genau dann, wenn f ein konstantes Polynom $\neq 0$ ist. Die Division mit Rest besagt dann

$$f(X) = q(X) \cdot g(X) + r(X)$$
$$\text{mit} \quad r(X) = 0 \text{ oder } d(r) < d(g). \tag{1.7b''}$$

Bemerkung 11. In einem euklidischen Ring R ist jedes Ideal $\mathfrak{a}$ sogar ein Hauptideal (vgl. EA, Satz 10.13); weiter gilt:

In einem euklidischen Ring kann der zugehörige *euklidische Algorithmus* stets durchgeführt werden; nach endlich vielen Schritten bricht dieser Algorithmus ab:

$$a_0, a_1 \in R,$$
$$a_1 \neq 0 \Rightarrow a_0 = q_1 \cdot a_1 + a_2 \quad \text{mit} \quad \psi(a_2) < \psi(a_1) \quad \text{oder} \quad a_2 = 0,$$
$$a_2 \neq 0 \Rightarrow a_1 = q_2 \cdot a_2 + a_3 \quad \text{mit} \quad \psi(a_3) < \psi(a_2) \quad \text{oder} \quad a_3 = 0,$$
$$\cdots\cdots\cdots\cdots\cdots\cdots\cdots\cdots\cdots\cdots\cdots\cdots\cdots\cdots\cdots\cdots\cdots\cdots\cdots$$
$$a_{h-1} \neq 0 \Rightarrow a_{h-2} = q_{h-1} a_{h-1} + a_h \quad \text{mit} \quad \psi(a_h) < \psi(a_{h-1}) \quad \text{oder} \quad a_h = 0,$$
$$a_h \neq 0 \Rightarrow a_{h-1} = q_h \cdot a_h .$$

$$\tag{1.7c}$$

Bemerkung 12. Diese Bildungen in euklidischen Ringen lassen sich auch leicht mit Begriffen der elementaren Teilbarkeitslehre in Ringen in Zusammenhang bringen (vgl. EA, §9); das was wir von diesem Gegenstand benötigen, werden wir am Anfang von §6 zusammenstellen.

Den soeben geschilderten euklidischen Algorithmus kann man nun, wie folgt, zu einem modifizierten Gaußschen Algorithmus der Umformungen von Matrizen über euklidischen Ringen R verwenden. Sei dazu

$$A = (\alpha_{\mu\nu}) \in R^{m,n} \quad \text{mit} \quad \alpha_{\mu 1} \neq 0,\, \alpha_{j1} \neq 0,\, (\mu \neq j), \tag{1.7d}$$

d.h. eine Matrix, die in der ersten Spalte zwei Elemente $\alpha_{\mu 1}, \alpha_{j1} \neq 0$ hat. Setze nun

$$\alpha_{\mu 1} = a_0,\, \alpha_{j1} = a_1 \quad \text{mit} \quad \psi(a_0) \geq \psi(a_1) \tag{1.7e}$$

und interpretiere den euklidischen Algorithmus wie folgt: Für $1 \leq \nu \leq h$:

(ν) Subtrahiere das q_ν-fache der j-ten Zeile von der μ-ten Zeile und vertausche dann beide Zeilen. $\tag{1.7f}$

Dann steht in der ersten Spalte in der j-ten Zeile das Element 0 und in der μ-ten Zeile das Element a_h aus (1.7c). Indem man dieses Verfahren gegebenenfalls noch mit anderen Zeilen wiederholt (und entsprechend mit Spalten), folgt:

Lemma 1.1. *Ist R ein euklidischer Ring und $A = (\alpha_{\mu\nu}) \in R^{m,n}$, so erhält man durch endlich viele Elementarumformungen mit Zeilen der Form (1.7) (i) bzw. (iii) eine Matrix, die in der ersten Spalte höchstens noch in der ersten Zeile ein Element $\neq 0$ enthält, d.h. von der Form*

$$A' = \begin{pmatrix} \alpha'_{11} & \alpha'_{12} & \cdots & \alpha'_{1n} \\ 0 & \vdots & & \vdots \\ \vdots & \vdots & & \vdots \\ 0 & \alpha'_{m2} & \cdots & \alpha'_{mn} \end{pmatrix} \in R^{m,n} \tag{1.7g}$$

ist; entsprechend erhält man durch Elementarumformungen vom Typus (i′) und (iii′) mit Spalten eine Matrix A'_1, die in der ersten Zeile höchstens noch in der ersten Spalte ein Element $\neq 0$ aus R enthält (vgl. EA).

18

$\boxed{6}$ Sei $R = \mathbf{Z}$; wir wenden Lemma 1.1 auf

$$A = \begin{pmatrix} 3 & 0 & 1 \\ 5 & 4 & 2 \\ 7 & 4 & 0 \end{pmatrix} \in \mathbf{Z}^{3,3}$$

an. Durch mehrfache Anwendung auf die erste und zweite Zeile (und dann auf die erste und dritte Zeile) erhält man:

$$\begin{pmatrix} 3 & 0 & 1 \\ 5 & 4 & 2 \\ 7 & 4 & 0 \end{pmatrix} \rightarrow \begin{pmatrix} 3 & 0 & 1 \\ 2 & 4 & 1 \\ 7 & 4 & 0 \end{pmatrix} \rightarrow \begin{pmatrix} 2 & 4 & 1 \\ 3 & 0 & 1 \\ 7 & 4 & 0 \end{pmatrix} \rightarrow \begin{pmatrix} 2 & 4 & 1 \\ 1 & -4 & 0 \\ 7 & 4 & 0 \end{pmatrix}$$

$$\rightarrow \begin{pmatrix} 1 & -4 & 0 \\ 2 & 4 & 1 \\ 7 & 4 & 0 \end{pmatrix} \rightarrow \begin{pmatrix} 1 & -4 & 0 \\ 0 & 12 & 1 \\ 7 & 4 & 0 \end{pmatrix} \rightarrow \begin{pmatrix} 1 & -4 & 0 \\ 0 & 12 & 1 \\ 0 & 32 & 0 \end{pmatrix}.$$

Da weiter (2-te und 3-te Zeile):

$$\begin{pmatrix} 12 & 1 \\ 32 & 0 \end{pmatrix} \rightarrow \begin{pmatrix} 12 & 1 \\ 8 & -2 \end{pmatrix} \rightarrow \begin{pmatrix} 8 & -2 \\ 12 & 1 \end{pmatrix} \rightarrow \begin{pmatrix} 8 & -2 \\ 4 & 3 \end{pmatrix}$$

$$\rightarrow \begin{pmatrix} 4 & 3 \\ 8 & -2 \end{pmatrix} \rightarrow \begin{pmatrix} 4 & 3 \\ 0 & -8 \end{pmatrix}, \text{ folgt: } A \rightarrow \begin{pmatrix} 1 & -4 & 0 \\ 0 & 4 & 3 \\ 0 & 0 & -8 \end{pmatrix}.$$

Für ein weiteres Beispiel und Erläuterungen sowie Bemerkungen hierzu vergleiche die anschließenden Ergänzungen; diese Rechenverfahren werden erst später in §6 angewendet werden.

Ergänzungen zu §1

Bemerkung 13. Durch mehrfache Anwendung von Lemma 1.1 erhält man eine Matrix A^*, bei der unterhalb der Hauptdiagonalen nur Nullen stehen; man kann dies auf zugehörige lineare Gleichungssysteme über euklidischen Ringen R, insbesondere also $\mathbf{Z}$ bzw. $K[X]$, zur Determinantenberechnung anwenden.

Das nachfolgende Beispiel zeigt, welche Rechenschritte erforderlich sein können, wenn man mit derartigen Zeilen- und Spaltenoperationen eine Matrix auf Diagonalform zu bringen versucht.

$\boxed{6a}$ Sei $R = \mathbf{Z}$, so erhält man durch Zeilen (z)- bzw. Spalten (s)-Operationen für $A \in \mathbf{Z}^{2,2}$:

$$A = \begin{pmatrix} 6 & 1 \\ 8 & 2 \end{pmatrix} \xrightarrow{z} \begin{pmatrix} 6 & 1 \\ 2 & 1 \end{pmatrix} \xrightarrow{z} \begin{pmatrix} 2 & 1 \\ 6 & 1 \end{pmatrix} \xrightarrow{z} \begin{pmatrix} 2 & 1 \\ 0 & -2 \end{pmatrix}$$

$$\xrightarrow{s} \begin{pmatrix} 1 & 2 \\ -2 & 0 \end{pmatrix} \xrightarrow{s} \begin{pmatrix} 1 & 0 \\ -2 & 4 \end{pmatrix} \xrightarrow{z} \begin{pmatrix} 1 & 0 \\ 0 & 4 \end{pmatrix} = A^*.$$

Wir betrachten nun weiter die folgenden speziellen Matrizen aus $R^{n,n}$, wobei R zunächst ein beliebiger kommutativer Ring mit Einselement ist:

$$S_1^{(i;k)} = \begin{pmatrix} 1 & & & & & & & \\ & \ddots & & & & & & \\ & & 1 & \vdots & & \vdots & & 0 \\ & & 0 & \cdots\cdots\cdots 1 \cdots\cdots\cdots & & & i \\ & & & \vdots & 1 & \vdots & & \\ & & & & & \ddots & & \\ & & & & & 1 & \vdots & \\ & & & 1 \cdots\cdots\cdots 0 \cdots\cdots\cdots & & & k \\ & 0 & & & & 1 & & \\ & & & & & & \ddots & \\ & & & & & & & 1 \end{pmatrix} \quad (i \neq k), \tag{1.8}$$

(1 auf der Hauptdiagonalen bis auf die i-te und k-te Zeile, wo die 1 wie angegeben steht, sonst überall Null in der Matrix.)

$$S_2(\lambda \cdot i) = \begin{pmatrix} 1 & & & \vdots & & \\ & \ddots & & \vdots & & 0 \\ & & 1 & \vdots & & \\ & & & \lambda \cdots\cdots\cdots & & i \\ & 0 & & & 1 & \\ & & & & & \ddots \\ & & & & & 1 \end{pmatrix} i \quad (\lambda \in R, \lambda \neq 0), \tag{1.8a}$$

(Diagonalmatrix, bei der in der i-ten Zeile $\lambda \in R$ und sonst überall 1 auf der Hauptdiagonalen steht.)

$$S_3(i, k; \lambda) = \begin{pmatrix} 1 & & \vdots & \vdots & 0 \\ & \ddots & 1 \cdots \lambda \cdots\cdots & & i \\ & & & \ddots & \\ & & & 1 \cdots\cdots & k \\ & 0 & & & \ddots \\ & & & & 1 \end{pmatrix} \quad (\lambda \in R, i \neq k). \tag{1.8b}$$

(1 auf der Hauptdiagonalen; in der i-ten Zeile und k-ten Spalte der Wert $\lambda \in R$, sonst überall 0 aus R).

Durch einfache Rechnung bestätigt man nun die folgenden Regeln:

Lemma 1.2. *Ist R ein kommutativer Ring mit 1 und ist $A \in R^{n,m}$ bzw. $B \in R^{m,n}$, so bewirkt:*

(i) $S_1^{(i,k)} \cdot A$: *Vertauschung von i-ter und k-ter Zeile von A.*   (1.8′)
(i′) $B \cdot S_1^{(i,k)}$: *Vertauschung von i-ter und k-ter Spalte von B.*

(ii) $S_2(\lambda \cdot i) \cdot A$: *Multiplikation der i-ten Zeile von A mit λ.*   (1.8a′)
(ii′) $B \cdot S_2(\lambda \cdot i)$: *Multiplikation der i-ten Spalte von B mit λ.*

(iii) $S_3(i, k, \lambda) \cdot A$: *Addition des λ-fachen der k-ten Zeile von A zur i-ten Zeile von A.*   (1.8b′)
(iii′) $B \cdot S_3(i, k; \lambda)$: *Addition des λ-fachen der i-ten Spalte von B zur k-ten Spalte von B.*

Wir werden diese Regeln später im Spezialfall anwenden.

20

Definition 1H. Ein Ring $(D; +, \cdot)$ mit Einselement $1 \neq 0$ heißt ein *Schiefkörper* oder *Divisionsring*, wenn für $D^* = D \setminus \{0\}$ gilt:
(SK_2) $(D^*; \cdot)$ ist eine (nicht notwendig abelsche) Gruppe.
Nach dieser Definition ist insbesondere jeder Körper K gemäß Definition 1C zugleich ein Schiefkörper im Sinne von Definition 1H. Zum Nachweis, daß es auch « echte » Schiefkörper, d.h. solche mit nichtkommutativer Multiplikation gibt, zeigen wir

Lemma 1.3. *Die Gesamtheit der Matrizen*

$$\mathbf{H} := \{ A = A(a, b, c, d) = \begin{pmatrix} a & c & b & d \\ -c & a & d & -b \\ -b & -d & a & c \\ -d & b & -c & a \end{pmatrix} \mid a, b, c, d \in \mathbf{R} \} \subseteq \mathbf{R}^{4,4} \tag{1.9}$$

mit den aus der Matrizenaddition bzw. -multiplikation in $\mathbf{R}^{4,4}$ folgenden Verknüpfungen, d.h. $(\mathbf{H}; +, \cdot)$, bildet einen nichtkommutativen Schiefkörper.

Beweis. Zunächst gehören die folgenden vier speziellen Matrizen

$$E = \begin{pmatrix} 1 & 0 & 0 & 0 \\ 0 & 1 & 0 & 0 \\ 0 & 0 & 1 & 0 \\ 0 & 0 & 0 & 1 \end{pmatrix}, \qquad I = \begin{pmatrix} 0 & 0 & 1 & 0 \\ 0 & 0 & 0 & -1 \\ -1 & 0 & 0 & 0 \\ 0 & 1 & 0 & 0 \end{pmatrix},$$

$$J = \begin{pmatrix} 0 & 1 & 0 & 0 \\ -1 & 0 & 0 & 0 \\ 0 & 0 & 0 & 1 \\ 0 & 0 & -1 & 0 \end{pmatrix} \quad \text{und} \quad K = \begin{pmatrix} 0 & 0 & 0 & 1 \\ 0 & 0 & 1 & 0 \\ 0 & -1 & 0 & 0 \\ -1 & 0 & 0 & 0 \end{pmatrix} \tag{1.9a}$$

zu $\mathbf{H}$ und weiter ist im Sinne der Matrizenrechnung

$$A = A(a, b, c, d) = a \cdot E + b \cdot I + c \cdot J + d \cdot K; \tag{1.9b}$$

also ist die Summe zweier derartiger Matrizen wieder vom gleichen Typus, d.h. in $\mathbf{H}$.

Weiter bestätigt man durch formales Ausmultiplizieren sofort die Gültigkeit von

$$E^2 = E, \; E \cdot I = I \cdot E = I, \; E \cdot J = J \cdot E = J, \; E \cdot K = K \cdot E = K,$$

$$I^2 = J^2 = K^2 = -E, \quad I \cdot J = -J \cdot I = K, \tag{1.9c}$$

$$J \cdot K = -K \cdot J = I, \quad K \cdot I = -I \cdot K = J.$$

Hieraus folgt

$$(a_1 \cdot E + b_1 \cdot I + c_1 \cdot J + d_1 \cdot K) \cdot (a_2 \cdot E + b_2 \cdot I + c_2 \cdot J + d_2 \cdot K)$$
$$= (a_1 a_2 - b_1 b_2 - c_1 c_2 - d_1 d_2) \cdot E + (a_1 b_2 + b_1 a_2 + c_1 d_2 - c_2 d_1) \cdot I \tag{1.9d}$$
$$+ (a_1 c_2 + a_2 c_1 - b_1 d_2 + b_2 d_1) \cdot J + (a_1 d_2 + a_2 d_1 + b_1 c_2 - b_2 c_1) \cdot K,$$

d.h. das Produkt liegt wieder in $\mathbf{H}$. Folglich ist $(\mathbf{H}; +, \cdot)$ (als Teilring von $(\mathbf{R}^{4,4}; +, \cdot)$) ein Ring mit Einselement $E = 1$, der wegen (1.9c) sicher nichtkommutativ ist. Für

$$A = A(a, b, c, d) \quad \text{mit} \quad N(A) = a^2 + b^2 + c^2 + d^2 \neq 0 \quad \text{und}$$

$$B = \frac{1}{N(A)}(a \cdot E - b \cdot I - c \cdot J - d \cdot K) \in \mathbf{H} \tag{1.9e}$$

folgt

$$A \cdot B = B \cdot A = E, \tag{1.9f}$$

d.h. $(\mathbf{H}; +, \cdot)$ ist ein Schiefkörper, insbesondere ist also das Produkt zweier von Null verschiedener Elemente aus $\mathbf{H}$ wieder von Null verschieden. ∎

Bezeichnung. Man nennt $(\mathbf{H}; +, \cdot)$ auch den *Quaternionenschiefkörper* (über $\mathbf{R}$).

Für diesen Quaternionenschiefkörper $\mathbf{H}$ kann man noch andere gleichwertige Modelle angeben.

Lemma 1.4. *Ist* $\mathbf{H}' := \mathbf{R}^4 = \{A' = (a, b, c, d) \mid a, b, c, d \in \mathbf{R}\}$, *wird die Addition in* $\mathbf{H}'$ *gemäß* $\boxed{1a}$ *komponentenweise erklärt durch*

$$(a_1, b_1, c_1, d_1) + (a_2, b_2, c_2, d_2) := (a_1 + a_2, b_1 + b_2, c_1 + c_2, d_1 + d_2) \tag{1.10}$$

und die Multiplikation in $\mathbf{H}'$ *durch*

$$\begin{aligned}
(a_1, &b_1, c_1, d_1) \cdot (a_2, b_2, c_2, d_2) \\
&:= (a_1 a_2 - b_1 b_2 - c_1 c_2 - d_1 d_2, \; a_1 b_2 + b_1 a_2 + c_1 d_2 - c_2 d_1, \\
&\quad a_1 c_2 + a_2 c_1 - b_1 d_2 + b_2 d_1, \; a_1 d_2 + a_2 d_1 + b_1 c_2 - b_2 c_1)
\end{aligned} \tag{1.10a}$$

erklärt, so ist $(\mathbf{H}'; +, \cdot)$ *ein Schiefkörper, der vermöge*

$$\varphi' : \mathbf{H} \to \mathbf{H}' \quad \text{mit} \quad \mathbf{R}^{4,4} \ni A(a, b, c, d) \mapsto (a, b, c, d) \in \mathbf{H}' \tag{1.10b}$$

zu $(\mathbf{H}; +, \cdot)$ *aus Lemma* 1.3 *als Ring isomorph ist. Entsprechend ist die Teilmenge*

$$\mathbf{H}'' := \left\{ A'' = \begin{pmatrix} a + bi, & c + di \\ -c + di, & a - bi \end{pmatrix} \;\middle|\; a, b, c, d \in \mathbf{R} \right\} \subseteq \mathbf{C}^{2,2} \tag{1.10c}$$

bei den durch die Matrizenaddition bzw. Matrizenmultiplikation in $\mathbf{C}^{2,2}$ *gelieferten Verknüpfungen ein Schiefkörper, der bei der Zuordnung*

$$\varphi'' : \mathbf{H} \to \mathbf{H}'' \quad \text{mit}$$

$$\mathbf{R}^{4,4} \supseteq \mathbf{H} \ni A(a, b, c, d) \mapsto A'' = \begin{pmatrix} a + bi, & c + di \\ -c + di, & a - bi \end{pmatrix} \in \mathbf{C}^{2,2} \tag{1.10d}$$

zu $(\mathbf{H}; +, \cdot)$ *als Ring isomorph ist.*

Diese Behauptungen lassen sich durch Nachrechnen sofort bestätigen. Man

22

nennt die Elemente von $\mathbf{H}'$ oft auch die *Hamiltonschen Quaternionen*; wir haben somit drei isomorphe Exemplare eines Schiefkörpers konstruiert.

Aufgaben zu §1

1. Es sei R ein kommutativer Ring mit 1 (z.B. $R = \mathbf{R}$) und $R^{n,n}$ der volle n-reihige Matrizenring über R. Bestimme die Gesamtheit $Z(R^{n,n})$ derjenigen Matrizen A, die mit allen $B \in R^{n,n}$ vertauschbar sind, d.h. für die $A \cdot B = B \cdot A$ für alle $B \in R^{n,n}$ gilt.

2. Es sei $I =]0, 1[\subseteq \mathbf{R}$ das angegebene offene Intervall und R die Gesamtheit der auf I definierten reellwertigen stetigen Funktionen f. Zeige, daß R bei den wertweisen Verknüpfungen $(f + g)(x) = f(x) + g(x)$ für $f, g \in R$ ein kommutativer Ring ist. Ist R ein Integritätsring? Ist die Teilmenge R_0 der auf I differenzierbaren reellwertigen Funktionen ein Teilring bzw. ein Ideal von R?

3. a) Es sei R ein nichtkommutativer Ring mit 1. Zeige, daß man durch (1.2), (1.2a,b) wieder einen «Polynomring» $R[X]$ definieren kann. Ist dieser Ring nichtkommutativ? Ist $1 \cdot X$ mit allen Elementen vertauschbar?
   b) Sei speziell $R = \mathbf{R}^{2,2}$,

$$f(X) = \begin{pmatrix} 1 & 0 \\ 0 & 2 \end{pmatrix} + \begin{pmatrix} 2 & 1 \\ 1 & 0 \end{pmatrix} \cdot X, \quad g(X) = \begin{pmatrix} 5 & 0 \\ 5 & 4 \end{pmatrix} \cdot X + \begin{pmatrix} 0 & 1 \\ 0 & 0 \end{pmatrix} \cdot X^3.$$

Berechne $f(X) \cdot g(X)$, $g(X) \cdot f(X)$ und $f^2(X) - 2g(X)$.

4. Die Menge der Matrizen $A(z) = A_{x_1,x_2} \in \mathbf{R}^{2,2}$ sei gemäß $\boxed{4a}$ definiert.
   a) Verifiziere die Rechenregeln (1.5e).
   b) Zu $z = x_1 + x_2 \cdot i$ und $A(z) = A_{x_1,x_2}$ bestimme $y_1, y_2 \in \mathbf{R}$ derart, daß jeweils
      (i) $A_{y_1,y_2} = A(\bar{z})$,   (iv) $A_{y_1,y_2} = A(|z|)$,
      (ii) $A_{y_1,y_2} = A(\mathrm{Re}\,(z))$,   (v) $A_{y_1,y_2} = A(\mathrm{Im}\,(z))$.
      (iii) $A_{y_1,y_2} = A(z^{-1})$,
      Man drücke y_1, y_2 sowohl durch x_1, x_2 als auch durch die Polarkoordinaten von z aus.
   c) Sei G die Gesamtheit der $A = A_{x_1,x_2} \neq A_{0,0}$. Zeige, daß

$$G \to \mathbf{R}\backslash\{0\} = \mathbf{R}^* \quad \text{mit} \quad A \mapsto d(A) := |A|$$

ein Gruppenhomomorphismus bzgl. der Multiplikation ist. Bestimme Bild d und Kern d. Ist d injektiv?

5. Es seien $x_1, \ldots, x_n \in K$ (Körper), $n \in \mathbf{N}$ und

$$
V_n = \begin{pmatrix} 1 & x_1 & x_1^2 & \cdots & x_1^{n-1} \\ 1 & x_2 & x_2^2 & \cdots & x_2^{n-1} \\ \vdots & \vdots & \vdots & & \vdots \\ 1 & x_n & x_n^2 & \cdots & x_n^{n-1} \end{pmatrix} \in K^{n,n},
$$

$$
f(V_n) = \begin{pmatrix} 1 & x_{f(1)} & x_{f(1)}^2 & \cdots & x_{f(1)}^{n-1} \\ 1 & x_{f(2)} & x_{f(2)}^2 & \cdots & x_{f(2)}^{n-1} \\ \vdots & \vdots & \vdots & & \vdots \\ 1 & x_{f(n)} & x_{f(n)}^2 & \cdots & x_{f(n)}^{n-1} \end{pmatrix} \quad \text{für eine Permutation } f \in \mathfrak{S}_n.
$$

   a) Zeige: $\det(f(V_n)) = \operatorname{sign}(f) \cdot \det(V_n)$.

   b) Zeige: $\det(V_n) = \displaystyle\prod_{1 \le i < j \le n} (x_j - x_i)$. Wann ist $\det(V_n) = 0$?

6. Es seien $f_0(X) = X^3 + 2X^2 - X - 2$ und $f_1(X) = X^3 - 2X^2 - 3X$ aus $\mathbf{Q}[X]$. Führe den euklidischen Algorithmus mit $a_0 = f_0$ und $a_1 = f_1$ durch.

7. a) Begründe die zweite Hälfte von Bemerkung 10.
   b) Begründe die Aussage von Lemma 1.1 für Spaltenumformungen.

8. Sei $A = \begin{pmatrix} 5 & 0 & 2 \\ 7 & 2 & 1 \\ 11 & 2 & 0 \end{pmatrix} \in \mathbf{Z}^{3,3}$ gegeben.

   a) Berechne $|A|$ gemäß (1.6b).
   b) Fasse A als Matrix aus $\mathbf{Q}^{3,3}$ auf und bringe A mit dem Gaußschen Algorithmus auf obere Dreiecksform und berechne damit $|A|$.
   c) Löse die gleiche Aufgabe gemäß Lemma 1.1 mit euklidischem Algorithmus über $\mathbf{Z}$.

9. Forme die folgenden Matrizen mit Hilfe des modifizierten Gaußschen Algorithmus (Lemma 1.1) auf obere Dreiecksgestalt um und berechne $|A|$:

a) $\begin{pmatrix} 5 & 3 & 1 \\ 7 & 2 & 6 \\ -2 & 4 & 3 \end{pmatrix} \in \mathbf{Z}^{3,3}$,   b) $\begin{pmatrix} X^2+1 & 0 & X \\ X+1 & X-1 & 2 \\ 0 & X^2 & X \end{pmatrix} \in (\mathbf{R}[X])^{3,3}$.

10. Betrachte über $R = \mathbf{R}[X]$ das lineare Gleichungssystem

$$
\begin{pmatrix} 1 & -X^3+X^2+1 & -X \\ 0 & X^4-X^2+X-1 & X^2+X \\ X^2 & -X^5+X^4+X^3 & -X^3+X \end{pmatrix} \begin{pmatrix} y_1 \\ y_2 \\ y_3 \end{pmatrix} = \begin{pmatrix} 0 \\ X+1 \\ 1 \end{pmatrix}. \tag{$*$}
$$

   a) Ist dieses System in R^3 lösbar? Bestimme gegebenenfalls die Lösungen.
   b) Ist $(*)$ in $(\mathbf{R}(X))^3$ lösbar? Bestimme gegebenenfalls die Lösungen.

c) Ersetze in $(*)$ jeweils X durch den Parameter $\lambda \in \mathbf{R}$. Für welche $\lambda \in \mathbf{R}$ ist dann $(*)$ lösbar und wie sehen jeweils die Lösungen aus?

11. a) Beweise Lemma 1.2.

b) Sei $A \in \mathbf{Z}^{3,3}$ wie in $\boxed{6}$ gegeben. Finde Matrizen $R_1, \ldots, R_s \in \{S_1^{(i,k)}, S_2(\lambda \cdot i), S_3(i, k; \lambda)\} \subseteq \mathbf{Z}^{3,3}$, so daß

$$R_s \cdots R_1 \cdot A = \begin{pmatrix} 1 & -4 & 0 \\ 0 & 4 & 3 \\ 0 & 0 & -8 \end{pmatrix} \text{ gilt. Bestimme } R = R_s \cdots R_1 \text{ und } |R|.$$

c) Sei $A \in \mathbf{Z}^{2,2}$ gemäß $\boxed{6a}$ gegeben. Finde $R_1, \ldots, R_s, R_1', \ldots, R_t' \in \{S_1^{(i,k)}, S_2(\lambda \cdot i), S_3(i, k; \lambda)\} \subseteq \mathbf{Z}^{2,2}$, so daß

$$A^* = \begin{pmatrix} 1 & 0 \\ 0 & 4 \end{pmatrix} = R_s \cdots R_1 \cdot A \cdot R_1' \cdots R_t'.$$

12. a) Verifiziere die Regeln (1.9c) und (1.9f) aus Lemma 1.3.

b) Sei $(\mathbf{H}; +, \cdot)$ wie in Lemma 1.3 gegeben. Sei $\psi : \mathbf{H} \to \mathbf{H}$ durch $\psi(a \cdot E + b \cdot I + c \cdot J + d \cdot K) = a \cdot E + b \cdot J + c \cdot K + d \cdot I$ gegeben. Zeige, daß ψ ein Ringautomorphismus von $\mathbf{H}$ ist.

13. Beweise Lemma 1.4.

14. a) Zeige, daß die Gesamtheit der Matrizen

$$R = \left\{ \begin{pmatrix} x_1 & -2x_2 \\ x_2 & x_1 \end{pmatrix} \;\middle|\; x_1, x_2 \in \mathbf{Q} \right\} \text{ einen Teilring von } \mathbf{Q}^{2,2} \text{ bildet.}$$

b) Konstruiere einen Ringisomorphismus von $(R; +, \cdot)$ auf $\mathbf{Q}[X]/(X^2 + 2) \cdot \mathbf{Q}[X]$.

§2 Die Modulstruktur von K-Vektorräumen

In diesem Paragraphen sei stets

$$(K; +, \cdot) \tag{2.1}$$

ein (beliebiger) *kommutativer Körper* bzw.

$$(R; +, \cdot) \tag{2.1a}$$

ein *Ring mit Einselement* 1; dabei darf die Multiplikation in R auch nichtkommutativ sein.

Definition 2A. Ist $(K; +, \cdot)$ ein Körper und $(V; +)$ eine additive abelsche Gruppe und existiert eine äußere Verknüpfung

$$K \times V \to V \text{ mit}$$
$$K \times V \ni (\alpha, x) \mapsto \alpha \cdot x \in V \tag{2.1b}$$

zwischen K und V (Multiplikation mit «Skalaren» aus K genannt) mit den Eigenschaften

(U) $\qquad$ $1 \cdot x = x$ $\quad$ für alle $\quad x \in V$

$(A^{\times})$ $\quad$ $(\alpha \cdot \beta) \cdot x = \alpha \cdot (\beta \cdot x)$ $\qquad$ (für $\alpha, \beta \in K$

(D_1) $\quad$ $(\alpha + \beta) \cdot x = \alpha \cdot x + \beta \cdot x$ $\quad$ und $\quad x, y \in V)$

(D_2) $\quad$ $\alpha \cdot (x + y) = \alpha \cdot x + \alpha \cdot y,$

$$(2.1c)$$

so heißt V ein *K-Vektorraum* oder *linearer Raum über K*.

Bemerkung 1. Die Elemente x aus V nennt man auch *Vektoren* und die Elemente $\alpha \in K$ *Skalare*; in den Formeln (2.1c) bedeutet $\alpha \cdot \beta$ die Multiplikation in K und $\alpha \cdot x$ die Multiplikation mit Skalaren (später schreiben wir auch $\alpha \cdot x = \alpha x$ ohne Malpunkt), entsprechend hat das «$+$»-Zeichen je nach Situation unterschiedliche Bedeutung.

Daß durch Definition 2A eine sehr allgemeine Struktur eingeführt wird, zeigen die nachfolgenden Beispiele von sehr unterschiedlicher konkreter Bedeutung:

$\boxed{1}$ $\quad$ Ist $(K; +, \cdot)$ ein beliebiger Körper, $n \in \mathbf{N}$, so ist K^n ein K-Vektorraum, der arithmetische Vektorraum der n-tupel (vgl. §1, $\boxed{1a}$ und Bemerkung 3). – Für $m, n \in \mathbf{N}$ ist $K^{m,n}$ die Menge der (m, n)-Matrizen über K bei üblicher Matrizen – addition und Multiplikation mit Skalaren ein K-Vektorraum (vgl. §1, Bemerkung 6).

$\boxed{1a}$ $\quad$ Ist $P \in E_3$ ein Punkt des Anschauungsraumes (vgl. z.B. EA, S. 103) und V die Gesamtheit der (mechanischen) Kräfte, die in P angreifen können, so ist V ein $\mathbf{R}$-Vektorraum.

$\boxed{1b}$ $\quad$ Ist K ein Körper und $L \supset K$ ein Erweiterungskörper von K, so induzieren die Addition und Multiplikation in L die Struktur eines K-Vektorraumes in L.

$\boxed{1c}$ $\quad$ Ist K ein Körper und $R = K[X]$ der Polynomring in X über K, so ist R bei üblicher Addition der Polynome und Multiplikation mit konstanten Polynomen ein K-Vektorraum (vgl. §1, $\boxed{2}$ bzw. EA, §9, Bemerkung 5).

$\boxed{1d}$ $\quad$ Sei $I \subseteq \mathbf{R}$ ein Intervall und V die Gesamtheit der auf I stetigen reell-wertigen Funktionen mit den Festsetzungen

$f, g \in V$ und $f + g$ mit $(f + g)(x) := f(x) + g(x)$

für $x \in I$ (Summe stetiger Funktionen)

$$(2.1d)$$

und

$$c \in \mathbf{R}, f \in V \Rightarrow c \cdot f \quad \text{mit} \quad (c \cdot f)(x) := c \cdot f(x)$$
$$\text{für} \quad x \in I, \tag{2.1e}$$

so ist V ein $\mathbf{R}$-Vektorraum.

1e Sei $\mathfrak{F} = \{f \mid f\colon \mathbf{N}_0 \to \mathbf{R}\}$ die Gesamtheit der reellen Zahlenfolgen, so ist $\mathfrak{F}$ bei üblicher Definition der Addition von Zahlenfolgen bzw. Multiplikation einer Folge mit $\alpha \in \mathbf{R}$ ein $\mathbf{R}$-Vektorraum.

In Verallgemeinerung der obigen Definition erklären wir nun

Definition 2B. Ist $(R; +, \cdot)$ ein Ring mit Einselement und $(V; +)$ $= (M; +)$ eine additive abelsche Gruppe und gibt es eine äußere Verknüpfung

$$R \times V \to V \quad \text{mit}$$
$$R \times V \ni (\rho, x) \mapsto \rho \cdot x = \rho x \in V, \tag{2.1f}$$

für die die Regeln $(U, A^\times, D_1, D_2)$ aus Definition 2A für alle $\alpha, \beta \in R$ und $x, y \in V$ erfüllt sind, so heißt $V = M$ ein *R-Linksmodul*; falls keine Verwechslungen möglich sind, schreiben wir auch oft nur kurz *R-Modul*.

Hierbei kann R durchaus ein nichtkommutativer Ring sein; zur Abgrenzung dieser Definitionen geben wir noch einige weitere Beispiele an:

2 Da ein Körper K auch ein Ring mit Einselement ist, ist ein K-Vektorraum zugleich ein K-Linksmodul.

2a Ist $(M; +)$ eine beliebige additiv geschriebene abelsche Gruppe, $R = \mathbf{Z}$, so setze für $x \in M$ und $r \in \mathbf{Z}$ jeweils

$$r \cdot x = \begin{cases} x + \cdots + x, \; r\text{-mal} & \text{für } r \geq 0, \\ (-x) + \cdots + (-x), \; |r|\text{-mal} & \text{für } r < 0. \end{cases} \tag{2.1g}$$

Dann rechnet man sofort die Gültigkeit der Regeln $(U, A^\times, D_1, D_2)$ nach, d.h. M ist ein $\mathbf{Z}$-Linksmodul.

2b Es sei R ein kommutativer Ring mit 1, $V = R[X]$ der Polynomring in X über R (vgl. auch 1c und §1); dann ist $(V; +)$ bei üblicher Polynomaddition eine abelsche Gruppe und bei Multiplikation mit konstantem Polynom, d.h. $r \cdot f(X)$, ein R-Linksmodul.

$\boxed{2c}$ Ist R ein Ring mit 1, $\mathfrak{a}$ ein sogenanntes *Linksideal* von R (d.h. für $r \in R$, $a, b \in \mathfrak{a}$ folgt $r \cdot a \in \mathfrak{a}$ und $a \pm b \in \mathfrak{a}$), so ist $\mathfrak{a}$ ein R-Linksmodul; dies gilt insbesondere für zweiseitige Ideale $\mathfrak{a}$.

$\boxed{2d}$ Ist K ein Körper, $n \in \mathbf{N}$, $R = K^{n,n}$ der Ring der (n, n)-Matrizen über K und $V = K^n$ der arithmetische Vektorraum der Spalten-n-tupel, so ist $(V; +)$ eine additive abelsche Gruppe. Bei der Festsetzung

$$A = (a_{\mu\nu}) \in K^{n,n}, \quad \tilde{x} = \begin{pmatrix} x_1 \\ \vdots \\ x_n \end{pmatrix} \in K^n, \tag{2.1h}$$

$$(A, \tilde{x}) \mapsto A \cdot \tilde{x} \in K^n$$

im Sinne der Matrizenmultiplikation (nichtkommutativ) wird V ein R-Linksmodul.

Bei den Untersuchungen dieses Paragraphen interessieren wir uns zunächst vornehmlich für den Fall der K-Vektorräume, und es genügt somit, zuerst an diese Situation zu denken. Bei den folgenden Überlegungen werden wir jedoch nur die in $(U, A^\times, D_1, D_2)$ zum Ausdruck kommende Modulstruktur verwenden, so daß alle Begriffe und Ergebnisse auch unverändert für R-Linksmoduln gelten; wir geben eventuelle Modifikationen in den Formeln usw. für R-Linksmoduln jeweils in Klammern an.

Bezeichnung. Das neutrale Element der Additivgruppe $(V; +)$ eines K-Vektorraumes V heißt der Nullvektor $\mathbf{0} = \mathbf{0}_V$ (wir verwenden dieses Symbol auch bei R-Moduln); mit 0 bezeichnen wir das Nullelement von K (bzw. R).

Bemerkung 2. In einem K-Vektorraum V (bzw. R-Modul) gelten folgende Rechenregeln:

$$0 \cdot x = \mathbf{0} \quad \text{für alle } x \in V, \tag{2.2}$$

$$\rho \cdot \mathbf{0} = \mathbf{0} \quad \text{für alle } \rho \in K \quad (\text{bzw. } \rho \in R), \tag{2.2a}$$

$$(-\rho) \cdot x = -(\rho \cdot x) = \rho \cdot (-x)$$
$$\text{für } \quad x \in V, \quad \rho \in K \quad (\text{bzw. } \rho \in R). \tag{2.2b}$$

28

Beweis. Durch Anwendung der Distributivregel nach dem Muster:
$0+0=0 \Rightarrow (0+0) \cdot x = 0 \cdot x + 0 \cdot x = 0 \cdot x,$ also $0 \cdot x = \mathbf{0}$ nach Definition von $\mathbf{0}$, folgen die obigen Formeln. ∎

Falls $\rho \neq 0$, $\rho \in K$, so existiert $\rho^{-1} \in K$, also ist $\rho^{-1} \cdot (\rho \cdot x) = 1 \cdot x = x$, und es folgt:

$$\rho \cdot x = \mathbf{0} \quad \text{und} \quad \rho \in K, \quad \rho \neq 0 \Rightarrow x = \mathbf{0}. \tag{2.2c}$$

Wir führen einige erste Folgebegriffe ein.

Definition 2C. Sind $x^1, x^2, \ldots, x^m \in V$ endlich viele Vektoren (Elemente aus V werden durch obere Indizes unterschieden) und $\rho_1, \rho_2, \ldots, \rho_m \in K$ (bzw. R) Skalare, so heißt ein Ausdruck

$$\rho_1 \cdot x^1 + \rho_2 \cdot x^2 + \cdots + \rho_m \cdot x^m = \sum_{\mu=1}^{m} \rho_\mu \cdot x^\mu \in V \tag{2.3}$$

eine *Linearkombination* der $x^1, \ldots, x^m$ mit den Koeffizienten $\rho_1, \ldots, \rho_m$.

Es ist klar, daß jede Linearkombination wieder ein Element von V ist.

Definition 2D. Ist V ein K-Vektorraum (bzw. ein R-Linksmodul), so heißt ein $U \subseteq V$, $U \neq \varnothing$ mit

$$x, y \in U \quad \text{und} \quad \lambda, \rho \in K \quad (\text{bzw. } \lambda, \rho \in R)$$
$$\Rightarrow \lambda \cdot x + \rho \cdot y \in U \tag{2.3a}$$

ein *Unterraum* oder *linearer Teilraum* (bzw. *Untermodul, Teilmodul*) von V, in Zeichen: $U \leq V$.

Wir verweisen auf folgendes Beispiel

$\boxed{3}$ Ist V ein K-Vektorraum (bzw. R-Linksmodul). Dann sind $U = V \leq V$ bzw. $U = \{\mathbf{0}\} \leq V$ lineare Teilräume (bzw. Teilmoduln).

Lemma 2.1. *Jeder lineare Teilraum (Untermodul) $U \leq V$ ist selbst ein K-Vektorraum $(R$-Linksmodul$)$; ist $\mathfrak{U} = \{U, \ldots\}$ eine Familie (Gesamtheit) von linearen Teilräumen (bzw. Untermoduln) von V, so ist auch*

$$D = \bigcap_{U \in \mathfrak{U}} U \tag{2.3b}$$

ein linearer Teilraum (Untermodul) von V.

Beweis. 1. Sei $U \leq V$, $U \neq \emptyset$. Dann folgt für $x, y \in U$

$$\mathbf{0} = 0 \cdot x \in U, \quad -x = (-1) \cdot x \in U, \quad x + y \in U,$$

d.h. $(U; +)$ ist eine abelsche Gruppe. Da für $\rho \in K$ (bzw. $\rho \in R$) stets auch $\rho \cdot x \in U$, ist auch (2.1b, f) erklärt, wobei alle Rechenregeln erfüllt sind. Also ist U selbst ein K-Vektorraum (R-Linksmodul).

2. Ist D als Menge gemäß (2.3b) gegeben, so ist $D \neq \emptyset$, denn $\mathbf{0} \in U$ für alle $U \in \mathfrak{U}$, also auch $\mathbf{0} \in D$. Falls $x, y \in D$, so folgt, $x, y \in U$ für alle $U \in \mathfrak{U}$. Für beliebiges $\lambda, \rho \in K$ (bzw. aus R) gilt somit

$$\lambda \cdot x + \rho \cdot y \in U \quad (\text{da } U \leq V) \quad \text{für alle } U \in \mathfrak{U}.$$

Folglich ist auch $\lambda \cdot x + \rho \cdot y \in D$, d.h. $D \leq V$ ist linearer Teilraum (Untermodul), q.e.d. ∎

Es sei weiter V ein K-Vektorraum (R-Linksmodul) und

$$M \neq \emptyset, \quad M \subseteq V \tag{2.3c}$$

eine beliebige nichtleere Teilmenge von V.

Lemma 2.2. *Ist M gemäß (2.3c) gegeben, so gibt es einen eindeutig bestimmten kleinsten linearen Teilraum (bzw. Untermodul) von V, der M enthält, nämlich*

$$[M] = D = \bigcap_{U \in \mathfrak{U}} U \quad \text{mit} \quad \mathfrak{U} = \{U \leq V \mid M \subseteq U\}, \tag{2.3d}$$

und $[M]$ besteht genau aus allen Linearkombinationen endlicher Länge von Elementen aus M.

Bezeichnung. $[M]$ heißt das *Erzeugnis* oder auch *lineare Hülle* von M in V.

Beweis von Lemma 2.2. 1. Da $M \subseteq V$, ist $\mathfrak{U}$ nicht leer und somit existiert $[M] = D$ gemäß (2.3d) nach Lemma 2.1 und ist eindeutig bestimmt.

2. Es bezeichne D_1 die Gesamtheit der Linearkombinationen endlicher Länge von Elementen aus M. Seien $x, y \in D_1$, d.h.

$$x = \lambda_1 x^1 + \cdots + \lambda_n x^n \quad \text{und} \quad y = \mu_1 y^1 + \cdots + \mu_r y^r$$

$$\text{mit} \quad x^\nu, y^\rho \in M \quad \text{und} \quad \lambda_\nu, \mu_\rho \in K \quad (\text{bzw. } R)$$

und $\alpha, \beta \in K$ (bzw. R), so folgt:

$$\alpha \cdot x + \beta \cdot y = \sum_{\nu=1}^{n} (\alpha\lambda_\nu) \cdot x^\nu + \sum_{\rho=1}^{r} (\beta\mu_\rho) \cdot y^\rho$$

ist eine endliche Linearkombination von Elementen aus M, d.h. $\alpha \cdot x + \beta \cdot y \in D_1$. Somit ist $D_1 \le V$ mit $M \subseteq D_1$, d.h. $[M] \subseteq D_1$. Da aber alle Elemente aus D_1 auch in $[M]$ liegen müssen, folgt $[M] = D_1$, q.e.d. ∎

Im Anschluß hierzu heben wir noch einige wichtige *Spezialfälle* und *Bezeichnungen* hervor:

a) Ist

$$M \subseteq V, \quad M \neq \varnothing \quad \text{und} \quad [M] = D \le V, \tag{2.3d'}$$

so heißt M ein *Erzeugendensystem des K-Vektorraumes* (bzw. *R-Linksmoduls*) D; falls speziell $[M] = V$, so spricht man von einem Erzeugendensystem von V; wir verwenden im Spezialfall die Schreibweise:

$$M = \{x^1, x^2, \ldots\} \Rightarrow [M] = [x^1, x^2, \ldots]. \tag{2.3d''}$$

b) Ist speziell $M = \{x^1, x^2, \ldots, x^n\}$ eine endliche Menge, so schreiben wir

$$D = [M] = [x^1, x^2, \ldots, x^n]$$

und nennen D einen *endlich-erzeugten K-Vektorraum* (*R-Linksmodul*).

c) Ist $I \neq \varnothing$ eine Indexmenge und sind $U_i \le V$ ($i \in I$) lineare Teilräume (Untermoduln), so nennt man

$$\left[\bigcup_{i \in I} U_i\right] =: \sum_{i \in I} U_i \le V \tag{2.3e}$$

die *Summe der Unterräume* (*Untermoduln*) bzw. den *Summenraum, Verbindungsraum* oder das *Kompositum* der U_i; ist hierbei $I = \{1, 2, \ldots, n\}$ eine endliche Menge, so schreiben wir

$$\sum_{i=1}^{n} U_i = U_1 + U_2 + \cdots + U_n. \tag{2.3e'}$$

In diesen Fällen gelten die Aussagen von Lemma 2.1 und 2.2

sinngemäß; insbesondere gilt stets

$$\bigcap_{i \in I} U_i = D \supseteq \{0_V\} \, .$$

Wir formulieren nun

Definition 2E. Sind $U_1, U_2, \ldots, U_n \leq V$ lineare Teilräume (Untermoduln) mit der Eigenschaft

$$U_i \cap \sum_{\substack{j=1 \\ j \neq i}}^{n} U_j = \{0_V\} \quad \text{für alle } i = 1, \ldots, n, \tag{2.4}$$

so schreibt man für den Summenraum

$$U_1 \oplus U_2 \oplus \cdots \oplus U_n = \oplus \sum_{i=1}^{n} U_i := \sum_{i=1}^{n} U_i \tag{2.4a}$$

und nennt dies die (innere) *direkte Summe von* $U_1, U_2, \ldots, U_n$. Im Spezialfall $n = 2$ besagen diese Bedingungen

$$U_1, U_2 \leq V \quad \text{mit} \quad U_1 \cap U_2 = \{0_V\}$$
$$\Rightarrow U_1 \oplus U_2 := U_1 + U_2. \tag{2.4b}$$

Wir illustrieren diese Begriffe an folgendem Beispiel:

$\boxed{3a}$ Es sei $V = \mathbf{R}^3 = \{(x_1, x_2, x_3) \mid x_\nu \in \mathbf{R}\}$ die Menge der Tripel mit den üblichen Verknüpfungen;

$$U_1 = \{(x_1, x_2, 0) \mid x_1, x_2 \in \mathbf{R}\} \leq V,$$
$$U_2 = \{(0, 0, x_3) \mid x_3 \in \mathbf{R}\} \leq V,$$
$$U_3 = \{(0, x_2, x_3) \mid x_2, x_3 \in \mathbf{R}\} \leq V.$$

Dann gilt $U_1 \cap U_2 = \{0_V\}$, $U_1 + U_2 = V$, d.h. $U_1 \oplus U_2 = V$; ferner $U_1 \cap U_3 = \{(0, x_2, 0) \mid x_2 \in \mathbf{R}\} \neq \{0_V\}$, d.h. $U_1 + U_3 = V$ ist keine direkte Summe. Schließlich ist $U_1 \cup U_2$ *kein* linearer Teilraum.

Lemma 2.3. *Sind* $U_1, U_2 \leq V$ *Teilräume (Untermoduln), so ist*

$$U_1 + U_2 = \{x = x^1 + x^2 \mid x^1 \in U_1, x^2 \in U_2\}; \tag{2.4c}$$

gilt dabei für ein $x \in U_1 + U_2$

$$x = x^1 + x^2 = y^1 + y^2 \quad mit \quad \begin{aligned} &x^1, y^1 \in U_1, \\ &x^2, y^2 \in U_2, \end{aligned} \tag{2.4d}$$

32

so folgt

$$y^1 = x^1 + z, \quad y^2 = x^2 - z \quad \textit{mit} \quad z \in U_1 \cap U_2 \tag{2.4e}$$

und umgekehrt, d.h. die Summendarstellung eines $x \in U_1 + U_2$ ist bis auf einen Summanden $z \in U_1 \cap U_2$ eindeutig. Speziell gilt: Es ist $U = U_1 \oplus U_2$ genau dann, wenn $x = x^1 + x^2$ mit $x^1 \in U_1$, $x^2 \in U_2$ eine eindeutige Zerlegung von $x \in U$ ist.

Beweis. 1. Die Darstellung (2.4c) von $U_1 + U_2$ ist nach Lemma 2.2 und obigem klar.

2. Ist nun $U_1 + U_2 \ni x = x^1 + x^2 = y^1 + y^2$ gemäß (2.4d) gegeben, so folgt

$$z = y^1 - x^1 = x^2 - y^2, \quad \text{d.h.} \quad z \in U_1, \qquad z \in U_2,$$

also auch $z \in U_1 \cap U_2$ und somit (2.4e). Umgekehrt folgt aus (2.4e) sofort (2.4d).

3. Ist speziell $U_1 \cap U_2 = \{\mathbf{0}_V\}$, d.h. die Summe direkt, so muß in (2.4e) $z = \mathbf{0}_V$ sein, und die Zerlegung $x = x^1 + x^2$ ist eindeutig. Falls jedoch $U_1 \cap U_2$ ein Element $z \neq \mathbf{0}_V$ enthält, so erhält man mit (2.4e), (2.4d) zwei verschiedene Zerlegungen von x, q.e.d. ∎

Mit der gleichen Überlegung zeigt man

Bemerkung 3. Sind $U_1, \ldots, U_n \leq V$ Teilräume (Untermoduln), so ist die Summe

$$U = \sum_{i=1}^{n} U_i = U_1 \oplus U_2 \oplus \cdots \oplus U_n, \tag{2.4f}$$

d.h. direkt, genau dann, wenn jedes $x \in U$ genau eine Zerlegung

$$x = x^1 + x^2 + \cdots + x^n \quad \text{mit} \quad x^\nu \in U_\nu \quad (\nu = 1, \ldots, n) \tag{2.4g}$$

hat.

Ergänzend vermerken wir noch

Bemerkung 4. Sind V und W K-Vektorräume (R-Linksmoduln), so ist auch

$$(V, W) = V \dotplus W = \{(v, w) \mid v \in V, w \in W\} \tag{2.4h}$$

mit den Verknüpfungen

$$\begin{aligned}
(v, w) + (v', w') &= (v + v', w + w'), \\
\alpha \cdot (v, w) &= (\alpha v, \alpha w), \quad \alpha \in K \ (\text{bzw. } R)
\end{aligned} \tag{2.4i}$$

ein K-Vektorraum (R-Linksmodul) und heißt die *äußere direkte Summe von V und W*.

Wir betrachten nun folgende wichtige algebraische Konstruktion; sei dazu

$$V \text{ ein } K\text{-Vektorraum } (R\text{-Linksmodul}),$$
$$U \leq V \text{ ein linearer Teilraum (Untermodul)}. \tag{2.5}$$

Wir betrachten in V die folgende durch U gegebene binäre Relation

$$\boxed{x \underset{U}{\sim} y \Leftrightarrow x - y \in U \text{ (für } x, y \in V).} \tag{2.5a}$$

Wir behaupten zunächst: $\underset{U}{\sim}$ gemäß (2.5a) ist eine *Äquivalenzrelation in V*.

Beweis. Da $x - x = \mathbf{0}_V \in U \Rightarrow x \underset{U}{\sim} x$ für alle $x \in V$, d.h. $\underset{U}{\sim}$ ist reflexiv.

Falls $x \underset{U}{\sim} y$, so ist $x - y \in U$, also auch $-(x - y) = y - x \in U$, d.h. $y \underset{U}{\sim} x$ und $\underset{U}{\sim}$ ist symmetrisch. Ist für $x, y, z \in V$: $x \underset{U}{\sim} y$ und $y \underset{U}{\sim} z$, so folgt $x - y \in U$, $y - z \in U$, also auch

$$(x - y) + (y - z) = x - z \in U, \quad \text{d.h. } x \underset{U}{\sim} z,$$

und somit ist $\underset{U}{\sim}$ auch transitiv, d.h. insgesamt ist $\underset{U}{\sim}$ eine Äquivalenzrelation. ∎

Aus (2.5a) folgt somit (vgl. auch EA, §10, Lemma 10.11) eine Zerlegung von V in disjunkte Klassen.

$$V = \dot{\bigcup_x} K_{\sim}(x) := \sum_x \bar{x} \ (x \text{ aus Vertretersystem}) \tag{2.5b}$$

$$\text{mit } \bar{x} := K_{\sim}(x) = \{y \in V \mid x \underset{U}{\sim} y\} := x + U.$$

Es bezeichne nun

$$V/U = \{\bar{x} = x + U \mid \bar{x} \text{ Klasse von } x \text{ bzgl. } U$$
$$\text{gemäß (2.5b)}, x \in V\} \tag{2.5c}$$

die Gesamtheit der zugehörigen Klassen (die Berechtigung der

34

Schreibweise

$$x + U = \{y = x + u \mid u \in U\} \tag{2.5b'}$$

ist unmittelbar einsichtig).

Lemma 2.4. *Unter den Voraussetzungen und Bezeichnungen* (2.5), (2.5a, b, c) *wird* V/U *bei den Verknüpfungen* «*Addition*»

$$+: (V/U) \times (V/U) \to V/U \quad mit$$
$$(\bar{x}, \bar{y}) \mapsto \bar{x} + \bar{y} := \overline{x + y} = (x + y) + U \tag{2.5d}$$

und «*Multiplikation mit Skalaren*»

$$\cdot: K \times (V/U) \to V/U \ (bzw. \ R \times (V/U) \to V/U) \quad mit$$
$$(\lambda, \bar{x}) \mapsto \lambda \cdot \bar{x} := \overline{\lambda \cdot x} = \lambda \cdot x + U \tag{2.5e}$$

ein K-*Vektorraum* (R-*Linksmodul*) ($V/U; +$).

Beweis. Es ist zu zeigen, daß diese Verknüpfungen wohldefiniert, d.h. unabhängig von der Auswahl der Repräsentanten, sind und daß die Regeln aus den Definitionen 2A bzw. 2B gelten.
1. *Addition:* Aus $x \underset{U}{\sim} x'$ und $y \underset{U}{\sim} y'$, d.h. $x - x' \in U$ und $y - y' \in U$ folgt

$$(x + y) - (x' + y') = (x - x') + (y - y') \in U,$$

d.h. $\overline{x + y} = \overline{x' + y'}$ und die Addition ist wohldefiniert. Trivialerweise gilt hierbei (K^+) und (A^+); wegen $U + 0_V = U$ ist $\bar{0}_V = 0_V + U$ neutrales Element von V/U und $-x + U$ invers zu $x + U$, d.h. V/U ist abelsche Gruppe.
2. *Multiplikation mit Skalaren:* Ist $x \underset{U}{\sim} x'$, d.h. $x - x' \in U$, und $\lambda \in K$, so folgt $\lambda \cdot (x - x') \in U$, also $\lambda \cdot x \underset{U}{\sim} \lambda \cdot x'$ und (2.5e) ist wohldefiniert. Die Rechenregeln $(U, A^\times, D_1, D_2)$ bestätigt man unmittelbar, wie z.B. (D_2):

$$\lambda(\bar{x} + \bar{y}) = \lambda \overline{(x + y)} = \overline{\lambda(x + y)}$$
$$= \overline{\lambda x + \lambda y} = \overline{\lambda x} + \overline{\lambda y} = \lambda \cdot \bar{x} + \lambda \cdot \bar{y}. \qquad\blacksquare$$

Definition 2F. Der K-Vektorraum (bzw. R-Linksmodul) ($V/U; +$) gemäß Lemma 2.4, d.h. die Klassen von V bzgl. U mit den Verknüpfungen (2.5d,e), heißt der *Faktorraum* (*Faktormodul*) oder *Restklassenraum* (*Restklassenmodul*) oder auch *Quotientenraum* von V bzgl. U.

Hierzu einige Beispiele:

$\boxed{3b}$ Ist V ein beliebiger K-Vektorraum. Dann ist (vgl. $\boxed{3}$) $U_1 = \{0_V\}$ Nullraum $\Rightarrow: x \underset{U_1}{\sim} y \Leftrightarrow x = y$. Dann folgt: $V/\{0_V\}$ wird durch alle $x \in V$ repräsentiert, d.h. es gibt einelementige Klassen $\bar{x} = \{x\}$. $U_2 = V$, so ist $x \underset{U_2}{\sim} y$ für alle $x, y \in V$; somit existiert nur eine Klasse $0_V + V = V$, d.h. V/V ist der Nullraum.

$\boxed{3c}$ $V = \mathbf{R}^2 = \{(x_1, x_2) \mid x_1, x_2 \in \mathbf{R}\} \ge U = \{(0, x_2) \mid x_2 \in \mathbf{R}\}$.   Dann folgt $(x_1, x_2) \underset{U}{\sim} (y_1, y_2) \Leftrightarrow x_1 = y_1$. Also liefern die $(x_1, 0)$ mit $x_1 \in \mathbf{R}$ ein Repräsentantensystem für V/U, d.h. es ist $(x_1, 0) \in x + U = \{(y_1, y_2) \mid x_1 = y_1 \text{ fest}, y_2 \in \mathbf{R}\}$.

$\boxed{3d}$ Sei R ein (kommutativer) Ring mit Einselement und $V = R$ als R-Linksmodul bei üblicher Multiplikation $\alpha \cdot x$ für $\alpha \in R$ und $x \in V = R$. Sei $\mathfrak{a} \neq R$ ein zweiseitiges Ideal von R, d.h. $\mathfrak{a} \le R$, so ist $R/\mathfrak{a}$ bei der Festsetzung

$$(x + \mathfrak{a}) \cdot (y + \mathfrak{a}) = x \cdot y + \mathfrak{a}$$

$$\text{mit} \quad x, y \in R, \text{ d.h. } x + \mathfrak{a}, y + \mathfrak{a} \in R/\mathfrak{a} \tag{2.5f}$$

ein (kommutativer) Ring mit Einselement, der *Restklassenring* von R modulo $\mathfrak{a}$, wie eine einfache Rechnung zeigt.

Wir definieren nun analog zu §1 (vgl. auch EA, Definition 6C):

Definition 2G. Sind V und W zwei K-Vektorräume (R-Linksmoduln), so heißt eine Abbildung

$$\varphi : V \to W, \quad \text{d.h. } V \ni x \mapsto \varphi(x) \in W \tag{2.6}$$

mit

$$\begin{aligned} \varphi(x + y) &= \varphi(x) + \varphi(y), \quad x, y \in V, \\ \varphi(\lambda \cdot x) &= \lambda \cdot \varphi(x), \quad \lambda \in K \quad (\lambda \in R), \end{aligned} \tag{2.6a}$$

eine *lineare* oder *K-lineare* (*R-lineare*) *Abbildung* oder ein *K-Vektorraumhomomorphismus*   (*R-Linksmodulhomomorphismus*) *von V in W.*

Durch Zusammenfassung folgt aus (2.6a):

$$\varphi \left(\sum_{\nu=1}^{n} \lambda_\nu \cdot x^\nu \right) = \sum_{\nu=1}^{n} \lambda_\nu \cdot \varphi(x^\nu). \tag{2.6a'}$$

Bezeichnungen. Ist $\varphi : V \to W$ gemäß Definition 2G eine lineare

36

Abbildung (ein Modulhomomorphismus), so heißt

$$\varphi(V) = \text{Bild}(\varphi) := \{y \in W \mid y = \varphi(x) \quad \text{für ein } x \in V\} \qquad (2.6\text{b})$$

das *Bild von* φ und

$$\text{Kern}(\varphi) := \{x \in V \mid \varphi(x) = \mathbf{0}_W\} \qquad (2.6\text{c})$$

der *Kern von* φ (falls keine Verwechslungen möglich sind, schreiben wir auch kürzer Bild φ bzw. Kern φ).

Lemma 2.5. *Unter den Voraussetzungen von Definition 2G sind* $\varphi(V) \leq W$ *und* $\text{Kern}(\varphi) \leq V$ *jeweils lineare Teilräume (Untermoduln); weiter gilt*

$$\begin{aligned}
&\varphi \text{ ist surjektiv} \Leftrightarrow \varphi(V) = W, \\
&\varphi \text{ ist injektiv} \Leftrightarrow \text{Kern}(\varphi) = \{\mathbf{0}_V\} \, .
\end{aligned} \qquad (2.6\text{d})$$

Beweis. 1. Wegen (2.6a') und (2.6b) ist $\varphi(V) \leq W$.
2. Ist $x, y \in V$ mit $\varphi(x) = \varphi(y) = \mathbf{0}_W$, so folgt

$$\varphi(\lambda \cdot x + \mu \cdot y) = \mathbf{0}_W \quad \lambda, \mu \in K \quad (\text{bzw.} \in R),$$

d.h. Kern $(\varphi) \leq V$.
3. Von (2.6d) ist die Surjektivitätsaussage klar; da $\varphi(x) = \varphi(y) \Leftrightarrow \varphi(x - y) = \mathbf{0}_W$, folgt aus Kern $\varphi \leq V$ sofort die Injektivitätsbedingung. ∎

Bezeichnungen. Eine *bijektive* lineare Abbildung (2.6) heißt ein *K-Verktorraumisomorphismus (R-Linksmodulisomorphismus)* zwischen V und W, in Zeichen: $V \cong W$; eine lineare Abbildung

$$\varphi : V \to V, \qquad (2.6\text{e})$$

d.h. von V in sich, heißt ein *K-Vektorraumendomorphismus* oder *K-Endomorphismus (R-Modulendomorphismus)* von V; eine lineare Abbildung (2.6e), die zugleich bijektiv ist, heißt ein *K-Automorphismus (R-Automorphismus)* von V.

Wir verweisen dazu auf folgende Beispiele:

$\boxed{4}$ Sei K ein Körper (oder kommutativer Ring mit 1) und $V = K^n$, $W = K^m$ (als Spalten geschrieben). Sei weiter $A \in K^{m,n}$ eine (m, n)-Matrix über K und

$$\varphi_A : V \to W \quad \text{mit} \quad K^n \ni \tilde{x} \mapsto \varphi_A(\tilde{x}) = A \cdot \tilde{x} \in K^m,$$

so ist dies eine lineare Abbildung (ein K-Modulhomo-
morphismus). Dabei ist:

Bild φ_A = Erzeugnis der Spalten-m-tupel von A;

Kern φ_A = Lösungsmenge des zugehörigen homogenen
lineraren Gleichungssystems.

Speziell ist z.B.

$$\mathbf{R}^3 \ni \begin{pmatrix} x_1 \\ x_2 \\ x_3 \end{pmatrix} \xmapsto{\ \varphi_A\ } \begin{pmatrix} 1 & 0 & 0 \\ 0 & 1 & 0 \end{pmatrix} \cdot \begin{pmatrix} x_1 \\ x_2 \\ x_3 \end{pmatrix} = \begin{pmatrix} x_1 \\ x_2 \end{pmatrix} \in \mathbf{R}^2$$

$$\text{mit} \quad \text{Bild } \varphi_A = \mathbf{R}^2 \quad \text{und} \quad \text{Kern } \varphi_A = \left\{ \begin{pmatrix} 0 \\ 0 \\ x_3 \end{pmatrix} \;\middle|\; x_3 \in \mathbf{R} \right\}.$$

$\boxed{4a}$ Ist K ein Körper, so ist die Einbettung $K \to K[X]$ in den
Polynomring (in Form der konstanten Polynome) eine injek-
tive lineare Abbildung. – Ist R eine Ringerweiterung mit 1
von $K \subseteq Z(R)$, $a \in R$, so ist die Einsetzung $K[X] \to R$ mit
$f(X) \mapsto f(a) \in R$ ebenfalls eine lineare Abbildung (vgl. z.B. EA,
§9, S. 198).

Sei weiter wie in (2.5) und (2.5c):

    V ein K-Vektorraum (R-Linksmodul),

    $U \le V$ ein linearer Teilraum (Untermodul),   (2.6f)

    V/U der zugehörige Faktorraum (Faktormodul).

Wir betrachten die Abbildung

    $\varphi_U : V \to V/U \quad$ mit

    $V \ni x \mapsto \varphi_U(x) = \bar{x} = x + U \in V/U.$ (2.6g)

Diese Abbildung ist offensichtlich wohldefiniert und surjektiv.
Wegen

$$\overline{x + y} = (x + y) + U = (x + U) + (y + U) = \bar{x} + \bar{y}$$

und

$$\overline{\lambda \cdot x} = \lambda \cdot x + U = \lambda \cdot \bar{x}$$

(vgl. (2.5d, e)) gilt somit

    $\varphi_U(x + y) = \varphi_U(x) + \varphi_U(y), \quad \varphi_U(\lambda \cdot x) = \lambda \cdot \varphi_U(x),$ (2.6h) d.h. φ_U ist sogar eine lineare Abbildung (ein R-Homomorphismus). Dabei gilt

$$\varphi_U(x) = U = \mathbf{0}_{V/U} \Leftrightarrow x \in U.$$

Also folgt

Lemma 2.6. *Ist $U \le V$, so ist φ_U gemäß (2.6g) eine surjektive lineare Abbildung (Homomorphismus) auf V/U mit*

$$\operatorname{Kern} \varphi_U = U = \bar{\mathbf{0}}_V = \mathbf{0}_V + U, \tag{2.6i}$$

der kanonische Homomorphismus von V auf V/U.

Wir formulieren nun den folgenden wichtigen

Satz 2.7. *(Homomorphiesatz für K-Vektorräume bzw. R-Linksmoduln). Ist*

$$\varphi: V \twoheadrightarrow W \quad mit$$
$$\varphi(V) = \operatorname{Bild} \varphi = W' \le W \quad und \quad \operatorname{Kern} \varphi = U \le V \tag{2.7}$$

eine lineare Abbildung (ein Modulhomomorphismus) und ist φ_U gemäß (2.6g) der kanonische Homomorphismus von V auf V/U, so liefert

$$\varphi': V/U \to W' = \varphi(V) \quad mit$$
$$V/U = V/\operatorname{Kern} \varphi \ni \bar{x} = x + U \mapsto \varphi'(\bar{x}) := \varphi(x) \in \varphi(V) \tag{2.7a}$$
$$für \quad x \in \bar{x}$$

einen K-Isomorphismus (bzw. R-Isomorphismus) mit

$$\varphi = \varphi' \circ \varphi_U, \ d.h. \qquad \begin{array}{ccc} V & \xrightarrow{\;\varphi\;} & W' \le W \\ {\scriptstyle\varphi_U}\searrow & & \nearrow{\scriptstyle\varphi'} \\ & V/U & \end{array} \tag{2.7b}$$

$$(kommutatives\ Diagramm),$$

d.h. $\varphi(V)$ ist isomorph zu $V/\operatorname{Kern} \varphi$; umgekehrt liefert φ_U immer einen surjektiven Homomorphismus von V auf V/U.

Beweis. 1. Unter der Voraussetzung (2.7) ist

$$\varphi(x) = \varphi(y) \Leftrightarrow x - y \in U = \operatorname{Kern} \varphi \Leftrightarrow \bar{x} = \bar{y}.$$

Somit gilt $\varphi(x) = \varphi(y)$ genau dann, wenn $\varphi_U(x) = \varphi_U(y)$ ist, und folglich erhalten wir mit φ' gemäß (2.7a) eine wohldefinierte bijektive Abbildung von V/U auf $W' = \varphi(V)$. Wegen $\overline{x + y} = \bar{x} + \bar{y}$, $\lambda \cdot x = \lambda \cdot \bar{x}$ und der Linearität von φ ist auch φ' eine lineare Abbildung, d.h. ein Isomorphismus, und $V/U \cong W'$.

2. Für $x \in V$ gilt nun: $\varphi_U(x) = \bar{x} = x + U$, d.h. $(\varphi' \circ \varphi_U)(x) = \varphi'(\varphi_U(x)) = \varphi'(\bar{x}) = \varphi(x)$.

Also trifft (2.7b) zu, d.h. das Diagramm ist kommutativ. Die restlichen Aussagen sind bereits begründet. ∎

Bemerkung 5. Der Isomorphismus φ' zwischen V/U und W' ist gemäß (2.7a) durch φ (und damit durch φ_U) eindeutig bestimmt; bei Hintereinanderausführung von φ_U und φ' muß das Diagramm (2.7b) kommutativ sein. Natürlich kann es noch andere Isomorphismen zwischen V/U und W' geben; kombiniert man z.B. φ' mit einem bijektiven Endomorphismus $\neq \mathrm{id}_{W'}$ von W', d.h. einem Automorphismus von W', so erhält man einen anderen Isomorphismus zwischen V/U und W'.

$\boxed{5}$ Ist K ein Körper, $V = K^2$ der K-Vektorraum der 2-reihigen Spalten über K und $A \in K^{2,2}$ eine invertierbare Matrix, so liefert

$$K^2 \ni \tilde{x} = \begin{pmatrix} x_1 \\ x_2 \end{pmatrix} \mapsto A \cdot \begin{pmatrix} x_1 \\ x_2 \end{pmatrix} \in K^2$$

einen K-Automorphismus von K^2. Es gibt so viele verschiedene K-Automorphismen von K^2 wie es invertierbare Matrizen $A \in K^{2,2}$ gibt.

$\boxed{5a}$ Sei wie in $\boxed{4}$ ein $\mathbf{R}$-Homomorphismus

$$\mathbf{R}^3 \ni \begin{pmatrix} x_1 \\ x_2 \\ x_3 \end{pmatrix} \xmapsto{\varphi} \begin{pmatrix} x_1 \\ x_2 \end{pmatrix} \in \mathbf{R}^2 \quad \text{mit} \quad \mathrm{Kern}\, \varphi = \left\{ \begin{pmatrix} 0 \\ 0 \\ x_3 \end{pmatrix} \middle| x_3 \in \mathbf{R} \right\}$$

gegeben. Führt man hinter φ noch einen $\mathbf{R}$-Automorphismus von $\mathbf{R}^2$ gemäß $\boxed{5}$ aus, so erhält man wiederum einen $\mathbf{R}$-Homomorphismus von $\mathbf{R}^3$ nach $\mathbf{R}^2$ mit dem gleichen Kern, was noch die obige Bemerkung veranschaulicht.

$\boxed{5b}$ Es sei R ein kommutativer Ring mit 1; dann ist $V = R$ bei üblicher Multiplikation auch ein R-Modul und die R-Teilmoduln von R sind gerade die zweiseitigen Ideale $\mathfrak{a}$ von

40

R. Die zugehörigen Faktormoduln haben die Form (vgl. $\boxed{\text{3d}}$)

$$R/\mathfrak{a} = \{x + \mathfrak{a} \mid x \in R\}$$

und sind bei (2.5f) sogar kommutative Restklassenringe mit Einselement. Somit folgt:
Die homomorphen Bilder des R-Moduls R sind isomorph zu den Restklassenringen $R/\mathfrak{a}$ als R-Moduln, woraus leicht der Homomorphiesatz für Ringe folgt.

Definition 2H. Sind V und W K-Vektorräume (bzw. R-Linksmoduln), so bezeichne

$$\operatorname{Hom}_K(V, W) := \{\varphi : V \to W \mid \varphi \; K\text{-lineare Abbildung}\}$$
$$(\text{bzw. } \operatorname{Hom}_R(V, W) := \{\varphi : V \to W \mid \varphi \; R\text{-Homomorphismus}\}) \qquad (2.7\mathrm{c})$$

die *Gesamtheit der K-Homomorphismen (R-Homomorphismen) von V in W*; insbesondere bezeichne

$$\operatorname{End}_K(V) := \operatorname{Hom}_K(V, V)$$
$$(\text{bzw. } \operatorname{End}_R(V) := \operatorname{Hom}_R(V, V)) \qquad (2.7\mathrm{d})$$

die *K- (bzw. R-) Endomorphismenmenge von V.*

Seien V, W und X K-Vektorräume (bzw. R-Linksmoduln), seien weiter

$$\varphi \in \operatorname{Hom}_K(V, W) \; (\text{bzw. } \operatorname{Hom}_R(V, W)) \quad \text{mit } \varphi : V \to W.$$
$$(2.7\mathrm{e})$$
$$\psi \in \operatorname{Hom}_K(W, X) \; (\text{bzw. } \operatorname{Hom}_R(W, X)) \quad \text{mit } \psi : W \to X$$

lineare Abbildungen, so betrachten wir die Hintereinanderausführung

$$\psi \circ \varphi : V \to X \quad \text{mit} \quad V \ni x \xmapsto{\varphi} \varphi(x) \xmapsto{\psi} \psi(\varphi(x)) \in X. \qquad (2.7\mathrm{f})$$

Dann gilt

$$\psi(\varphi(\lambda_1 x^1 + \lambda_2 x^2)) = \psi(\lambda_1 \varphi(x^1) + \lambda_2 \varphi(x^2))$$
$$= \lambda_1 \psi(\varphi(x^1)) + \lambda_2 \psi(\varphi(x^2)),$$

d.h. $\psi \circ \varphi$ ist linear und somit

$$\psi \circ \varphi \in \operatorname{Hom}_K(V, X) \quad (\text{bzw. } \in \operatorname{Hom}_R(V, X)). \qquad (2.7\mathrm{g})$$

Wir formulieren nun folgenden Hilfssatz:

Lemma 2.8. *Unter den Voraussetzungen und mit den Bezeichnungen von Definition 2H wird* $(\mathrm{Hom}_R(V, W); +)$ *bei der Verknüpfung*

Addition:

$$\mathrm{Hom}_R(V, W) \ni \varphi_1, \varphi_2 \Rightarrow \varphi_1 + \varphi_2 \in \mathrm{Hom}_R(V, W)$$
$$mit \quad (\varphi_1 + \varphi_2)(x) := \varphi_1(x) + \varphi_2(x) \quad für \quad x \in V \tag{2.8}$$

eine abelsche Gruppe; ist R *ein kommutativer Ring mit* 1 *(bzw. Körper), so wird* $\mathrm{Hom}_R(V, W)$ *bei der zusätzlichen Verknüpfung*

Multiplikation mit Skalaren aus R:

$$\lambda \in R, \ \varphi \in \mathrm{Hom}_R(V, W) \Rightarrow \lambda \cdot \varphi \in \mathrm{Hom}_R(V, W)$$
$$mit \quad (\lambda \cdot \varphi)(x) := \lambda \cdot \varphi(x) = \lambda\varphi(x) \quad für \quad x \in V \tag{2.8a}$$

ein R*-Linksmodul; ist* $R = K$ *ein Körper, so ist* $\mathrm{Hom}_K(V, W)$ *also ein* K*-Vektorraum. Sind* V, W, X R*-Linksmoduln, so gelten bei den Festsetzungen* (2.7e, f, g) *die Rechenregeln*

$$\varphi_1, \varphi_2 \in \mathrm{Hom}_R(V, W); \ \psi_1, \psi_2 \in \mathrm{Hom}_R(W, X)$$
$$\Rightarrow (\psi_1 + \psi_2) \circ \varphi_1 = \psi_1 \circ \varphi_1 + \psi_2 \circ \varphi_1 \tag{2.8b}$$
$$und \quad \psi_1 \circ (\varphi_1 + \varphi_2) = \psi_1 \circ \varphi_1 + \psi_1 \circ \varphi_2.$$

Beweis. 1. Wegen der R-Moduleigenschaft von W ist $\varphi_1(x) + \varphi_2(x)$ erklärt und $\varphi_1 + \varphi_2$ als Abbildung wohldefiniert. Dann gilt

$$(\varphi_1 + \varphi_2)(\lambda_1 x^1 + \lambda_2 x^2) = \varphi_1(\lambda_1 x^1 + \lambda_2 x^2) + \varphi_2(\lambda_1 x^1 + \lambda_2 x^2)$$
$$= \lambda_1 \varphi_1(x^1) + \lambda_2 \varphi_1(x^2) + \lambda_1 \varphi_2(x^1) + \lambda_2 \varphi_2(x^2)$$
$$= \lambda_1(\varphi_1 + \varphi_2)(x^1) + \lambda_2(\varphi_1 + \varphi_2)(x^2),$$

d.h. $\varphi_1 + \varphi_2 \in \mathrm{Hom}_R(V, W)$ ist eine lineare Abbildung. Die Kommutativität und Assoziativität dieser Addition folgt unmittelbar; die Nullabbildung $V \to \{0_W\}$ liefert das neutrale Element und $-\varphi$ ist invers zu φ, d.h. $(\mathrm{Hom}_R(V, W); +)$ ist eine abelsche Gruppe.

2. Für $\lambda \in R$, $\varphi \in \mathrm{Hom}_R(V, W)$ ist $\lambda \cdot \varphi$ gemäß (2.8a) eine wohldefinierte Abbildung von V in W. Aus der Kommutativität von R folgt die R-Linearität, d.h.

$$(\lambda \cdot \varphi)(\lambda_1 x^1 + \lambda_2 x^2) = \lambda_1 \cdot (\lambda\varphi)(x^1) + \lambda_2 \cdot (\lambda\varphi)(x^2);$$

die Gültigkeit von $U, A^\times, D_1$ und D_2 verifiziert man unmittelbar und dies ergibt die zweite Behauptung, insbesondere für $R = K$. 3. Zum Beweis von (2.8b) beachte man, daß

$$(\psi_1 + \psi_2) \circ \varphi(x) = (\psi_1 + \psi_2)(\varphi(x))$$
$$= \psi_1(\varphi(x)) + \psi_2(\varphi(x)) = (\psi_1 \circ \varphi)(x) + (\psi_2 \circ \varphi)(x);$$

und entsprechend ergibt sich die zweite Formel. ∎

Satz 2.9. *Für einen R-Linksmodul bzw. einen K-Vektorraum V ist*

$$(\mathrm{End}_R(V); +, \circ) \quad mit \quad \mathrm{End}_R(V) = \mathrm{Hom}_R(V, V)$$
$$bzw. \quad (\mathrm{End}_K(V); +, \circ) \quad mit \quad \mathrm{End}_K(V) = \mathrm{Hom}_K(V, V) \tag{2.8c}$$

ein Ring (bei der Hintereinanderausführung der Endomorphismen als Multiplikation) mit dem Einselement

$$1 = id_V : V \to V \; mit \; x \mapsto x$$
$$und \quad \varphi \circ id_V = id_V \circ \varphi = \varphi \quad f\ddot{u}r \; alle \; \varphi, \tag{2.8d}$$

der R- (bzw. K-) Endomorphismenring von V; für kommutative Ringe R mit 1 (bzw. Körper K) ist $\mathrm{End}_R(V)$ zusätzlich ein R-Linksmodul (bzw. $\mathrm{End}_K(V)$ ein K-Vektorraum).

Beweis. Nach Lemma 2.8 hat $(\mathrm{End}_R(V); +)$ eine abelsche Gruppenstruktur. Die «Multiplikation» $\circ$ gemäß (2.7f) liefert eine assoziative Verknüpfung, da sie durch Hintereinanderausführung von Abbildungen erklärt ist. (2.8b) zeigt die Gültigkeit der Distributivgesetze, also ist (2.8c) ein Ring. Die restlichen Aussagen sind nach Lemma 2.8 klar. ∎

Bemerkung 6. Die invertierbaren Elemente von $\mathrm{End}_R(V)$ sind gerade die $\varphi \in \mathrm{End}_R(V)$, zu denen ein $\psi \in \mathrm{End}_R(V)$ existiert mit

$$\psi \circ \varphi = \varphi \circ \psi = id_V; \tag{2.8e}$$

diese sind also die *R-Automorphismen* von V. Ist $R = K$ ein Körper, so enthält $\mathrm{End}_R(V)$ in Form der Elemente

$$\lambda \cdot id_V = \lambda id_V \quad (\lambda \in R) \tag{2.8f}$$

einen zu R isomorphen Teilring.

Auf Beispiele und Anwendungen zu diesen Begriffen und Ergebnissen kommen wir in §3 und später zurück.

Ergänzungen zu §2

Wir geben nun noch einige ergänzende Begriffe und Aussagen an:

Definition 2I. Ist $(R; +, \cdot)$ ein Ring mit Einselement und $(V; +) = (M; +)$ eine additive abelsche Gruppe und gibt es eine äußere Verknüpfung

$$V \times R \to V \quad \text{mit}$$
$$V \times R \ni (x, \rho) \mapsto x \cdot \rho \in V, \tag{2.9}$$

für die die Regeln

$$(U') \qquad\qquad x \cdot 1 = x \quad \textit{für alle } x \in V,$$
$$(A^{\times\prime}) \qquad\quad x \cdot (\alpha \cdot \beta) = (x \cdot \alpha) \cdot \beta,$$
$$(D_1') \qquad\quad x \cdot (\alpha + \beta) = x \cdot \alpha + x \cdot \beta, \qquad (\alpha, \beta \in R; x, y \in V) \quad (2.9\text{a})$$
$$(D_2') \qquad\quad (x + y) \cdot \alpha = x \cdot \alpha + y \cdot\cdot \alpha$$

gelten, so heißt V ein *R-Rechtsmodul*; ein R-Rechtsuntermodul $\mathfrak{r}$ des R-Rechtsmoduls R heißt ein *Rechtsideal in R*.

Bemerkung 7. Diese R-Rechtsmoduln sind bei nichtkommutativen Ringen R von den entsprechenden R-Linksmoduln sorgfältig zu unterscheiden (wegen der Multiplikation in $\cdot R$ und $(A^{\times\prime})$); ansonsten gelten jedoch ähnliche Regeln. Für kommutative Ringe R liefern die Festsetzungen

$$\rho \cdot x := x \cdot \rho \text{ bzw. } x \cdot \rho := \rho \cdot x \quad (\rho \in R, x \in V) \tag{2.9b}$$

jeweils Isomorphismen (Identifizierungen) zwischen Rechts- und Linksmodulstruktur.

$\boxed{6}$ Ist R kommutativer Ring mit 1, $n > 1$ aus $\mathbf{N}$ und $(R^n; +)$ die Additivgruppe der Zeilen-n-tupel $\tilde{x}^T \in R^n = V$; ist schließlich $R^{n,n}$ der Ring der (n, n)-Matrizen über R, so liefert

$$\tilde{x}^T \cdot A \quad \text{mit} \quad \tilde{x}^T \in R^n, \qquad A \in R^{n,n}, \tag{2.9c}$$

eine $R^{n,n}$-Rechtsmodulstruktur auf V.

Bei den folgenden Überlegungen beschränken wir uns wieder auf den Fall

$$M = V \quad R\text{-Linksmodul}, R \text{ Ring mit Einselement.} \tag{2.9d}$$

Definition 2J. Seien für M und R die Voraussetzungen (2.9d) erfüllt, so heißt für ein $u \in M$

$$\mathfrak{a} = \{a \in R \mid a \cdot u = \mathbf{0}\} =: \mathrm{Ann}_R(u) \tag{2.9e}$$

der *Annullator von u in R*.

Sind nun $a_1, a_2 \in \mathfrak{a}$, d.h. $a_1 \cdot u = \mathbf{0}$ und $a_2 \cdot u = \mathbf{0}$, so folgt

$$(a_1 \pm a_2) \cdot u = \mathbf{0} \quad \text{und} \quad (r \cdot a_1) \cdot u = r \cdot (a_1 \cdot u) = \mathbf{0} \quad \text{für alle } r \in R,$$

d.h. es gilt

Bemerkung 8. $\mathfrak{a} = \text{Ann}_R(u)$ ist stets ein Linksideal von R; falls R kommutativer Ring ist, so ist $\mathfrak{a}$ sogar ein zweiseitiges Ideal von R.

Definition 2J'. Falls R ein Integritätsring ist, so heißt $u \in M$ genau dann ein *Torsionselement von M*, wenn $\text{Ann}_R(u) = \mathfrak{a} \neq (0)$, d.h. falls ein $a \in R$, $a \neq 0$ existiert mit $a \cdot u = 0$; weiter bezeichne

$$T_R(M) = \{u \in M \mid u \text{ Torsionselement von } M\} \tag{2.9f}$$

den *Torsions-R-Untermodul von M.*

Die R-Linksmoduleigenschaft von $T_R(M)$ ist unter den genannten Voraussetzungen leicht zu bestätigen.

<table>
<tr><td>7</td><td>

Jede additiv geschriebene abelsche Gruppe $(M; +)$ ist mit $R = \mathbf{Z}$ sogar ein $\mathbf{Z}$-Linksmodul (vgl. 2a). Ist $u \in M$ ein Torsionselement, d.h. gibt es ein $r \in \mathbf{Z}$ mit $r \neq 0$, $r \cdot u = 0$, so gibt es auch ein eindeutig bestimmtes kleinstes $e(u) \in \mathbf{N}$ (vgl. z.B. EA, §12, (III. 12.2f)), so daß gilt

$$e(u) \cdot u = 0 \quad \text{(in } M\text{),} \tag{2.9g}$$

also folgt durch Division mit Rest von r durch $e(u)$

$$\text{Ann}_{\mathbf{Z}}(u) = e(u) \cdot \mathbf{Z} = \{z = e(u) \cdot a \mid a \in \mathbf{Z}\}. \tag{2.9h}$$

$e(u)$ heißt die *Ordnung des Elementes* u oder auch der *Exponent* von u. $T_{\mathbf{Z}}(M)$ ist in diesem Fall die Untergruppe der Elemente endlicher Ordnung von M. Falls u kein Torsionselement ist, wird $e(u) = 0$ gesetzt.

</td></tr>
</table>

<table>
<tr><td>7a</td><td>

$(M; +) = (\mathbf{Z}/5\mathbf{Z}; +)$ mit den Elementen $\bar{0}, \bar{1}, \bar{2}, \bar{3}, \bar{4}$ besteht nur aus Elementen endlicher Ordnung, da $e(\bar{0}) = 1$, $e(\bar{1}) = e(\bar{2}) = e(\bar{3}) = e(\bar{4}) = 5$; somit ist hier $T_{\mathbf{Z}}(M) = M$.

</td></tr>
</table>

<table>
<tr><td>7b</td><td>

Ist K ein Körper und $(V; +)$ ein K-Vektorraum, so ist $\text{Ann}_K(u) = (0)$ für alle $u \neq 0$ aus V (wegen (2.2c)). Also ist $\mathbf{0}$ das einzige Torsionselement von V.

</td></tr>
</table>

<table>
<tr><td>7c</td><td>

Die Additivgruppe $(R; +)$ eines Ringes R mit Einselement ist zugleich ein $\mathbf{Z}$-Linksmodul und man kann

$$\text{Ann}_{\mathbf{Z}}(1) = \mathfrak{a} = e(1) \cdot \mathbf{Z} = \{z \in \mathbf{Z} \mid z \cdot 1 = 0 \text{ in } R\} \tag{2.9h'}$$

bilden. Ist hierbei R *nullteilerfrei* gemäß (1.1e), so muß

$$e(1) = 0 \quad \text{oder} \quad e(1) = p \quad \text{(Primzahl)} \tag{2.9i}$$

sein; denn wäre $e(1) = m = n_1 \cdot n_2$ echt zerlegt mit $n_1 \cdot 1 \neq 0$, $n_2 \cdot 1 \neq 0$, so folgte der Widerspruch $e(1) \cdot 1 = (n_1 \cdot 1) \cdot (n_2 \cdot 1) = 0$, da $n_1 \neq 1$ und $n_2 \neq 1$.

</td></tr>
</table>

Definition 2K. Ist K ein Körper, so heißt

$$\text{Char}(K) = e(1) \quad \text{gemäß (2.9h', i)} \tag{2.9j}$$

die *Charakteristik des Körpers K.*

Nach den vorangehenden Überlegungen und Beispielen ist Char (K) eine durch K eindeutig bestimmte Zahl aus $\mathbf{N}_0$, die nach (2.9i) entweder 0 oder eine Primzahl p sein kann. Daß alle diese möglichen Fälle wirklich auftreten, zeigen die folgenden Beispiele;

$\boxed{7d}$ Char($\mathbf{Q}$) = Char($\mathbf{R}$) = Char($\mathbf{C}$) = 0.
Ist p eine beliebige Primzahl, so ist gemäß §1, $\boxed{3}$ $K = \mathbf{Z}/p \cdot \mathbf{Z}$ ein Körper von p Elementen und somit nach Definition (vgl. auch Satz von Lagrange; EA, Satz 2.9) Char(K) = p.

Wir hatten bereits in (2.7b) die Aussage des Homomorphiesatzes für R-Linksmoduln in Form eines «kommutativen Diagramms» von Homomorphismen beschrieben. Wir geben nun noch einige weitere Bezeichnungen zur Technik der Diagrammschreibweise an. Im folgenden seien alle auftretenden Moduln R-Linksmoduln bzgl. eines festen Ringes R mit Einselement.

Bezeichnungen. Sind $M_1, M_2, \ldots, M_n$ R-Moduln, so nennt man

$$M_1 \xrightarrow{\varphi_1} M_2 \xrightarrow{\varphi_2} M_3 \xrightarrow{\varphi_3} \cdots \xrightarrow{\varphi_{n-1}} M_n, \tag{2.10}$$

$$\varphi_\nu : M_\nu \to M_{\nu+1} \quad R\text{-Homomorphismus } (\nu = 1, \ldots, n-1)$$

eine *Sequenz* von R-Homomorphismen; gilt hierbei

$$\text{Bild } \varphi_{\nu-1} = \text{Kern } \varphi_\nu, \tag{2.10a}$$

so heißt die Sequenz *exakt bei M_ν*; gilt (2.10a) für $\nu = 2, \ldots, n-1$, so heißt (2.10) eine *exakte Sequenz*. Ist speziell $U \leq M$ ein Teilmodul, so nennt man die Abbildung

$$U \xhookrightarrow{i} M \quad \text{mit} \quad U \ni x \mapsto i(x) = x \in M \tag{2.10b}$$

die *Inklusionsabbildung* (sie ist sicher injektiv).

Wir illustrieren dies an einigen Beispielen:

$\boxed{8}$ $(0) \xhookrightarrow{i} M_1 \xrightarrow{\varphi_1} M_2$ (i = Inklusion) exakt, falls Kern $\varphi_1 = (0)$, d.h. φ_1 *injektiv* ist.

$\boxed{8a}$ $M_1 \xrightarrow{\varphi_1} M_2 \xrightarrow{\varphi_2} (0)$ exakt (d.h. bei M_2) bedeutet, daß Kern $\varphi_2 = M_2 = $ Bild φ_1, d.h. φ_1 ist *surjektiv*.

$\boxed{8b}$ $(0) \xhookrightarrow{i} M_1 \xrightarrow{\varphi_1} M_2 \xrightarrow{\varphi_2} (0)$ exakt (bei M_1 und M_2), dann ist φ_1 injektiv und surjektiv, d.h. *R-Isomorphismus*.

Aus Lemma 2.6 folgt dann insbesondere

$\boxed{8c}$ Ist $U \leq M$ Teilmodul, so folgt

$$(0) \xhookrightarrow{i} U \xhookrightarrow{i} M \xrightarrow{\varphi_U} M/U \longrightarrow (0)$$

ist eine exakte Sequenz.

Allgemeiner nennt man eine exakte Sequenz der Form

$$(0) \xhookrightarrow{i} M_1 \longrightarrow M_2 \longrightarrow M_3 \longrightarrow (0) \tag{2.10c}$$

eine *kurze exakte Sequenz;* ist

$$\varphi: M \longrightarrow M' \tag{2.11}$$

ein R-Homomorphismus, so nennt man

$$\text{Coim } \varphi := M/\text{Kern } \varphi \text{ das } \textit{Cobild } \text{von } \varphi,$$
$$\text{Cokern } \varphi := M'/\text{Bild } \varphi \text{ den } \textit{Cokern } \text{von } \varphi. \tag{2.11a}$$

Ist weiter

$$U = \text{Kern } \varphi \leq M \text{ und } U' = \text{Bild } \varphi \leq M', \tag{2.11b}$$

so besagt der Homomorphiesatz für R-Moduln (Satz 2.7) in allgemeiner Formulierung, daß

$$
\begin{array}{ccc}
M & \xrightarrow{\varphi} & M' \qquad \varphi' \text{ gemäß (2.7a)}\\
\varphi_U \downarrow & & \uparrow i\\
M/U & \xrightarrow{\varphi'} & U' \qquad \text{(kommutatives Diagramm)}.
\end{array}
\tag{2.11c}
$$

Ferner steht in

$$
(0) \xhookrightarrow{i} \text{Kern } \varphi \xhookrightarrow{i} M \xrightarrow{\varphi} M' \longrightarrow \text{Cokern } \varphi \longrightarrow (0)
$$
$$
\text{Coim } \varphi \longrightarrow \text{Bild } \varphi \tag{2.11d}
$$

eine exakte Sequenz in der oberen Zeile. Die Einschränkung eines R-Homomorphismus ist gemäß

$$U_1 \leq M \Rightarrow \varphi \mid_{U_1}: U_1 \to M' \tag{2.11e}$$

wieder ein R-Homomorphismus (einfache Rechnung) mit

$$\text{Kern}(\varphi \mid_{U_1}) = (\text{Kern } \varphi) \cap U_1, \ \text{Bild}(\varphi \mid_{U_1}) \leq \text{Bild } \varphi \tag{2.11f}$$

Wir vermerken weiter

Satz 2.10. *Ist $\varphi: M \to M'$ surjektiv, d.h. Bild $\varphi = M'$, so erhält man mit*

$$U_1 \mapsto U_1' = \varphi(U_1) \leq M'$$
$$\textit{für} \quad U_1 \quad \textit{mit} \quad M \geq U_1 \geq U = \text{Kern } \varphi \tag{2.11g}$$

eine bijektive Zuordnung der Gesamtheit der Teilmoduln $U_1 \geq U$ zu der Gesamtheit der Teilmoduln von M', wobei die Inklusion von Teilmoduln erhalten bleibt. Falls $M \geq U_2 > U_1 \geq U = \text{Kern } \varphi$. so erhält man durch

$$\varphi^*: x + U_1 \mapsto \varphi(x) + \varphi(U_1), \qquad x \in U_2 \tag{2.11h}$$

einen kanonischen R-Isomorphismus

$$U_2/U_1 \cong \varphi(U_2)/\varphi(U_1). \tag{2.11i}$$

Satz 2.10a. *Ist M ein R-Modul und sind $U_1 \leq U_2 \leq M$ R-Teilmoduln, so* *gilt für die zugehörigen Faktormoduln*

$$M/U_2 \cong M/U_1 \big/ U_2/U_1 \quad (R\text{-}Isomorphie) \tag{2.12}$$

bei der kanonischen Zuordnung

$$\varphi_{U_1}^* : x + U_2 \mapsto \varphi_{U_1}(x) + \varphi_{U_1}(U_2)$$

$$(\varphi_{U_1} : M \to M/U_1 \ kanonischer\ Homomorphismus). \tag{2.12a}$$

Dies folgt durch direkte Anwendung der letzten Überlegungen aus Satz 2.10. Als kommutatives Diagramm mit exakten Zeilensequenzen schreibt sich diese Aussage wie folgt

$$
\begin{array}{ccccccc}
(0) \overset{i}{\hookrightarrow} & U_2 & \overset{i}{\hookrightarrow} & M & \overset{\varphi_{U_2}}{\longrightarrow} & M/U_2 & \longrightarrow (0) \\
& \downarrow \varphi_{U_1} & & \downarrow \varphi_{U_1} & & \downarrow \varphi_{U_1}^* & \\
(0) \overset{i}{\hookrightarrow} & U_2/U_1 & \overset{i}{\hookrightarrow} & M/U_1 & \longrightarrow & M/U_1 \big/ U_2/U_1 & \longrightarrow (0)
\end{array}
\tag{2.12b}
$$

Bemerkung 9. Man nennt die Aussage von Satz 2.10a oft die *Kürzungsregel* oder auch den 2. *Isomorphiesatz der Theorie der R-Moduln.* Einen anderen derartigen Isomorphiesatz werden wir in den Ergänzungen zu §3 formulieren; man beachte, daß in der Literatur die Numerierung dieser Isomorphiesätze nicht ganz einheitlich erfolgt.

$\boxed{9}$ $R = M = \mathbf{Z}$, $U_1 = 4 \cdot \mathbf{Z}$, $U_2 = 2 \cdot \mathbf{Z}$. Dann sind $2 \cdot \mathbf{Z}$, $1 + 2 \cdot \mathbf{Z}$ die Elemente von M/U_2, $4 \cdot \mathbf{Z}$, $1 + 4 \cdot \mathbf{Z}$, $2 + 4 \cdot \mathbf{Z}$, $3 + 4 \cdot \mathbf{Z}$ die Elemente von M/U_1, $4 \cdot \mathbf{Z}$ und $2 + 4 \cdot \mathbf{Z}$ die Elemente von U_2/U_1. Man überlegt sich nun leicht die Bedeutung von (2.12a).

Aufgaben zu §2

1. Es sei K ($\cong \mathbf{Z}/2 \cdot \mathbf{Z}$) der Körper von 2 Elementen und $R = K^{2.2}$ die Gesamtheit der $(2, 2)$-Matrizen über K mit den üblichen Verknüpfungen.
   a) Bestimme alle Unterräume von R als K-Vektorraum.
   b) Zeige, daß R ein R-Linksmodul ist und bestimme alle R-Teilmoduln.

2. Es sei $\mathbf{Q}^4 = \{\tilde{x}^T = (x_1, x_2, x_3, x_4) \mid x_\nu \in \mathbf{Q}\}$ der $\mathbf{Q}$-Vektorraum der Quadrupel. Es sei weiter U_1 der Lösungsraum des Gleichungssystems
$$\left. \begin{array}{r} x_1 - x_2 + x_3 = 0 \\ 7x_1 + 4x_2 - x_4 = 0 \end{array} \right\}, \quad U_2 = [e^3, e^4], \quad U_3 = [a] \text{ mit } e^3 = (0, 0, 1, 0), \quad e^4 =$$
$(0, 0, 0, 1)$ und $a = (0, 1, 1, 4)$.
Bestimme $U_i \cap U_j$ und $U_i + U_j$ für $i \neq j$ und untersuche, wann diese Summen direkt sind.

3. Es sei $V = \mathbf{C}^4 = \{\tilde{x}^T = (x_1, x_2, x_3, x_4) \mid x_\nu \in \mathbf{C}\}$. Sei weiter

$$U_1 = \{(x_1, x_2, 0, 0) \mid x_\nu \in \mathbf{C}\}, \quad U_2 = \{(0, x_2, x_3, 0) \mid x_\nu \in \mathbf{C}\},$$

$$U_3 = \{(0, x_2, x_3, x_4) \mid x_\nu \in \mathbf{C}\}, \quad U_4 = \{(0, 0, 0, x_4) \mid x_4 \in \mathbf{C}\}.$$

48

Bestimme für $i \ne j$, $U_i \cap U_j$ und $U_i + U_j$ und prüfe, ob diese Summen direkt sind.

Ist V auch ein $\mathbf{R}$-Vektorraum?

4. Es sei V der $\mathbf{R}$-Vektorraum der auf dem Intervall $]0, 1[=: I$ definierten reellwertigen Funktionen. Es seien die folgenden Teilmengen von V gegeben:

$$M_1 = \{f \in V \mid f \text{ beschränkt auf } I\},$$

$$M_2 = \{f \in V \mid f \text{ stetig auf } I\},$$

$$M_3 = \{f \in V \mid f \text{ monoton wachsend auf } I\},$$

$$M_4 = \{f \in V \mid f \text{ differenzierbar auf } I\}.$$

Welches M_i ist Teilraum von V? Wie sieht gegebenenfalls $[M_i]$ aus? Bestimme $[M_i] \cap [M_j]$ und die zugehörigen Inklusionen.

5. a) Beweise Bemerkung 3.
   b) Begründe die Bemerkung 4.

6. Es sei $U = \{\bar{z}^T = (-3t_1 + t_3, -\frac{1}{4}t_1 - \frac{1}{4}t_3, t_3) \mid t_1, t_2, t_3 \in \mathbf{R}\} \subseteq \mathbf{R}^3$.
   a) Zeige, daß U ein Unterraum von $\mathbf{R}^3$ ist, und interpretiere U als Lösungsmenge eines geeigneten linearen Gleichungssystems.
   b) Bestimme ein Repräsentantensystem für die Elemente von $\mathbf{R}^3/U$ und finde eine lineare Abbildung $\varphi: \mathbf{R}^3 \to \mathbf{R}^3$ mit Kern $\varphi = U$.

7. Es sei $R = \mathbf{Z}/15\mathbf{Z}$.
   a) Zeige, daß $U_1 = \{\bar{0}, \bar{5}, \overline{10}\}$ und $U_2 = \{\bar{0}, \bar{3}, \bar{6}, \bar{9}, \overline{12}\}$ R-Teilmoduln von R sind und bestimme Repräsentantensysteme von R/U_i $(i = 1, 2)$.
   b) Sei $U_3 = \{(7\bar{x}_1, \bar{x}_2, 7\bar{x}_1) \mid \bar{x}_\nu \in R\} \subseteq R^3$. Zeige, daß R^3 ein R-Modul und U_3 ein R-Teilmodul von R^3 ist und bestimme R^3/U_3.

8. Betrachte in $\mathbf{C} \times \mathbf{R}$ die Teilmenge
   $$V = \{x(t) = (e^{2\pi i t}, t) \in \mathbf{C} \times \mathbf{R} \mid t \in \mathbf{R}\}$$
   und erkläre auf V die Verknüpfungen

   $$(e^{2\pi i t_1}, t_1) \;\boxed{+}\; (e^{2\pi i t_2}, t_2) = (e^{2\pi i (t_1 + t_2)}, t_1 + t_2)$$

   und $\lambda * (e^{2\pi i t}, t) = (e^{2\pi i \lambda \cdot t}, \lambda t)$ für $\lambda \in \mathbf{R}$.

   a) Zeige, daß V bzgl. $\boxed{+}$ und $*$ ein $\mathbf{R}$-Vektorraum ist, und bestimme alle seine Unterräume.
   b) Identifiziere $\mathbf{C} \times \mathbf{R}$ mit dem Anschauungsraum E_3 und skizziere die Punktmenge von V in E_3. Zeichne $x(0)$, $x(\frac{1}{8})$. Ist diese Bildpunktmenge auch ein $\mathbf{R}$-Teilraum von E_3 (bei Standardverknüpfungen)?
   c) Läßt sich auf $W = \{z(t) = e^{(2\pi i + 1)t} \mid t \in \mathbf{R}\} \subseteq \mathbf{C}$ eine $\mathbf{R}$-Vektorraumstruktur so einführen, daß $\varphi: x(t) \mapsto z(t)$ eine lineare Abbildung ist? Skizze von W.

9. Seien die Abbildungen

$$\varphi : \mathbf{R}^3 \to \mathbf{R}^3 \quad \text{mit} \quad \tilde{x}^T = (x_1, x_2, x_3) \mapsto (-x_1 - 2x_3, \tfrac{1}{2}x_2, x_1 - 2x_3)$$

und

$$\psi : \mathbf{R}^3 \to \mathbf{R}^2 \quad \text{mit} \quad \tilde{y}^T = (y_1, y_2, y_3) \mapsto (y_2 + 3y_3, -y_1 + \tfrac{1}{2}y_2 + 5y_3)$$

gegeben.
a) Zeige, daß φ und ψ **R**-linear sind.
b) Bestimme $\psi \circ \varphi$ und untersuche, ob φ, ψ, $\psi \circ \varphi$ injektiv bzw. surjektiv sind; bestimme Kern φ, Kern ψ, Bild φ, Bild ψ, Kern $(\psi \circ \varphi)$, Bild $(\psi \circ \varphi)$.
c) Bestimme, falls φ invertierbar ist, φ^{-1}.

10. Es sei $(R; +, \cdot)$ ein nichtkommutativer Ring mit 1. In der Menge $\mathring{R} = R$ mit gleicher Addition $(\mathring{R}; +) = (R; +)$ sei die Verknüpfung $\mathring{r} * \mathring{s} = (s \cdot r) \in \mathring{R} = R$ für $\mathring{r}, \mathring{s} \in \mathring{R}$ eingeführt.
a) Zeige $(\mathring{R}; +, *)$ ist ein nichtkommutativer Ring mit 1.
b) Zeige: Ist R ein Schiefkörper, so auch $\mathring{R}$. Wie sieht die Multiplikationstafel für $\mathring{\mathbf{H}}$ aus?
c) Es sei M ein R-Linksmodul. Zeige: Bei der Festsetzung $m \cdot \mathring{r} := r \cdot m$ $(r \in R = \mathring{R})$ wird M ein $\mathring{R}$-Rechtsmodul.

11. a) Es sei R ein Integritätsring und M ein R-Linksmodul. Zeige, daß $T_R(M)$ ein R-Linksmodul ist.
b) Es sei $\varphi : M \to M'$ ein R-Modulhomomorphismus und $U_1 \leq M$ ein Teilmodul. Zeige, daß auch die Einschränkung $\varphi|_{U_1}$ ein R-Homomorphismus ist und beweise (2.11f).

12. Es sei R ein nichtkommutativer Ring mit 1 und M ein R-Linksmodul. Zeige: M ist genau dann endlich-erzeugt, wenn es ein $n \in \mathbf{N}$ gibt, so daß mit geeignetem R-Homomorphismus φ die Sequenz

$$R^n \xrightarrow{\ \varphi\ } M \longrightarrow (0) \quad \text{exakt ist.}$$

13. Führe den Beweis von Satz 2.10 aus.

14. Folgere Satz 2.10 a aus Satz 2.10 und begründe das Diagramm (2.12b).

§3 Lineare Unabhängigkeit, Vektorraumbasen

Wir führen in diesem Paragraphen einige Begriffe und Bezeichnungen ein, die anschließend hauptsächlich in dem wichtigen Fall der K-Vektorräume diskutiert werden sollen. Auf diesen Begriffen basiert die algebraische Theorie der K-Vektorräume und die Möglichkeit ihrer rechnerischen Handhabung.
Es sei also:

$$V \text{ ein } K\text{-Vektorraum, } K \text{ Körper}$$
$$(\text{bzw. } V \text{ ein } R\text{-Linksmodul, } R \text{ Ring mit 1}). \tag{3.1}$$

50

Definition 3A. Endlich viele Vektoren (Elemente) $x^1, \ldots, x^m \in V$ heißen *linear unabhängig über* K (bzw. R), falls gilt:

$$
\boxed{
\begin{aligned}
\sum_{\mu=1}^{m} \rho_\mu \cdot x^\mu = \mathbf{0}_V \quad &\text{mit} \quad \rho_\mu \in K \ (\text{bzw.} \in R) \quad \text{für} \quad 1 \le \mu \le m \\
&\Rightarrow \rho_1 = \rho_2 = \cdots = \rho_m = 0 ;
\end{aligned}
}
\tag{3.1a}
$$

andernfalls heißen $x^1, \ldots, x^m$ *linear abhängig über* K (bzw. über R).

Die *lineare Abhängigkeit* bedeutet also:

$$
\text{Es gibt } \rho_1, \ldots, \rho_m \in K (\text{bzw.} \in R), \ (\rho_1, \ldots, \rho_m) \neq (0, \ldots, 0)
$$

$$
\text{mit} \quad \sum_{\mu=1}^{m} \rho_\mu x^\mu = \rho_1 x^1 + \cdots + \rho_m x^m = \mathbf{0}_V.
\tag{3.1b}
$$

Wir erwähnen noch einige Folgebegriffe:

Definition 3A'. Unter den obigen Voraussetzungen nennen wir eine Teilmenge $M \subseteq V$ *linear unabhängig* über K (bzw. über R), falls je endlich viele Elemente $x^1, \ldots, x^m \in M$ linear unabhängig über K (bzw. R) sind. — Ist $x \in V$ Linearkombination von $x^1, \ldots, x^m \in V$, d.h.

$$
x = \sum_{\mu=1}^{m} \lambda_\mu x^\mu, \quad \lambda_\mu \in K \quad (\text{bzw. } R),
\tag{3.1c}
$$

so sagt man: x ist *linear abhängig von* $x^1, \ldots, x^m$; andernfalls heißt x *linear unabhängig von* $x^1, \ldots, x^m$.

Bemerkung 1. Ein einzelnes Element $x \in V$ ist genau dann linear unabhängig über K (bzw. R), wenn für $\rho \in K$ (bzw. $\in R$) gilt

$$
\rho \cdot x = \mathbf{0}_V \Rightarrow \rho = 0,
\tag{3.1d}
$$

d.h. wenn der Annullator $\mathrm{Ann}_K(x) = (0)$ ist. In einem K-Vektorraum V ist jeder Vektor $x \neq \mathbf{0}_V$ linear unabhängig.

$\boxed{1}$ Ist $n \in \mathbf{N}$ und $V = K^n$ der K-Vektorraum der n-tupel (als Zeilen geschrieben), so sind die speziellen n-tupel

$$
e^1 = (1, 0, \ldots, 0), \ e^2 = (0, 1, 0, \ldots, 0), \ldots,
$$
$$
e^n = (0, \ldots, 0, 1)
\tag{3.1e}
$$

offensichtlich linear unabhängig über K. In Spaltenräumen nennen wir die entsprechenden n-tupel $\bar{e}^{\nu}$ $(1 \le \nu \le n)$.

$\boxed{1a}$ Ist R ein Ring mit Einselement und $V = R^n$, wie eben die Menge der n-tupel, so sind die e^{ν} gemäß (3.1e) linear unabhängig über R.

$\boxed{1b}$ Für eine Primzahl p ist der Restklassenkörper $\mathbf{Z}/p \cdot \mathbf{Z}$ ein $\mathbf{Z}$-Modul, wobei $p \cdot \bar{x} = \bar{0}$ für jedes $\bar{x} \in \mathbf{Z}/p \cdot \mathbf{Z}$ gilt; also ist kein Element linear unabhängig über $\mathbf{Z}$.

Lemma 3.1. *Unter der Voraussetzung* (3.1) *sind Elemente* $x^1, \ldots, x^m \in V$ *genau dann linear unabhängig über* K (*bzw.* R), *wenn gilt*

$$D = [x^1, \ldots, x^m] = [x^1] \oplus \cdots \oplus [x^m], \tag{3.1f}$$

d.h. wenn jedes $y \in D$ *genau eine Zerlegung*

$$y = y^1 + \cdots + y^m \quad mit \quad y^{\mu} \in [x^{\mu}] \tag{3.1g}$$

besitzt (*vgl. auch* §2, *Bemerkung* 3).

Beweis. 1. Sei $y = \lambda_1 x^1 + \cdots + \lambda_m x^m = \rho_1 x^1 + \cdots + \rho_m x^m \in D$ und seien dabei die x^{μ} linear unabhängig, so folgt

$$\rho_{\mu} - \lambda_{\mu} = 0 \quad (\mu = 1, \ldots, m),$$

d.h. die Summe der Unterräume $[x^{\mu}]$ ist direkt.
2. Gilt umgekehrt (3.1f), so müssen die x^{μ} linear unabhängig sein; die restlichen Aussagen sind klar. ∎

Bemerkung 2. Ist V ein K-Vektorraum und sind $x^1, \ldots, x^m$ linear abhängig über K, so ist mindestens einer dieser Vektoren von den anderen linear abhängig.

Beweis. Sei dazu $\sum_{\mu=1}^{m} \lambda_{\mu} x^{\mu} = \mathbf{0}_V$, wobei nicht alle $\lambda_{\mu} = 0$ sind; sei etwa $\lambda_i \neq 0$. Da K ein Körper ist, existiert λ_i^{-1} in K und somit folgt:

$$\sum_{\mu=1}^{m} \lambda_{\mu} x^{\mu} = \mathbf{0}_V \quad mit \quad \lambda_i \neq 0 \Rightarrow x^i = - \sum_{\substack{\mu=1 \\ \mu \neq i}}^{m} (\lambda_i^{-1} \cdot \lambda_{\mu}) x^{\mu} \tag{3.1h}$$

woraus auch Bemerkung 2 folgt. ∎

52

Definition 3B. Ist V ein K-Vektorraum (bzw. ein R-Linksmodul), so heißt eine Teilmenge B von V eine *K-Basis* (bzw. *R-Basis*) *von V*, falls folgende zwei Bedingungen erfüllt sind:

(i) B ist linear unabhängig über K (bzw. über R),

(ii) B ist ein Erzeugendensystem von V, d.h. $[B] = V$.
$$\text{(3.2)}$$

Dem Nullraum $V = (\mathbf{0}_V)$ wird dabei sinngemäß die leere Menge $\varnothing$ als Basis zugeordnet. Besitzt ein R-Linksmodul V eine R-Basis B, so heißt V ein *freier R-Modul*.

Man sagt dann auch: Die Elemente $x \in B$ bilden eine K-Basis (R-Basis); vgl. auch Bemerkung 5.

Definition 3B′. Hat ein Vektorraum (Modul) V eine endliche Vektormenge B als K-Basis (R-Basis), so heißt V *endlich-dimensional*, sonst *unendlich-dimensional*; besteht B aus n verschiedenen Elementen, so nennt man n auch die *Länge der Basis*.

Bemerkung 3. Auf die Frage, ob und wann R-Linksmoduln freie Moduln sind, kommen wir zumindest im Spezialfall später noch zurück. – Daß jeder K-Vektorraum eine Basis besitzt, zeigen wir mit transfiniten Hilfsmitteln in den Ergänzungen zu diesem Paragraphen.

Bei den folgenden Überlegungen beschränken wir uns zunächst auf die Untersuchung von endlich-dimensionalen K-Vektorräumen.

Lemma 3.2. *Besitzt der K-Vektorraum V ein endliches Erzeugendensystem, so hat V auch eine endliche Basis; hat $V \neq (\mathbf{0}_V)$ eine endliche Basis $B = \{a^1, a^2, \ldots, a^n\}$ und ist $b \in V$ mit*

$$b = \sum_{\nu=1}^{n} \lambda_\nu a^\nu, \quad \text{wobei} \quad \lambda_i \neq 0 \quad \text{für ein} \quad 1 \le i \le n, \tag{3.2a}$$

so ist auch $\{a^1, \ldots, a^{i-1}, b, a^{i+1}, \ldots, a^n\}$ eine Basis von V.

Beweis. 1. Es sei $M = \{x^1, \ldots, x^m\} \subseteq V$ mit $[M] = V$ ein endliches Erzeugendensystem. Sind die $x^1, \ldots, x^m$ linear unabhängig, so ist M eine Basis.

Andernfalls sei o.B.d.A. x^i linear abhängig vom Rest und man kann Bemerkung 2 anwenden: $\{x^1, \ldots, x^{i-1}, x^{i+1}, \ldots, x^m\}$ ist dann ein Erzeugendensystem aus $m - 1$ Elementen. Indem man dieses Verfahren gegebenenfalls wiederholt, erhält man nach endlich vielen Schritten eine Basis.

2. Sei nun $B = \{a^1, a^2, \ldots, a^n\}$ eine Basis von V und es gelte (3.2a), wobei wir o.B.d.A. annehmen, daß $i = 1$ ist, d.h. $\lambda_1 \neq 0$. Ist

$$x = \sum_{\nu=1}^{n} \xi_\nu a^\nu \in V \quad \text{und} \quad a^1 = \lambda_1^{-1} \left(b - \sum_{\nu=2}^{n} \lambda_\nu a^\nu \right),$$

so folgt $x = \lambda_1^{-1} \xi_1 b + (\xi_2 - \lambda_1^{-1} \lambda_2 \xi_1) a^2 + \cdots + (\xi_n - \lambda_1^{-1} \lambda_n \xi_1) a^n$, d.h. $\{b, a^2, \ldots, a^n\}$ ist ein Erzeugendensystem von V. Sei nun $\rho b + \rho_2 a^2 + \cdots + \rho_n a^n = \mathbf{0}_V$ mit $\rho_\nu, \rho \in K$, d.h. eine lineare Abhängigkeitsrelation gegeben. Mit (3.2a) folgt:

$$\rho \lambda_1 a^1 + (\rho \lambda_2 + \rho_2) a^2 + \cdots + (\rho \lambda_n + \rho_n) a^n = \mathbf{0}_V.$$

Da die a^ν linear unabhängig sind, muß gelten $\rho \lambda_1 = \rho \lambda_2 + \rho_2 = \cdots = \rho \lambda_n + \rho_n = 0$, und da $\lambda_1 \neq 0$, folgt $\rho = 0$, $\rho_2 = \cdots = \rho_n = 0$. Somit sind $b, a^2, \ldots, a^n$ linear unabhängig und bilden also eine Basis von V, q.e.d. ∎

Satz 3.3. *(Austauschsatz von Steinitz). Es sei $B = \{a^1, \ldots, a^n\}$ eine Basis des K-Vektorraumes V der endlichen Länge n, ferner seien $b^1, \ldots, b^p \in V$ linear unabhängige Vektoren aus V. Dann gilt $p \leq n$ und bei geeigneter Numerierung der $a^1, \ldots, a^n$ ist auch*

$$\{b^1, \ldots, b^p, a^{p+1}, \ldots, a^n\} \tag{3.2b}$$

eine K-Basis von V.

Dies besagt, daß man p der ursprünglichen Basisvektoren a^ν gegen die Vektoren $b^1, \ldots, b^p$ austauschen kann, bzw. $\{b^1, \ldots, b^p\}$ durch Hinzunahme der $a^{p+1}, \ldots, a^n$ zu einer Basis (3.2b) ergänzen kann.

Beweis. (durch Induktion nach p): 1. Falls $p = 0$ ist, so gehen wir von der leeren Menge aus, d.h. es sind keine Vektoren auszutauschen und die Aussage ist richtig. Falls jedoch $p = 1$, d.h. $b^1 \neq \mathbf{0}_V$ ist, so muß $1 \leq n$ und damit $a^1 \neq \mathbf{0}_V$ sein. Sei $b^1 = \sum_{\nu=1}^{n} \lambda_\nu a^\nu$ mit mindestens einem $\lambda_\nu \neq 0$, dann liefert Lemma 3.2 die Behauptung. 2. *Induktionsannahme:* Sind $b^1, \ldots, b^{p-1} \in V$ linear unabhängig, so gilt $p - 1 \leq n$ und bei geeigneter Numerierung ist $B^* = \{b^1, \ldots, b^{p-1}, a^p, \ldots, a^n\}$ eine Basis von V. 3. Es seien nun $b^1, \ldots, b^p \in V$ linear unabhängige Vektoren. Dann sind auch $b^1, \ldots, b^{p-1}$ linear unabhängig und die Aussage der Induktionsannahme ist anwendbar. Wäre dabei nun $p - 1 = n$,

54

so wäre also $\{b^1, \ldots, b^{p-1}\}$ eine Basis von V, d.h. b^p Linearkombination von $b^1, \ldots, b^{p-1}$, ein Widerspruch zur linearen Unabhängigkeit von $b^1, \ldots, b^p$. Also muß gelten $p-1 < n$, d.h. $p \le n$. Da auch B^* aus 2. eine Basis von V ist, muß eine Relation der Form

$$b^p = \mu_1 b^1 + \cdots + \mu_{p-1} b^{p-1} + \mu_p a^p + \cdots + \mu_n a^n$$

bestehen. Wäre hierin $\mu_p = \cdots = \mu_n = 0$, so folgte ein Widerspruch zur linearen Unabhängigkeit von $b^1, \ldots, b^p$. Folglich ist bei geeigneter Numerierung o.B.d.A. $\mu_p \neq 0$, also nach Lemma 3.2 auch

$$\{b^1, \ldots, b^{p-1}, b^p, a^{p+1}, \ldots, a^n\}$$

eine Basis von V, was zu zeigen war. ∎

Ein K-Vektorraum V hat im allgemeinen verschiedene Basen. Hierzu vermerken wir

Satz 3.4. *Hat der K-Vektorraum V eine Basis $B = \{a^1, \ldots, a^n\}$ der endlichen Länge n, so hat jede Basis von V die gleiche Länge n. – Für eine endliche Teilmenge $B' = \{b^1, \ldots, b^p\}$ von Vektoren eines Vektorraumes V sind die folgenden Aussagen gleichwertig:*

(i) *B' ist eine Basis von V.*

(ii) *B' ist eine maximale Teilmenge linear unabhängiger Vektoren aus V.*

(iii) *B' ist ein minimales Erzeugendensystem von V.*

(iv) *Jedes $x \in V$ besitzt genau eine Darstellung*

$$x = \sum_{\nu=1}^{p} \xi_\nu \cdot b^\nu, \ \xi_\nu \in K, \tag{3.2c}$$

d.h. die ξ_ν sind durch x eindeutig bestimmt.

Beweis. 1. Ist $B = \{a^1, \ldots, a^n\}$ eine Basis von V und sind $b^1, \ldots, b^p$ linear unabhängig, so folgt $p \le n$ (wegen Satz 3.3). Ist auch $\{b^1, \ldots, b^p\}$ eine Basis, so folgt entsprechend $n \le p$, d.h. es ist $p = n$ und damit die erste Teilbehauptung bewiesen.

2. (i) $\Leftrightarrow$ (ii): Ist B' eine Basis von V, so ist nach Satz 3.3 B' auch eine maximale Teilmenge linear unabhängiger Elemente in V. Ist umgekehrt (ii) erfüllt, so ist jedes $x \in V$ Linearkombination von $b^1, \ldots, b^p$, d.h. linear abhängig, also ist B' auch ein Erzeugendensystem und hieraus folgt (i).

3. (i) $\Leftrightarrow$ (iii): Ist B' eine Basis von V, so ist B' auch ein Erzeugendensystem und sogar minimal (sonst könnte ein Vektor weggelassen werden im Widerspruch zur Minimalität). Ist B' ein minimales Erzeugendensystem, so müssen die $b^v \in B'$ linear unabhängig sein (Bemerkung 2) und B' ist sogar eine Basis.

4. (i) $\Leftrightarrow$ (iv): Dies folgt aus Lemma 3.1, 2-ter Teil im Fall $D = V$, q.e.d. ∎

Falls also eine endliche Basis existiert, ist deren Länge eindeutig bestimmt, und dies erlaubt uns die folgende

Definition 3C. Ist V ein K-Vektorraum, der eine Basis $B = \{a^1, \ldots, a^n\}$ der endlichen Länge $n \in \mathbf{N}_0$ besitzt, so heißt diese eindeutig bestimmte Zahl

$$n =: \dim_K V = \dim_K(V) < \infty \qquad (3.2\text{d})$$

die K-*Dimension von* V.

Falls ein K-Vektorraum keine endliche Basis hat, schreiben wir

$$\dim_K(V) = \infty. \qquad (3.2\text{e})$$

Zur Illustration einige *Beispiele:*

$\boxed{2}$ Ist $n > 1$, $\in \mathbf{N}$ und $V = K^n$ arithmetischer Vektorraum (vgl. auch $\boxed{1}$), so liefern die e^v gemäß (3.1e) sogar eine Basis von V.
Ist $n = 3$, so sind auch $b^1 = (1, 1, 0)$ und $b^2 = (1, 1, 1)$ linear unabhängig. Dann kann man aus der Basis $\{e^1, e^2, e^3\}$ die Vektoren e^2, e^3 gegen b^1, b^2 austauschen. – Ferner gilt $\dim_K(K^n) = n$.

$\boxed{2a}$ Ist K ein Körper, so ist der Polynomring $V = K[X]$ auch ein K-Vektorraum (vgl. §2, $\boxed{1c}$). Für jedes $n \in \mathbf{N}$ sind $1, X, X^2, \ldots, X^n$ jeweils $n + 1$ linear unabhängige Elemente, d.h. es ist $\dim_K(K[X]) = \infty$.

$\boxed{2b}$ Wegen Bemerkung 1 gilt für einen K-Vektorraum V

$$\dim_K(V) = 0 \Leftrightarrow V = \{\mathbf{0}_V\} \text{ (Nullraum)}. \qquad (3.2\text{f})$$

Als erste Folgerung vermerken wir

56

Korollar 3.5. *Ist V ein K-Vektorraum mit $\dim_K V = n < \infty$, so gilt für Teilräume U von V*

$$U \leq V \Rightarrow U \text{ endlich-dimensional mit } \dim_K U \leq n$$

und $\qquad\qquad\qquad\qquad\qquad\qquad\qquad\qquad\qquad$ (3.3)

$$\dim_K U = n \Leftrightarrow U = V.$$

Beweis. Für einen Teilraum $U \leq V$ ist jedes System linear unabhängiger Vektoren aus U auch in V enthalten, also muß die Elementanzahl dieses Systems $\leq n$ sein (Satz 3.3). Ein Maximalsystem linear unabhängiger Elemente aus U ist aber auch Erzeugendensystem von U (nach Satz 3.4), woraus $\dim_K(U) \leq n$ folgt. Ist nun $\dim_K U = n$ und $b^1, \ldots, b^n$ eine Basis von U und $U \underset{+}{\lneq} V$, so existiert ein $c \in V$, $c \notin U$. Dieses c müßte dann linear unabhängig von $b^1, \ldots, b^n$ sein, was $\dim_K V = n$ widerspricht. ∎

Wir verschärfen und präzisieren nun einige Ansätze und Ergebnisse aus §2 für den Spezialfall der K-Vektorräume durch Heranziehung des Dimensionsbegriffs.

Satz 3.6. *Sind U_1 und U_2 endlich-dimensionale lineare Teilräume des K-Vektorraums V, so ist auch $U_1 + U_2$ endlich-dimensional, und es gilt*

$$\dim_K(U_1) + \dim_K(U_2) = \dim_K(U_1 + U_2) + \dim_K(U_1 \cap U_2); \quad (3.3a)$$

speziell für direkte Summen, d.h. $U_1 \cap U_2 = \{\mathbf{0}_V\}$, gilt

$$\dim_K(U_1 \oplus U_2) = \dim_K(U_1) + \dim_K(U_2). \qquad (3.3b)$$

(Man beachte, daß V selbst keine endliche Dimension haben muß.)

Beweis. 1. Da $U_1 \cap U_2 \leq U_1$, folgt $\dim_K(U_1 \cap U_2) = r < \infty$. Sei nun $u^1, \ldots, u^r$ eine Basis von $U_1 \cap U_2$ (eventuell die leere Menge, falls $U_1 \cap U_2 = \{\mathbf{0}_V\}$), so läßt sich diese nach Satz 3.3 (Steinitz) ergänzen zu Basen von

$$
\begin{aligned}
&U_1 : \{u^1, \ldots, u^r, x^1, \ldots, x^s\} \quad \text{Länge } r + s, \\
&U_2 : \{u^1, \ldots, u^r, y^1, \ldots, y^t\} \quad \text{Länge } r + t.
\end{aligned}
\qquad (3.3c)
$$

Wir behaupten nun

$$\{u^1, \ldots, u^r, x^1, \ldots, x^s, y^1, \ldots, y^t\}$$

ist Basis von $U_1 + U_2$. $\qquad\qquad\qquad\qquad\qquad\qquad$ (3.3d)

2. Für $z \in U_1 + U_2$ ist nach Definition $z = x + y$ mit $x \in U_1$, $y \in U_2$. Also ist z auch Linearkombination von Elementen aus (3.3d), d.h. (3.3d) ist ein *Erzeugendensystem* von $U_1 + U_2$.

3. Wir zeigen nun, daß die Vektoren aus (3.3d) linear unabhängig sind. Sei nämlich mit λ_ν, μ_σ, $\rho_\tau \in K$

$$\lambda_1 u^1 + \cdots + \lambda_r u^r + \mu_1 x^1 + \cdots + \mu_s x^s + \rho_1 y^1 + \cdots + \rho_t y^t = \mathbf{0}_V,$$

so folgt

$$\lambda_1 u^1 + \cdots + \lambda_r u^r + \mu_1 x^1 + \cdots + \mu_s x^s = -(\rho_1 y^1 + \cdots + \rho_t y^t).$$

Hierbei ist die rechte Seite aus U_2, die linke aus U_1, also sind beide Seiten aus $U_1 \cap U_2$, also Linearkombination von $u^1, \ldots, u^r$. Nach Konstruktion ist also $\rho_1 = \cdots = \rho_t = 0$ und gleichzeitig $\mu_1 = \cdots = \mu_s = 0$. Da die rechte Seite dann $= \mathbf{0}_V$ ist, muß auch $\lambda_1 = \cdots = \lambda_r = 0$ sein (wegen der linearen Unabhängigkeit der $u^1, \ldots, u^r$). Zusammen folgt also (3.3d).

4. Hieraus folgt (3.3a) und aus (3.2f) auch (3.3b) als Spezialfall. ■

[2c]   Vgl. auch Beispiel [3a] aus §2; die zugehörigen Dimensionsaussagen rechnet man dort leicht nach.

Bemerkung 4. Entsprechend zu Bemerkung 3 aus §2 gilt (falls die zugehörigen Voraussetzungen erfüllt sind):

$$\dim_K (U_1 \oplus U_2 \oplus \cdots \oplus U_n) = \sum_{\nu=1}^{n} \dim_K (U_\nu). \tag{3.3e}$$

Wir betrachten nun analog zu Definition 2G aus Satz 2.7 zwei K-Vektorräume V und W und eine zugehörige K-lineare Abbildung mit

$$\varphi : V \to W \ (K\text{-linear}) \quad \text{mit}$$
$$\dim_K(V) = n < \infty, \ V \geq U = \text{Kern } \varphi, \ W' = \text{Bild } \varphi. \tag{3.4}$$

Sei hierbei

$$\dim_K(U) = \dim_K(\text{Kern } \varphi) = m \leq n, \tag{3.4a}$$

und bedeute $a^1, \ldots, a^m$ eine Basis von U, so können wir diese gemäß Satz 3.3 durch $a^{m+1}, \ldots, a^n$ zu einer Basis von V ergänzen. Da $\varphi(a^1), \ldots, \varphi(a^n)$ das Bild $\varphi(V) = W' \leq W$ erzeugen und da $\varphi(a^i) = \mathbf{0}_W$ für $i = 1, \ldots, m$, so erzeugen schon die Vektoren $\varphi(a^{m+1}), \ldots, \varphi(a^n)$ das Bild $\varphi(V)$. Bestünde nun für

58

$\varphi(a^{m+1}), \ldots, \varphi(a^n)$ eine lineare Abhängigkeitsbeziehung in W, d.h.

$$\sum_{\nu=m+1}^{n} \lambda_\nu \varphi(a^\nu) = 0_W \quad \text{mit} \quad \lambda_\nu \in K,$$

so wäre

$$\sum_{\nu=m+1}^{n} \lambda_\nu a^\nu \in U, \quad \text{d.h.} \quad \sum_{\nu=m+1}^{n} \lambda_\nu a^\nu = \sum_{\nu=1}^{m} \lambda_\nu a^\nu.$$

Wegen der linearen Unabhängigkeit der a^ν müssen alle $\lambda_\nu = 0$ sein, d.h. $\varphi(a^{m+1}), \ldots, \varphi(a^n)$ sind sogar linear unabhängig, und

$$\{\varphi(a^{m+1}), \ldots, \varphi(a^n)\} \text{ ist Basis von } \varphi(V). \tag{3.4b}$$

Satz 3.7. *Ist* $\varphi : V \to W$ *eine lineare Abbildung von K-Vektorräumen mit* (3.4), *so folgt*

$$\dim_K(V) = \dim_K(\text{Kern } \varphi) + \dim_K(\varphi(V)); \tag{3.4c}$$

für den zu $U \leq V$ *gehörigen kanonischen Homomorphismus* φ_U *ergibt sich*

$$\dim_K(V) = \dim_K(U) + \dim_K(V/U); \tag{3.4d}$$

weiter gilt

$$\begin{aligned}
&\dim_K(V) \geq \dim_K(\varphi(V)), \\
&\varphi \text{ injektiv} \Rightarrow \dim_K(V) \leq \dim_K(W);
\end{aligned} \tag{3.4e}$$

schließlich ist

$$\begin{aligned}
&\varphi : V \to W \text{ bijektiv } (K\text{-}Isomorphismus) \\
&\Leftrightarrow \dim_K(V) = \dim_K(\varphi(V)) = \dim_K(W);
\end{aligned} \tag{3.4f}$$

falls $\dim_K(V) = n = \dim_K(W)$ *zutrifft, so gibt es stets einen K-Isomorphismus* φ *zwischen V und W.*

Beweis. 1. (3.4c) ist bereits gezeigt; hieraus folgt (3.4d) als Spezialfall. Dann sind auch (3.4e,f) unmittelbar klar.
2. Sei nun $\dim_K(V) = n = \dim_K(W)$ und seien $a^1, \ldots, a^n$ eine Basis von V, sowie $b^1, \ldots, b^n$ eine Basis von W.
Durch die Festsetzung

$$\varphi : V \to W \quad \text{mit}$$

$$\varphi\left(\sum_{\nu=1}^{n} \lambda_\nu a^\nu\right) = \sum_{\nu=1}^{n} \lambda_\nu b^\nu \quad (\lambda_\nu \in K) \tag{3.4g}$$

erhält man eine K-lineare Abbildung, die offensichtlich sogar ein K-Isomorphismus ist; hieraus folgt die letzte Behauptung von Satz 3.7. ∎

Wir wollen die Idee des letzten Teiles dieses Beweises zur Herleitung einer besseren rechnerischen Beschreibung der K-Vektorräume und ihrer linearen Abbildungen heranziehen. Dazu beachten wir

Bemerkung 5. Gemäß Definition 3B ist eine Basis B stets eine Teilmenge eines Vektorraumes, d.h. $B \subseteq V$; im endlich-dimensionalen Fall ist $B = \{a^1, \ldots, a^n\}$ nach Definition 3B' eine endliche Menge von Vektoren. Für die Beschreibung von Rechnungen in V empfiehlt es sich dann, feste Anordnungen der Basiselemente zugrunde zu legen, und wir schreiben deshalb bei fester Numerierung formal

$$\mathfrak{a} = \begin{pmatrix} a^1 \\ a^2 \\ \vdots \\ a^n \end{pmatrix} \quad \text{bzw.} \quad \mathfrak{a}^T = (a^1, a^2, \ldots, a^n) \tag{3.5}$$

und nennen $\mathfrak{a}$ eine *Basisspalte* bzw. $\mathfrak{a}^T$ eine *Basiszeile* von V. Hiermit wird bei formaler Anwendung der Regeln der Matrizen-multiplikation

$$x = \sum_{\nu=1}^{n} x_\nu a^\nu = (x_1, \ldots, x_n) \cdot \begin{pmatrix} a^1 \\ \vdots \\ a^n \end{pmatrix} = \tilde{x}^T \cdot \mathfrak{a} \tag{3.5a}$$

mit $\tilde{x}^T = (x_1, \ldots, x_n)$ für $\tilde{x} \in K^n$.

Wir formulieren nun

Satz 3.8. *Ist* $\mathfrak{a}$ *gemäß* (3.5) *eine Basisspalte des n-dimensionalen K-Vektorraumes V und ist K^n der arithmetische Vektorraum der Spalten-n-tupel, so liefert*

$$\varphi_\mathfrak{a} : V \to K^n \quad \text{mit}$$

$$V \ni x = \sum_{\nu=1}^{n} x_\nu a^\nu = \tilde{x}^T \cdot \mathfrak{a} \mapsto \varphi_\mathfrak{a}(x) = \tilde{x} = \begin{pmatrix} x_1 \\ \vdots \\ x_n \end{pmatrix} \in K^n \tag{3.5b}$$

60

eine bijektive lineare Abbildung von V auf K^n mit der Umkehrabbildung

$$\varphi_a^{-1} : K^n \to V \quad mit$$

$$K^n \ni \tilde{x} = \begin{pmatrix} x_1 \\ \vdots \\ x_n \end{pmatrix} \mapsto \varphi_a^{-1}(\tilde{x}) = \sum_{\nu=1}^{n} x_\nu a^\nu = \tilde{x}^T \cdot \mathfrak{a} \in V. \tag{3.5c}$$

Bei φ_a entsprechen die linearen Teilräume $U \leq V$ umkehrbar eindeutig den Teilräumen von K^n; ferner gilt:

$$U_1 < U_2 \leftrightarrow \varphi_a(U_1) < \varphi_a(U_2),$$

$$U_1 \cap U_2 \leftrightarrow \varphi_a(U_1) \cap \varphi_a(U_2), \tag{3.5d}$$

$$[M] \leftrightarrow [\varphi_a(M)] = \varphi_a([M]) \quad mit \quad M \subseteq V.$$

Beweis. 1. Die gemäß (3.5b) erklärte Abbildung φ_a ist wohldefiniert (wegen der Eindeutigkeitsaussage (iv) aus Satz 3.4) und wegen $\varphi_a(x + y) = \varphi_a(x) + \varphi_a(y)$ und $\varphi_a(\lambda \cdot x) = \lambda \cdot \varphi_a(x)$ ist φ_a linear; ferner gilt offensichtlich

$$\text{Bild } \varphi_a = \varphi_a(V) = K^n, \text{ Kern } \varphi_a = \{\mathbf{0}_V\},$$

d.h. φ_a ist bijektiv und φ_a^{-1} die Umkehrabbildung nach (3.5c) ist auch linear.

2. Nach dem Vorangehenden genügt es, eine Richtung von (3.5d) zu zeigen. Ist $U \leq V$, so folgt $\varphi_a(U) \subseteq K^n$ und sogar $\varphi_a(U) \leq K^n$ (vgl. z.B. Satz 2.7). Da φ_a auch auf U linear ist und $U \cong \varphi_a(U)$, haben wir

$$\dim_K(U) = \dim_K(\varphi_a(U)), \tag{3.5e}$$

woraus folgt, daß sich die U und die $\varphi_a(U)$ umkehrbar eindeutig entsprechen. Aus Dimensionsgründen folgt die erste Aussage aus (3.5d), aus mengentheoretischen Gründen folgt

$$\varphi_a(U_1 \cap U_2) = \varphi_a(U_1) \cap \varphi_a(U_2) \tag{3.5d$'$}$$

und hiermit auch die restliche Formel, wegen Lemma 2.2. ∎

$\boxed{3}$ Sei $V = \mathbf{R}^{2,2}$ mit der Basis

$$a^1 = \begin{pmatrix} 1 & 1 \\ 1 & 1 \end{pmatrix}, \quad a^2 = \begin{pmatrix} 0 & 1 \\ 1 & 1 \end{pmatrix}, \quad a^3 = \begin{pmatrix} 0 & 0 \\ 1 & 1 \end{pmatrix}, \quad a^4 = \begin{pmatrix} 0 & 0 \\ 0 & 1 \end{pmatrix}$$

und $\mathbf{R}^4$ mit der Standardbasis e^1, e^2, e^3, e^4 gegeben. Dann ist z.B.

$$\mathbf{R}^{2,2} \ni A = \begin{pmatrix} 1 & 0 \\ 0 & 1 \end{pmatrix} = 1 \cdot a^1 - 1 \cdot a^2 + 0 \cdot a^3 + 1 \cdot a^4$$

$$= (1, -1, 0, 1) \cdot \mathfrak{a} = \tilde{x}^T \cdot \mathfrak{a} \mapsto \varphi_{\mathfrak{a}}(A) = \tilde{x} = \begin{pmatrix} 1 \\ -1 \\ 0 \\ 1 \end{pmatrix} \in \mathbf{R}^4, \text{ usw..}$$

Analog ist für $\tilde{x}^T = (2, 0, 2, 0)$

$$\varphi_{\mathfrak{a}}^{-1}(\tilde{x}) = 2 \cdot a^1 + 2 \cdot a^3 = \begin{pmatrix} 2 & 2 \\ 4 & 4 \end{pmatrix} \in V = \mathbf{R}^{2,2}.$$

Bemerkung 6. Man vergleiche Satz 3.8 mit der Aussage des Satzes 2.10 aus §2E (siehe auch Aufgabe 5.a)) Mit diesem Satz 3.8 kann man das Rechnen in n-dimensionalen K-Vektorräumen vermöge $\varphi_{\mathfrak{a}}$ und $\varphi_{\mathfrak{a}}^{-1}$ vollständig auf das Rechnen in K^n zurückführen; diese Zuordnung hängt noch von der Auswahl von $\mathfrak{a}$ ab (wie, werden wir etwas später untersuchen).

Die Isomorphie von K-Vektorräumen, d.h.

$$V \cong W \quad \text{mit}$$

$$\varphi : V \leftrightarrow W \text{ bijektiv und } K\text{-linear,} \tag{3.5f}$$

$$(\text{d.h. insbesondere gleicher Körper } K)$$

liefert offensichtlich eine «Äquivalenzrelation» in der Gesamtheit der K-Vektorräume und somit auch eine zugehörige Klasseneinteilung.

Bezeichnung. Die Klassen von K-Vektorräumen bei der Äquivalenzrelation heißen die *Isomorphieklassen* von K-Vektorräumen. Die vorangehenden Ergebnisse aus Satz 3.7 und Satz 3.8 lassen sich nun, wie folgt, interpretieren:

Satz 3.8a. *Ein endlich-dimensionaler K-Vektorraum V ist durch seine K-Dimension $n = \dim_K V \in \mathbf{N}_0$ bis auf Isomorphie eindeutig bestimmt. – Die arithmetischen Vektorräume K^n ($n \in \mathbf{N}$) liefern ein vollständiges Repräsentantensystem der Isomorphieklassen endlich-dimensionaler Vektorräume der Dimension ≥ 1. Ein endlich-dimensionaler Vektorraum ist also durch K und die Dimension n bis auf Isomorphie eindeutig bestimmt.*

Wir erinnern an den bereits in EA, §6, (II. 6.3) diskutierten wichtigen Spezialfall linearer Abbildungen zwischen arithmetischen Vektorräumen, die sich durch Matrizenmultiplikationen beschreiben lassen. Wir werden anschließend sehen, daß man durch einen einfachen Formalismus die Beschreibung der linearen Abbildungen allgemeiner endlich-dimensionaler Vektorräume auf die von arithmetischen Vektorräumen zurückführen kann.

$\boxed{3a}$ Sei K ein Körper, $n, m \in \mathbf{N}$. Sei eine Matrix

$$A = \begin{pmatrix} \alpha_{11} & \cdots & \alpha_{1n} \\ \vdots & & \vdots \\ \alpha_{m1} & \cdots & \alpha_{mn} \end{pmatrix} \in K^{m,n} \tag{3.5g}$$

gegeben. Dann betrachten wir die folgende lineare Abbildung:

$$\tilde{\varphi}_A : K^n \to K^m \quad \text{mit}$$

$$K^n \ni \tilde{x} = \begin{pmatrix} x_1 \\ \vdots \\ x_n \end{pmatrix} \mapsto \tilde{\varphi}_A(\tilde{x}) = A \cdot \tilde{x} = \tilde{y} = \begin{pmatrix} y_1 \\ \vdots \\ y_m \end{pmatrix} \in K^m, \tag{3.5g$'$}$$

$$\text{also} \quad y_\mu = \sum_{\nu=1}^n \alpha_{\mu\nu} x_\nu \quad (\mu = 1, \ldots, m);$$

umgekehrt lassen sich alle linearen Abbildungen von $K^n \to K^m$ in dieser Form darstellen (vgl. EA, §6).

Bemerkung 7. Sind $\varphi : V \to W$ und $\psi : W \to X$ K-lineare Abbildungen, so ist gemäß (2.7f,g) die Hintereinanderausführung

$$\psi \circ \varphi : V \to X \quad \text{mit} \quad V \ni x \mapsto (\psi \circ \varphi)(x) = \psi(\varphi(x)) \in X \tag{3.5h}$$

definiert und wieder K-linear.

Diese Tatsache sowie die Ergebnisse aus $\boxed{3a}$ und aus Satz 3.8 verwenden wir nun in der folgenden allgemeinen Situation. Sei

$$\dim_K(V) = n < \infty, \quad \mathfrak{a} = \begin{pmatrix} a^1 \\ \vdots \\ a^n \end{pmatrix} \text{ feste Basisspalte von } V,$$

$$\varphi_\mathfrak{a} : V \to K^n \quad \text{mit} \quad V \ni x = \tilde{x}^T \cdot \mathfrak{a} \mapsto \varphi_\mathfrak{a}(x) = \tilde{x} \in K^n, \tag{3.6}$$

$$\varphi_\mathfrak{a}^{-1} : K^n \to V \quad \text{mit} \quad K^n \ni \tilde{x} = \begin{pmatrix} x_1 \\ \vdots \\ x_n \end{pmatrix} \mapsto \varphi_\mathfrak{a}^{-1}(\tilde{x}) = \tilde{x}^T \cdot \mathfrak{a} \in V,$$

sowie

$$\dim_K(W) = m < \infty, \quad b = \begin{pmatrix} b^1 \\ \vdots \\ b^m \end{pmatrix} \text{ feste Basisspalte von } W,$$

$$\varphi_b : W \to K^m \quad \text{mit} \quad W \ni y = \tilde{y}^T \cdot b \mapsto \varphi_b(y) = \tilde{y} \in K^m, \qquad (3.6')$$

$$\varphi_b^{-1} : K^m \to W \quad \text{mit} \quad K^m \ni \tilde{y} = \begin{pmatrix} y_1 \\ \vdots \\ y_m \end{pmatrix} \mapsto \varphi_b^{-1}(\tilde{y}) = \tilde{y}^T \cdot b \in W.$$

Ist nun gemäß (3.5g') eine Abbildung $\tilde{\varphi}_A$

$$K^n \ni \tilde{x} = \begin{pmatrix} x_1 \\ \vdots \\ x_n \end{pmatrix} \mapsto \tilde{\varphi}_A(\tilde{x}) = A \cdot \tilde{x} = \tilde{y} = \begin{pmatrix} y_1 \\ \vdots \\ y_m \end{pmatrix} \in K^m$$

$$\text{mit} \quad A \in K^{m,n} \tag{3.6a}$$

gegeben, so erhält man bei Hintereinanderausführung der linearen Abbildungen entsprechend dem Diagramm

$$\begin{array}{ccc} V & \xrightarrow{\varphi_{a,b}^A} & W \\ \varphi_a \downarrow & & \uparrow \varphi_b^{-1} \\ K^n & \xrightarrow{\tilde{\varphi}_A} & K^m \end{array} \tag{3.6b}$$

mit

$$\varphi_{a,b}^A = \varphi_b^{-1} \circ \tilde{\varphi}_A \circ \varphi_a : V \to W,$$

$$\text{d.h.} \quad V \ni x = \tilde{x}^T \cdot a \mapsto \varphi_{a,b}^A(x) = \tilde{y}^T \cdot b = y \in W, \tag{3.6b'}$$

$$\text{wobei} \quad \tilde{y} = \begin{pmatrix} y_1 \\ \vdots \\ y_m \end{pmatrix} = A \cdot \tilde{x} = \begin{pmatrix} \alpha_{11} \cdots \alpha_{1n} \\ \vdots \qquad \vdots \\ \alpha_{m1} \cdots \alpha_{mn} \end{pmatrix} \begin{pmatrix} x_1 \\ \vdots \\ x_n \end{pmatrix}$$

eine eindeutig bestimmte K-lineare Abbildung $\varphi_{a,b}^A : V \to W$; dabei entsprechen bei dieser durch (a, b) gegebenen Zuordnung

$$\boxed{K^{m,n} \ni A \xmapsto[(a,\,b)]{} \varphi = \varphi_{a,b}^A \in \operatorname{Hom}_K(V, W)} \tag{3.6b''}$$

verschiedenen Matrizen $A \in K^{m,n}$ offensichtlich auch verschiedene lineare Abbildungen $\varphi_{a,b}^A$ von V in W.

Ist umgekehrt eine lineare Abbildung

$$\varphi : V \to W \quad \text{mit} \quad x \mapsto \varphi(x) = y \tag{3.6c}$$

gegeben, so erhält man eine zugehörige lineare Abbildung

$$\tilde{\varphi}_A = \tilde{\varphi}_{a,b} : K^n \to K^m \tag{3.6c'}$$

nach dem Schema

$$
\begin{array}{ccc}
V & \xrightarrow{\ \varphi\ } & W \\[2pt]
{\scriptstyle \varphi_a^{-1}}\Big\uparrow & & \Big\downarrow{\scriptstyle \varphi_b} \\[2pt]
K^n & \xrightarrow[\ \tilde{\varphi}_A\ ]{} & K^m
\end{array}
\tag{3.6d}
$$

mit

$$\tilde{\varphi}_A = \tilde{\varphi}_{a,b} = \varphi_b \circ \varphi \circ \varphi_a^{-1} : K^n \to K^m$$

$$\text{d.h.} \quad K^n \ni \tilde{x} = \begin{pmatrix} x_1 \\ \vdots \\ x_n \end{pmatrix} \mapsto \tilde{\varphi}_{a,b}(\tilde{x}) = \tilde{\varphi}_A(\tilde{x}) = \tilde{y}$$

$$= \begin{pmatrix} y_1 \\ \vdots \\ y_m \end{pmatrix} = A \cdot \begin{pmatrix} x_1 \\ \vdots \\ x_n \end{pmatrix} = A \cdot \tilde{x} \in K^m, \tag{3.6d'}$$

$$\text{wobei} \quad V \ni x = \tilde{x}^T \cdot a \mapsto \varphi(x) = y = \tilde{y}^T \cdot b \in W,$$

mit einer eindeutig bestimmten Matrix

$$
\boxed{
\begin{aligned}
&A = A_{a,b}^{\varphi} = (\alpha_{\mu\nu}) \in K^{m,n} \quad \text{mit} \quad (3.6d'), \\
&\text{wobei} \quad \varphi \mapsto \tilde{\varphi}_A \longleftrightarrow A \ \text{bzgl.} \ (a, b).
\end{aligned}
}
\tag{3.6d''}
$$

Da nun

$$\varphi_a^{-1} \circ \varphi_a = \mathrm{id}_V, \quad \varphi_a \circ \varphi_a^{-1} = \mathrm{id}_{K^n}$$

und

$$\varphi_b^{-1} \circ \varphi_b = \mathrm{id}_W, \quad \varphi_b \circ \varphi_b^{-1} = \mathrm{id}_{K^m},$$

wobei id jeweils die identische Abbildung des zugehörigen Vektorraumes bedeutet, erhält man, ausgehend von einem $\varphi \in \mathrm{Hom}_K(V, W)$ zunächst

$$\varphi \mapsto \tilde{\varphi}_{a,b} = \varphi_b \circ \varphi \circ \varphi_a^{-1} = \tilde{\varphi}_A \in \mathrm{Hom}_K(K^n, K^m) \tag{3.6e}$$

und dann wieder aus $\tilde{\varphi}_A$ das ursprüngliche φ, da

$$\begin{aligned}
\varphi &= \mathrm{id}_W \circ \varphi \circ \mathrm{id}_V = \varphi_b^{-1} \circ (\varphi_b \circ \varphi \circ \varphi_a^{-1}) \circ \varphi_a \\
&= \varphi_b^{-1} \circ \tilde{\varphi}_A \circ \varphi_a = \varphi_{a,b}^A .
\end{aligned} \qquad (3.6e')$$

Da die $A \in K^{m,n}$ umkehrbar eindeutig den $\tilde{\varphi}_A$ entsprechen, folgt zusammen aus diesen Überlegungen:

Satz 3.9. *Sind V und W K-Vektorräume der endlichen Dimensionen $\dim_K(V) = n$ bzw. $\dim_K(W) = m$ und sind a bzw. b Basisspalten von V bzw. W, so entsprechen vermöge (3.6) bis (3.6e) die K-linearen Abbildungen $\varphi : V \to W$ umkehrbar eindeutig den Matrizen $A \in K^{m,n}$, und die Zuordnung (vgl. (3.6b'', d''))*

$$\boxed{\mathrm{Hom}_K\,(V,\,W) \ni \varphi \xleftrightarrow[(a,\,b)]{} A = A_{a,b}^{\varphi} = (\alpha_{\mu\nu}) \in K^{m,n}} \qquad (3.6f)$$

liefert einen K-Vektorraumisomorphismus

$$\mathrm{Hom}_K(V,\,W) \cong K^{m,n}. \qquad (3.6g)$$

Beweis. Die Bijektivität der Zuordnung (3.6f) wurde bereits gezeigt. Darüber hinaus rechnet man wegen der Distributivitätsregeln für die Hintereinanderausführung von Endomorphismen (vgl. (2.8b)) sofort nach, daß

$$\lambda_1 \varphi_1 + \lambda_2 \varphi_2 \leftrightarrow \lambda_1 \cdot A_{a,b}^{\varphi_1} + \lambda_2 \cdot A_{a,b}^{\varphi_2},$$

d.h. (3.6g) gilt. ∎

Definition 3D. Unter der Voraussetzung und Bezeichnung von Satz 3.9 nennen wir $A = A_{a,b}^{\varphi}$ *die φ bzgl. der Basisspalten a von V und b von W gemäß (3.6d'') zugeordnete Matrix.*

Für arithmetische Vektorräume K^n bzw. K^m stimmt bzgl. der Standardbasen diese Definition der zugeordneten Matrix mit der gewohnten überein (vgl. z.B. [3a] oder EA, §6).

Aus den obigen Rechnungen folgt weiter leicht:

Satz 3.10. *Ist unter den Voraussetzungen und Bezeichnungen von Satz 3.9 φ bzgl. der Basisspalten a und b die Matrix $A_{a,b}^{\varphi} = A =$*

$(\alpha_{\mu\nu}) \in K^{m,n}$ zugeordnet, so gilt für die Bilder der Vektoren aus $\mathfrak{a}$

$$\varphi(a^\nu) = \sum_{\mu=1}^m \alpha_{\mu\nu} b^\mu \quad (\nu = 1, \ldots, n),\ d.h.$$

$$\varphi(\mathfrak{a}) = \varphi\begin{pmatrix} a^1 \\ \vdots \\ a^n \end{pmatrix} = A^T \cdot \begin{pmatrix} b^1 \\ \vdots \\ b^m \end{pmatrix} = A^T \cdot \mathfrak{b} \tag{3.6h}$$

mit der zu $A^\varphi_{\mathfrak{a},\mathfrak{b}} = A$ transponierten Matrix A^T; die lineare Abbildung $\varphi : V \to W$ ist vollständig durch die Angabe der Werte

$$\varphi(a^\nu) \quad (\nu = 1, \ldots, n)\ in\ W \tag{3.6i}$$

bestimmt.

Bemerkung 8. Umgekehrt kann man durch die Angabe der Werte $\varphi(a^\nu)$ als Linearkombination der b^μ die zu φ gehörige Matrix A bzw. hier A^T charakterisieren (auf diese Weise wird die zu φ gehörige Matrix in einer Reihe von Lehrbüchern charakterisiert).

Zur Illustration, wie einer Matrix A die Abbildung $\varphi = \varphi^A_{\mathfrak{a},\mathfrak{b}}$ zugeordnet wird, ein Beispiel:

$\boxed{3b}$ Sei V der **R**-Vektorraum der Polynome vom Grad ≤ 3, Basiszeile $\mathfrak{a}^T = (1, X, X^2, X^3)$, $\dim_{\mathbf{R}} V = 4$.
Sei W der **R**-Vektorraum der Polynome vom Grad ≤ 2, Basiszeile $\mathfrak{b}^T = (1, X, X^2)$, $\dim_{\mathbf{R}} W = 3$.
Dann ist

$$\varphi_{\mathfrak{a}} : f = \sum_{\nu=0}^3 a_\nu X^\nu \mapsto \begin{pmatrix} a_0 \\ a_1 \\ a_2 \\ a_3 \end{pmatrix}, \quad \varphi_{\mathfrak{b}} : g = \sum_{\mu=0}^2 b_\mu X^\mu \mapsto \begin{pmatrix} b_0 \\ b_1 \\ b_2 \end{pmatrix}.$$

Sei weiter gegeben:

$$A = \begin{pmatrix} 0 & 1 & 0 & 0 \\ 0 & 0 & 2 & 0 \\ 0 & 0 & 0 & 3 \end{pmatrix} \in \mathbf{R}^{3,4} \quad und$$

$$\tilde{\varphi}_A : \mathbf{R}^4 \to \mathbf{R}^3 \quad mit \quad \begin{pmatrix} a_0 \\ a_1 \\ a_2 \\ a_3 \end{pmatrix} \mapsto A \cdot \begin{pmatrix} a_0 \\ a_1 \\ a_2 \\ a_3 \end{pmatrix} = \begin{pmatrix} a_1 \\ 2a_2 \\ 3a_3 \end{pmatrix} = \begin{pmatrix} b_0 \\ b_1 \\ b_2 \end{pmatrix}.$$

Dann folgt für $\varphi_{a,b}^{A}: V \to W$ mit

$$f = \sum_{\nu=0}^{3} a_\nu X^\nu \mapsto f' = \sum_{\mu=0}^{2} (\mu+1)a_{\mu+1}X^\mu = 3a_3X^2 + 2a_2X + a_1,$$

d.h. das Ergebnis ist die formale Ableitung von f. Dabei ist $\mathrm{Bild}(\varphi_{a,b}^{A}) = W$, $\mathrm{Kern}(\varphi_{a,b}^{A}) = \{a_0 \cdot 1 \mid a_0 \in \mathbf{R}\}$.

Das nachfolgende Beispiel soll zeigen, wie im allgemeinen Fall einer linearen Abbildung φ die Matrix $A = A_{a,b}^{\varphi}$ zugeordnet wird.

$\boxed{3c}$ Sei wie in $\boxed{3}$ $V = \mathbf{R}^{2,2}$ mit der dortigen Basis $a^T = (a^1, a^2, a^3, a^4)$ und W wie in $\boxed{3b}$ der $\mathbf{R}$-Vektorraum der Polynome vom Grad ≤ 2 mit der Basiszeile $b^T = (b^1, b^2, b^3) = (1, X, X^2)$. Betrachte die lineare Abbildung

$$\varphi : V \to W \quad \text{mit} \quad \varphi\left(\begin{pmatrix} \alpha_{11} & \alpha_{12} \\ \alpha_{21} & \alpha_{22} \end{pmatrix}\right)$$
$$= (\alpha_{11} + \alpha_{22}) + \alpha_{12}X + \alpha_{21}X^2.$$

Dabei ist:

$$x = \begin{pmatrix} \alpha_{11} & \alpha_{12} \\ \alpha_{21} & \alpha_{22} \end{pmatrix} = \alpha_{11}a^1 + (\alpha_{12} - \alpha_{11})a^2$$
$$+ (\alpha_{21} - \alpha_{12})a^3 + (\alpha_{22} - \alpha_{21})a^4 = \tilde{x}^T \cdot a$$

und

$$\varphi(x) = (\alpha_{11} + \alpha_{22}) \cdot b^1 + \alpha_{12} \cdot b^2 + \alpha_{21} \cdot b^3 = \tilde{y}^T \cdot b.$$

Für

$$A = \begin{pmatrix} 2 & 1 & 1 & 1 \\ 1 & 1 & 0 & 0 \\ 1 & 1 & 1 & 0 \end{pmatrix} \quad \text{ist} \quad A \cdot \begin{pmatrix} \alpha_{11} \\ \alpha_{12} - \alpha_{11} \\ \alpha_{21} - \alpha_{12} \\ \alpha_{22} - \alpha_{21} \end{pmatrix} = \begin{pmatrix} \alpha_{11} + \alpha_{22} \\ \alpha_{12} \\ \alpha_{21} \end{pmatrix},$$

also folgt $A = A_{a,b}^{\varphi}$ im Sinne von Satz 3.9.
Gemäß Satz 3.10 ist

$$\varphi(a) = \varphi\left(\begin{pmatrix} a^1 \\ a^2 \\ a^3 \\ a^4 \end{pmatrix}\right) = \begin{pmatrix} 2 & 1 & 1 \\ 1 & 1 & 1 \\ 1 & 0 & 1 \\ 1 & 0 & 0 \end{pmatrix}\begin{pmatrix} 1 \\ X \\ X^2 \end{pmatrix} = A^T \cdot b,$$

wie man sofort bestätigt. – Dabei gilt für das numerische Beispiel:

$$x = \begin{pmatrix} 1 & 0 \\ 2 & 1 \end{pmatrix}, \quad \varphi(x) = 2 + 0 \cdot X + 2 \cdot X^2,$$

also $\tilde{x}^T = (1, -1, 2, -1)$ und

$$A \cdot \tilde{x} = \begin{pmatrix} 2 \\ 0 \\ 2 \end{pmatrix} = \tilde{y} \quad \text{mit} \quad \tilde{y}^T \cdot b = 2 \cdot b^1 + 2 \cdot b^3.$$

Wir zeigen nun, wie sich die schon in Bemerkung 7 erwähnte Hintereinanderausführung von K-Homomorphismen mit der Matrizenrechnung beschreiben läßt.

Seien dazu K-Vektorräume V, W, X gegeben mit

$\dim_K(V) = n$ und $a^T = (a^1, \ldots, a^n)$ Basiszeile von V,

$\dim_K(W) = m$ und $b^T = (b^1, \ldots, b^m)$ Basiszeile von W,   (3.7)

$\dim_K(X) = r$ und $c^T = (c^1, \ldots, c^r)$ Basiszeile von X.

Wie früher sei

$$\varphi_a : V \to K^n \quad \text{mit} \quad x = \tilde{x}^T \cdot a \mapsto \varphi_a(x) = \tilde{x} = \begin{pmatrix} x_1 \\ \vdots \\ x_n \end{pmatrix},$$

$$\varphi_b : W \to K^m \quad \text{mit} \quad y = \tilde{y}^T \cdot b \mapsto \varphi_b(y) = \tilde{y} = \begin{pmatrix} y_1 \\ \vdots \\ y_m \end{pmatrix}, \qquad (3.7a)$$

$$\varphi_c : X \to K^r \quad \text{mit} \quad z = \tilde{z}^T \cdot c \mapsto \varphi_c(z) = \tilde{z} = \begin{pmatrix} z_1 \\ \vdots \\ z_r \end{pmatrix}.$$

Zu den K-linearen Abbildungen

$$\varphi : V \to W, \quad \psi : W \to X \qquad (3.7b)$$

bilden wir analog zu (3.6d) die Hintereinanderausführung gemäß

$$\theta = \psi \circ \varphi$$

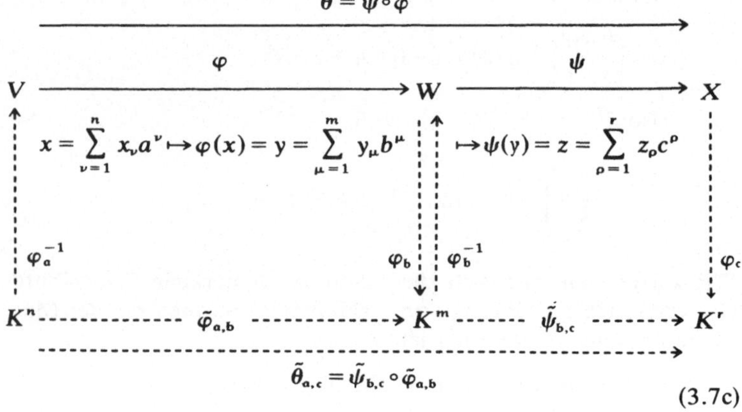

$$(3.7c)$$

wobei

$$\tilde{x} \mapsto \tilde{\varphi}_A(\tilde{x}) = \tilde{y} = A \cdot \tilde{x} \mapsto \tilde{\psi}_B(\tilde{y}) = \tilde{z} = B \cdot \tilde{y}$$

mit

$$A = A_{a,b}^{\varphi} = \begin{pmatrix} \alpha_{11} & \cdots & \alpha_{1n} \\ \vdots & & \vdots \\ \alpha_{m1} & \cdots & \alpha_{mn} \end{pmatrix} \in K^{m,n},$$

$$(3.7c')$$

$$B = B_{b,c}^{\psi} = \begin{pmatrix} \beta_{11} & \cdots & \beta_{1m} \\ \vdots & & \vdots \\ \beta_{r1} & \cdots & \beta_{rm} \end{pmatrix} \in K^{r,m},$$

$$\tilde{\varphi}_{a,b} = \tilde{\varphi}_A \quad \text{bzw.} \quad \tilde{\psi}_{b,c} = \tilde{\psi}_B.$$

Dann ist $\psi \circ \varphi$ bzgl. a und c die folgende Matrix $C = C_{a,c}^{\theta}$ zugeordnet:

$$\varphi_c \circ \psi \circ \varphi \circ \varphi_a^{-1} = \tilde{\theta}_{a,c} = \tilde{\theta}_C = \tilde{\theta}_{B \cdot A} = \tilde{\psi}_B \circ \tilde{\varphi}_A = \tilde{\psi}_{b,c} \circ \tilde{\varphi}_{a,b}$$

$$\tilde{z} = \begin{pmatrix} z_1 \\ \vdots \\ z_r \end{pmatrix} = B \cdot \tilde{y} = (B \cdot A) \cdot \tilde{x}, \quad \text{d.h.} \quad (\psi \circ \varphi)\left(\sum_{\nu=1}^{n} x_\nu a^\nu\right)$$

$$= \sum_{\rho=1}^{r} z_\rho \cdot c^\rho, \quad \text{wobei} \tag{3.7d}$$

$$C = B \cdot A = \begin{pmatrix} \beta_{11} \cdots \beta_{1m} \\ \vdots \qquad \vdots \\ \beta_{r1} \cdots \beta_{rm} \end{pmatrix} \cdot \begin{pmatrix} \alpha_{11} \cdots \alpha_{1n} \\ \vdots \qquad \vdots \\ \alpha_{m1} \cdots \alpha_{mn} \end{pmatrix} \in K^{r,n},$$

d.h. es gilt

$$\boxed{C = C^{\psi\circ\varphi}_{a,c} = B^{\psi}_{b,c} \cdot A^{\varphi}_{a,b}.}$$ (3.7d′)

Andererseits ist nach Satz 3.10, insbesondere (3.6h),

$$\varphi(a^{\nu}) = \sum_{\mu=1}^{m} \alpha_{\mu\nu} b^{\mu} \ (\nu = 1, \ldots, n), \ \varphi(a) = A^{T} \cdot b,$$

$$\psi(b^{\mu}) = \sum_{\rho=1}^{r} \beta_{\rho\mu} c^{\rho} \ (\mu = 1, \ldots, m), \ \psi(b) = B^{T} \cdot c, \quad (3.7e)$$

$$(\psi \circ \varphi)(a^{\nu}) = \sum_{\mu=1}^{m} \sum_{\rho=1}^{r} \alpha_{\mu\nu} \beta_{\rho\mu} c^{\rho} \quad (\nu = 1, \ldots, n),$$

d.h.

$$\boxed{(\psi \circ \varphi)(a) = A^{T} \cdot B^{T} \cdot c = (B \cdot A)^{T} \cdot c}$$ (3.7e′)

Zusammen erhalten wir also

Satz 3.11. *Sind V, W, X   K-Vektorräume endlicher Dimension mit Basisspalten* a, b, c *gemäß* (3.7), (3.7a), *so gelten für die den linearen Abbildungen* φ, ψ *bzw.* $\psi \circ \varphi = \theta$ *gemäß* (3.7b,c) *bzgl.* a, b, c *zugeordneten Matrizen* $A^{\varphi}_{a,b}$, $B^{\psi}_{b,c}$ *bzw.* $C^{\psi\circ\varphi}_{a,c}$ *die in* (3.7d′,e′) *genannten Kompositionsregeln.*

Bemerkung 9. Die Zuordnung von linearen Abbildungen und Matrizen ist so definiert, daß gilt

$$\varphi \leftrightarrow A, \ \psi \leftrightarrow B \Rightarrow \psi \circ \varphi \leftrightarrow B \cdot A,$$ (3.7f)

d.h. daß die linearen Abbildungen in der gleichen Reihenfolge komponiert werden wie die Matrizenfaktoren (diese Festsetzung stimmt mit der in EA, §6, Lemma 6.10 überein). Falls jedoch, wie in Satz 3.10 und Bemerkung 8 angedeutet wurde (und wie es in einigen Darstellungen des Gegenstandes geschieht), φ bzgl. a,b die Matrix A^{T} zugeordnet wird usw., so vertauscht sich nach (3.7e′) bei Hintereinanderausführung die Reihenfolge der Matrizenfaktoren (wegen der Transponiertenbildung).

Wir betrachten nun einen festen endlich-dimensionalen K-Vektorraum V; vgl. hierzu auch Satz 3.8.

71

Definition 3E. Hat der n-dimensionale K-Vektorraum V die Basis $a^T = (a^1, \ldots, a^n)$ und bedeutet

$$V \ni x = \sum_{\nu=1}^{n} x_\nu a^\nu = (x_1, \ldots, x_n) \cdot a = \tilde{x}^T \cdot a \tag{3.8}$$

mit $\tilde{x}^T = (x_1, \ldots, x_n)$ und $\tilde{x} = \varphi_a(x)$ für $\varphi_a : V \to K^n$,

so heißen die durch x und a eindeutig bestimmten $x_\nu \in K$ ($\nu = 1, \ldots, n$) die *Komponenten (Koordinaten)* von $x \in V$ bzgl. a und

$$\tilde{x} = \varphi_a(x) \in K^n \quad \text{für} \quad x \in V \tag{3.8a}$$

das zugehörige *Koordinaten-n-tupel*; oft schreiben wir auch $\tilde{x}^T = (\xi_1, \ldots, \xi_n)$ für das Koordinaten-n-tupel, um den skalaren Charakter der Komponenten ξ_ν besser hervorzuheben.

Ist nun noch eine zweite Basis a' von V gegeben, dann gilt ganz entsprechend

$$V \ni x = \sum_{\mu=1}^{n} x'_\mu \cdot a'^\mu = (x'_1, \ldots, x'_n) \cdot a', \tag{3.8b}$$

wobei $\varphi_{a'}(x) = \tilde{x}'$ mit $\tilde{x}'^T = (x'_1, \ldots, x'_n)$,

und wir haben die Beziehung

$$\boxed{x = \tilde{x}^T \cdot a = \tilde{x}'^T \cdot a'.} \tag{3.8c}$$

Bezeichnen nun wie üblich e^ν die n-tupel der Standardbasis von K^n (vgl. $\boxed{1}$), und ist $e^T = (e^1, \ldots, e^n)$, so folgt nach (3.5b):

$$\varphi_a : V \to K^n \quad \text{mit} \quad \varphi_a(a^\nu) = e^\nu \quad (\nu = 1, \ldots, n)$$
$$\text{und} \quad \varphi_a^{-1} : K^n \to V \quad \text{mit} \quad \varphi_a^{-1}(e^\nu) = a^\nu \tag{3.8d}$$

bzw.

$$\varphi_{a'} : V \to K^n \quad \text{mit} \quad \varphi_{a'}(a'^\mu) = e^\mu \quad (\mu = 1, \ldots, n)$$
$$\text{und} \quad \varphi_{a'}^{-1} : K^n \to V \quad \text{mit} \quad \varphi_{a'}^{-1}(e^\mu) = a'^\mu. \tag{3.8d'}$$

Somit erhält man durch Hintereinanderausführung der linearen

72

Abbildungen gemäß

$$V \xrightarrow{\varphi_a} K^n \xrightarrow{\varphi_{a'}^{-1}} V, \quad \psi = \psi_a^{a'} := \varphi_{a'}^{-1} \circ \varphi_a, \quad \text{d.h.} \quad \psi : V \to V$$

$$\text{mit} \quad \psi_a^{a'}(a^\nu) = \varphi_{a'}^{-1}(\varphi_a(a^\nu)) = a'^\nu \quad (\nu = 1, \dots, n), \qquad (3.8e)$$

$$\text{d.h.} \quad \psi_a^{a'}(a) = a'$$

wieder eine lineare Abbildung $\psi_a^{a'}$. Da hierbei

$$V \ni x = \sum_{\nu=1}^{n} x_\nu a^\nu \mapsto \psi_a^{a'}(x) = \sum_{\nu=1}^{n} x_\nu a'^\nu \in V, \qquad (3.8f)$$

ist diese Abbildung surjektiv und aus Dimensionsgründen sogar injektiv, also ist ψ ein K-Isomorphismus.

Beschreiben wir nun gemäß Satz 3.10 diese Abbildung ψ von V in $V = W$ (bezüglich der festen Basis $a = b$ von $V = W$), so folgt für die zugeordnete Matrix

$$\psi(a) = a' = S^T \cdot a = S^T \cdot \begin{pmatrix} a^1 \\ \vdots \\ a^n \end{pmatrix}$$

$$\text{mit} \quad S = \begin{pmatrix} s_{11} & \cdots & s_{1n} \\ \vdots & & \vdots \\ s_{n1} & \cdots & s_{nn} \end{pmatrix} \in K^{n,n}, \qquad (3.8g)$$

wobei $S = S_{a,a}^{\psi}$ in der Terminologie von (3.6d'', f).

Wir schreiben nun für die Matrix $S = S_{a,a}^{\psi}$ in unserem Fall deutlicher

$$\boxed{\begin{aligned} &S =: S_a^{a'}, \quad \text{wobei} \quad a' = (S_a^{a'})^T \cdot a \quad \text{und} \\ &\bar{x}^T = \bar{x}'^T \cdot S^T, \quad \text{d.h.} \quad \bar{x} = S \cdot \bar{x}' = S_a^{a'} \cdot \bar{x}' \text{ bei (3.8c),} \end{aligned}} \qquad (3.8g')$$

da durch ψ bzw. $S^T a$ in a' übergeführt wird. Da ψ eine invertierbare Abbildung ist, muß S eine invertierbare Matrix sein. Also existiert auch die inverse Matrix S^{-1} zu S mit

$$\boxed{\bar{x}' = \begin{pmatrix} x_1' \\ \vdots \\ x_n' \end{pmatrix} = S^{-1} \cdot \bar{x} = S^{-1} \cdot \begin{pmatrix} x_1 \\ \vdots \\ x_n \end{pmatrix}, \quad S = S_a^{a'} \text{ gemäß (3.8g'),}} \qquad (3.8h)$$

und es gilt

Satz 3.12. *Sind $\mathfrak{a}$ bzw. $\mathfrak{a}'$ zwei Basisspalten des n-dimensionalen K-Vektorraumes V, so gelten bei dem zugehörigen Basiswechsel in V gemäß (3.8c) für die Koordinaten-n-tupel $\tilde{x}$ bzw. $\tilde{x}'$ eines $x \in V$ die Transformationsformeln (3.8g'), (3.8h) mit der invertierbaren Matrix $S = S_{\mathfrak{a}}^{\mathfrak{a}'} \in K^{n,n}$; umgekehrt erhält man zu jeder invertierbaren Matrix $S \in K^{n,n}$ vermöge (3.8c,g,g',h) die Formeln eines Basiswechsels in V.*

Beweis. Der erste Teil ist bereits gezeigt. Ist jetzt umgekehrt eine invertierbare Matrix S gegeben, so erhält man mit (3.8g,g') zur Basis $\mathfrak{a}$ eine neue Basis $\mathfrak{a}'$ und eine invertierbare lineare Abbildung ψ und vermöge (3.8c,g',h) einen Koordinatenwechsel. ∎

Bemerkung 10. Die obigen Rechnungen ergaben folgenden Zusammenhang zwischen Basiswechsel und linearen Abbildungen: Gilt gemäß (3.8c)

$$x = \tilde{x}^T \cdot \mathfrak{a} = \tilde{x}'^T \cdot \mathfrak{a}',$$

so erhält man $\tilde{x}'$ aus $\tilde{x}$ nach der gleichen Formel, wie bei der Umkehrabbildung ψ^{-1} von ψ, d.h. bei

$$\psi^{-1} = \psi_{\mathfrak{a}'}^{\mathfrak{a}} \quad \text{mit} \quad \psi^{-1}(\mathfrak{a}') = \mathfrak{a} = \psi_{\mathfrak{a}'}^{\mathfrak{a}}(\mathfrak{a}'),$$
$$\psi^{-1}(x) = \psi^{-1}(\tilde{x}'^T \cdot \mathfrak{a}') = \tilde{x}'^T \cdot \mathfrak{a}, \tag{3.8i}$$

der Koordinatenvektor des Bildes $\psi^{-1}(x)$ von x bzgl. $\mathfrak{a}$ erhalten wird; dabei gilt für die Formeln mit der zugehörigen Matrix

$$\boxed{\begin{aligned} &\tilde{x}'^T = \tilde{x}^T \cdot (S^{-1})^T \Leftrightarrow \tilde{x}' = S^{-1} \cdot \tilde{x}, \\ &S^{-1} = S_{\mathfrak{a}'}^{\mathfrak{a}} = (S_{\mathfrak{a}}^{\mathfrak{a}'})^{-1} \quad \text{mit} \quad (S_{\mathfrak{a}'}^{\mathfrak{a}})^T \cdot \mathfrak{a}' = \mathfrak{a}. \end{aligned}} \tag{3.8j}$$

Da die Hintereinanderausführung invertierbarer Endomorphismen (bzw. Matrizen) wieder invertierbar ist, können wir die folgenden Bezeichnungen einführen:

Definition 3F. Die invertierbaren K-Endomorphismen eines K-Vektorraumes V heißen die *K-Automorphismen von V*; sie bilden bei der Verknüpfung $\circ$ die *allgemeine lineare Gruppe oder Automorphismengruppe von V*

$$(Gl(V); \circ). \tag{3.9}$$

Ist hierbei $\dim_K(V) = n < \infty$, so nennt man

$$Gl(V) = Gl_n(V) \cong Gl_n(K) = Gl(n, K) = Gl(K^n) \tag{3.9a}$$

die *allgemeine lineare Gruppe der Ordnung n über K* (vgl. EA, S. 130).

Aufgrund von Satz 3.9, insbesondere (3.6g), und von Satz 3.11 ist klar, daß

$$Gl_n(V) \cong Gl_n(K) = (K^{n,n})^\times, \tag{3.9b}$$

d.h. isomorph zur Gruppe der invertierbaren Matrizen aus $K^{n,n}$ ist. Hiermit erhalten wir die folgende Variante des Satzes 3.12, nämlich

Satz 3.12a. *Ist* $\dim_K(V) = n < \infty$, *so entsprechen die K-Automorphismen* $\varphi \in Gl_n(V)$ *gemäß (3.8g) umkehrbar eindeutig den Basiswechseln von V, d.h. den Abbildungen einer Basisspalte a auf eine andere Spalte a′ und somit auch den invertierbaren Matrizen aus* $K^{n,n}$.

Bemerkung 11. Man beachte, daß die a geordnete Basis-n-tupel sind; eine Permutation der Vektoren in der Basisspalte ist bereits ein Basiswechsel und dabei ändert sich bereits das Koordinaten-n-tupel eines Vektors.

$\boxed{4}$ Sei K ein Körper, $n, m \in \mathbf{N}$ und $A \in K^{m,n}$. Dann lassen sich die m Zeilen-n-tupel von A als Elemente aus K^n und die n Spalten-m-tupel als Elemente aus K^m auffassen, und somit kann die Frage nach ihrer linearen Unabhängigkeit gestellt werden.

Wir erinnern an die

Definition 3G. Ist $A \in K^{m,n}$, so heißt

$$
\begin{aligned}
r(A) &= \text{Maximalzahl linear unabhängiger Zeilen-}\\
&\quad\;\text{vektoren von } A\\
&= \text{Maximalzahl linear unabhängiger Spalten-}\\
&\quad\;\text{vektoren von } A
\end{aligned}
\tag{3.9c}
$$

der *K-Rang von A.*

Dann gilt (vgl. auch §1, Bemerkung 10):

Bemerkung 12. $A \in K^{n,n}$ ist genau dann invertierbar, falls $r(A) = n$ ist, d.h. falls $|A| \neq 0$.

Auf die oben diskutierten Basiswechsel kommen wir insbesondere in §5 und bei numerischen Anwendungen zurück. Hier zur Illustration noch ein Beispiel zu Satz 3.12.

$\boxed{4a}$ Sei $V = \mathbf{R}^3$, $e^T = (e^1, e^2, e^3)$ die Standardbasis; sowie $a'^T = (a'^1, a'^2, a'^3)$ mit

$$\mathfrak{a}' = \begin{pmatrix} a'^1 \\ a'^2 \\ a'^3 \end{pmatrix} = \begin{pmatrix} 1 & 1 & 1 \\ 0 & 1 & 1 \\ 0 & 0 & 1 \end{pmatrix} \begin{pmatrix} e^1 \\ e^2 \\ e^3 \end{pmatrix} = \begin{pmatrix} e^1 + e^2 + e^3 \\ e^2 + e^3 \\ e^3 \end{pmatrix},$$

$$\text{d.h.} \quad S^T = \begin{pmatrix} 1 & 1 & 1 \\ 0 & 1 & 1 \\ 0 & 0 & 1 \end{pmatrix}.$$

Dann ist

$$S = \begin{pmatrix} 1 & 0 & 0 \\ 1 & 1 & 0 \\ 1 & 1 & 1 \end{pmatrix}, \quad S^{-1} = \begin{pmatrix} 1 & 0 & 0 \\ -1 & 1 & 0 \\ 0 & -1 & 1 \end{pmatrix}.$$

und für

$$x = \tilde{x}^T \cdot e = (x_1, x_2, x_3) = \sum_{\nu=1}^{3} x_\nu e^\nu = \sum_{\nu=1}^{3} x'_\nu a'^\nu$$

folgt

$$\begin{pmatrix} x'_1 \\ x'_2 \\ x'_3 \end{pmatrix} = \begin{pmatrix} 1 & 0 & 0 \\ -1 & 1 & 0 \\ 0 & -1 & 1 \end{pmatrix} \begin{pmatrix} x_1 \\ x_2 \\ x_3 \end{pmatrix} = \begin{pmatrix} x_1 \\ x_2 - x_1 \\ x_3 - x_2 \end{pmatrix},$$

wie man durch Ausrechnen bestätigt.

Ergänzungen zu §3

Wir formulieren nun in Analogie zu Satz 2.10a den sogenannten 1. *Isomorphiesatz für R-Moduln*, der in enger Beziehung zu Ergebnissen dieses Paragraphen steht.

Satz 3.13. *Ist R ein kommutativer Ring mit 1, M ein R-Linksmodul und sind U_1 und U_2 Teilmoduln von M, so gilt die R-Modulisomorphie*

$$U_1/(U_1 \cap U_2) \cong (U_1 + U_2)/U_2 \tag{3.10}$$

und zwar bei dem kanonischen Isomorphismus

$$\begin{array}{l} x_1 + (U_1 \cap U_2) \leftrightarrow x_1 + U_2 \\ (\text{in } U_1/(U_1 \cap U_2)) \, (\text{in } (U_1 + U_2)/U_2) \end{array} \quad \text{für } x_1 \in U_1. \tag{3.10a}$$

76

Bemerkung 13. Man veranschaulicht sich diese Situation an der nachfolgenden Figur

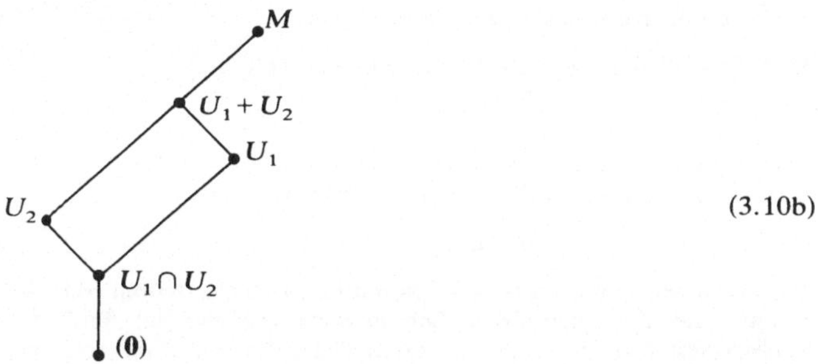

(3.10b)

und spricht dabei auch von der sogenannten *Parallelogrammregel*. Falls $R = K$ ein Körper ist und U_1, U_2 endlich-dimensionale K-Vektorräume (in $M = V$) sind, so folgt die Existenz eines K-Isomorphismus (3.10) aus Satz 3.6 und den Ergebnissen dieses Paragraphen; umgekehrt kann man aus Satz 3.13 den früheren Satz 3.6 zurückgewinnen. Schließlich läßt sich auch die Existenzaussage von Satz 2.10a für endlich-dimensionale K-Vektorräume aus den Ergebnissen von §3 sofort ablesen.

Man kann die Aussage von Satz 3.13 auch in folgendem Diagramm von Homomorphismen beschreiben

$$
\begin{array}{ccccccc}
(0) \hookrightarrow U_1 \cap U_2 & \hookrightarrow & U_1 & \longrightarrow & U_1/(U_1 \cap U_2) & \to & (0) \\
\downarrow & & \downarrow & & \downarrow & & \\
(0) \hookrightarrow U_2 & \hookrightarrow & U_1 + U_2 & \longrightarrow & (U_1 + U_2)/U_2 & \to & (0).
\end{array}
$$

(3.10c)

Hierbei sind die Zeilen jeweils exakt (Faktormodulbildung, vgl. §2, $\boxed{8c}$) und an den angegebenen Stellen treten Inklusionen auf; das Diagramm ist kommutativ und der letzte senkrechte Pfeil entspricht gerade (3.10a).

Zum Nachweis der in Bemerkung 3 erwähnten Existenz von Basen auch bei unendlich-dimensionalen Vektorräumen benötigen wir als transfinites Hilfsmittel einen Spezialfall des anschließend zu formulierenden *Zornschen Lemmas*. Dazu folgende

Bezeichnung. Eine Menge $\mathfrak{E}$ heißt *angeordnet* (*bzgl.* $\leq$), wenn es eine Relation $\leq$ auf $\mathfrak{E}$ gibt ($a \leq b$, lies: a vor b) mit

$$a \leq a \quad \text{für alle} \quad a \in \mathfrak{E},$$

$$a \leq b \quad \text{und} \quad b \leq c \Rightarrow a \leq c, \qquad a, b, c \in \mathfrak{E} \tag{3.11}$$

$$a \leq b \quad \text{und} \quad b \leq a \Rightarrow a = b;$$

wir schreiben dann auch (vgl. EA, §3, Seite 49)

$$(\mathfrak{E}; \leq), \tag{3.11'}$$

und betrachten im folgenden solche angeordnete Mengen $(\mathfrak{E}, \leq)$.

Bezeichnungen. Eine Teilmenge $\mathfrak{K}$ von $\mathfrak{E}$ heißt eine *Kette* oder *linear angeordnet*, falls gilt:

$$a \in \mathfrak{K},\ b \in \mathfrak{K} \Rightarrow a \leq b \quad \text{oder} \quad b \leq a. \tag{3.11a}$$

Ist $\mathfrak{T}$ eine Teilmenge von $\mathfrak{E}$, so heißt ein $s \in \mathfrak{E}$ mit

$$a \leq s \quad \text{für alle} \quad a \in \mathfrak{T} \tag{3.11b}$$

eine *obere Schranke s von* $\mathfrak{T}$ *in* $\mathfrak{E}$.
Ein Element $m \in \mathfrak{E}$ heißt *maximales Element*, falls

$$a \in \mathfrak{E},\ m \leq a \Rightarrow m = a. \tag{3.11c}$$

Wir benutzen nun als zusätzliches mathematisches Axiom (d.h. wir postulieren, daß die zugehörige Schlußweise zulässig ist, ähnlich wie die Zulässigkeit von Induktionsbeweisen akzeptiert wird) das folgende

Lemma 3.14 *(Lemma von Zorn). Ist* $(\mathfrak{E}; \leq)$ *eine nichtleere angeordnete Menge und besitzt jede Kette* $\mathfrak{K} \subseteq \mathfrak{E}$ *eine obere Schranke in* $\mathfrak{E}$*, so existiert in* $\mathfrak{E}$ *mindestens ein maximales Element m.*

In der Algebra verwendet man oft die folgende etwas speziellere Variante dieses Kriteriums: Es sei

E eine nichtleere Menge;

$\mathfrak{E}$ ein nichtleeres Mengensystem in E, $\hspace{3cm}$ (3.11d)

d.h. eine Gesamtheit von $N \subseteq E$.

Die «Elemente» von $\mathfrak{E}$ sind also Teilmengen von E. In $\mathfrak{E}$ bedeute $\leq$ die Enthaltenseinbeziehung $\subseteq$, d.h. es sei

$$N_1, N_2 \in \mathfrak{E} \Rightarrow$$
$$N_1 \leq N_2 \Leftrightarrow N_1 \subseteq N_2 \text{ (als Teilmengen von } E). \tag{3.11e}$$

Lemma 3.14a. *Ist unter den Voraussetzungen* (3.11d,e) *über* $\mathfrak{E}$ *für jede Kette* $\mathfrak{K}$ *von* $\mathfrak{E}$ *auch*

$$\bigcup_{H \in \mathfrak{K}} H = M_{\mathfrak{K}} \in \mathfrak{E}, \tag{3.11f}$$

so existiert in $\mathfrak{E}$ *ein maximales Element.*

Beweis. Da $M_{\mathfrak{K}} \in \mathfrak{E}$ und da $H \subseteq M_{\mathfrak{K}}$ für alle $H \in \mathfrak{K}$, ist $M_{\mathfrak{K}}$ obere Schranke von $\mathfrak{K}$. Wegen Lemma 3.14 folgt sofort die Behauptung. $\blacksquare$

Wir formulieren nun

Satz 3.15. *Ist* V *ein* K*-Vektorraum und* M *eine linear unabhängige Teilmenge von* V*, so existiert stets eine Basis* B *von* V *mit*

$$M \subseteq B, \tag{3.12}$$

d.h. M kann stets (durch eventuelle Hinzunahme weiterer Vektoren) zu einer Basis von V ergänzt werden.

78

Beweis. Dazu sei

$$\mathfrak{E} = \{N \subseteq V \mid M \subseteq N, \ N \text{ linear unabhängig}\}; \tag{3.12a}$$

diese Gesamtheit von Teilmengen von V ist nicht leer, da $M \in \mathfrak{E}$, und sie ist gemäß (3.11e) durch die Inklusion $\subseteq$ geordnet. Sei nun $\mathfrak{K}$ eine Kette in $\mathfrak{E}$, und bilden wir gemäß (3.11f) $M_\mathfrak{K}$, so ist $M_\mathfrak{K} \subseteq V$. Sind nun endlich viele Vektoren $x^1, \ldots, x^n \in M_\mathfrak{K}$ gegeben, so ist $x^\nu \in K_\nu$ mit $K_\nu \in \mathfrak{K}$; da $\mathfrak{K}$ eine Kette ist, gibt es ein $K_m \in \mathfrak{K}$ mit $K_\nu \subseteq K_m$ $(\nu = 1, \ldots, n)$, d.h. es gilt

$$x^1, \ldots, x^n \in K_m \quad \text{mit} \quad K_m \in \mathfrak{K}. \tag{3.12b}$$

Also sind $x^1, \ldots, x^n$ linear unabhängig und $M_\mathfrak{K}$ ist eine linear unabhängige Menge mit $M \subseteq M_\mathfrak{K}$, d.h. $M_\mathfrak{K} \in \mathfrak{E}$.

Da jede Kette eine obere Schranke besitzt, existiert nach Lemma 3.14a in $\mathfrak{E}$ ein maximales Element B, d.h. eine lineare unabhängige Teilmenge B von V mit (3.12). Wegen Definition 3B ist noch zu zeigen, daß $[B] = V$, d.h. daß B auch ein Erzeugendensystem von V ist. Wäre nun $[B]$ (lineare Hülle) ein echter Unterraum von V, so gäbe es ein

$$x \neq \mathbf{0}, \in V, \quad x \notin [B]. \tag{3.12c}$$

Folglich ist auch $x \notin B$ und somit

$$B \subsetneqq B_1 = B \cup \{x\}; \tag{3.12d}$$

wegen der Maximalität von B kann dabei B_1 nicht mehr linear unabhängig sein. Also gilt

$$\begin{aligned} &\gamma \cdot x + \gamma_1 \cdot x^1 + \cdots + \gamma_n \cdot x^n = \mathbf{0} \quad \text{mit} \\ &\gamma, \gamma_1, \ldots, \gamma_n \in K, \text{ nicht alle} = 0 \text{ und } x^1, \ldots, x^n \in B; \end{aligned} \tag{3.12e}$$

wäre nun $\gamma = 0$, so müßten wegen der linearen Unabhängigkeit von B auch alle $\gamma_1, \ldots, \gamma_n$ gleich 0 sein, Widerspruch. Ist jedoch $\gamma \neq 0$, so folgt

$$x = -(\gamma^{-1}\gamma_1 x^1 + \cdots + \gamma^{-1}\gamma_n x^n) \in [B], \tag{3.12e'}$$

was ebenfalls ein Widerspruch ist, woraus zusammen Satz 3.15 folgt. ∎

Bemerkung 14. Die Aussage von Satz 3.15 impliziert insbesondere, daß *jeder K-Vektorraum eine Basis besitzt* (das Entsprechende würde auch noch für K-Linksmoduln gelten, bei denen K ein Schiefkörper ist). – Ist der K-Vektorraum $V \neq \{\mathbf{0}_V\}$, so gilt die Aussage von Satz 3.4, d.h. die Gleichwertigkeit von (i), (ii), (iii) und (iv) bei leicht modifiziertem Beweis auch im unendlich-dimensionalen Fall.

Wir erinnern noch an einige wichtige Beispiele unendlich-dimensionaler Vektorräume, für die somit jetzt die Existenz einer Basis gezeigt ist.

$\boxed{5}$ $V = K[X]$ als K-Vektorraum (vgl. $\boxed{2a}$).

$\boxed{5a}$ Sei $I = \,]a, b[\, \subseteq \mathbf{R}$ ein offenes Intervall und V der $\mathbf{R}$-Vektorraum der auf I stetigen reellwertigen Funktionen.

$\boxed{5b}$ Sei V der $\mathbf{R}$-Vektorraum der Cauchy-Folgen (a_ν), $a_\nu \in \mathbf{R} \Rightarrow V$ ist unendlich-dimensional.

Bemerkung 15. Das oben erwähnte Zornsche Lemma wird in der Mathematik in den verschiedenartigsten Situationen angewendet, insbesondere um die Existenz maximaler Teilobjekte (Teilstrukturen) nachzuweisen; z.B. gilt: Ist M ein R-Linksmodul, so existieren maximale Teilmoduln $N \neq M$, die einen vorgegebenen Untermodul U enthalten (vgl. auch die nachfolgenden Aufgaben).

Aufgaben zu §3

1. a) Zeige, daß folgende Vektoren aus $\mathbf{R}^4$ (als Zeilen geschrieben)

$$x^1 = \left(\frac{3}{2}, \frac{3}{2}, \frac{7}{6}, 0\right), \qquad x^2 = \left(\frac{1}{2}, -\frac{1}{2}, -\frac{3}{2}, 0\right),$$

$$x^3 = \left(\frac{43}{5}, \frac{43}{5}, \frac{41}{5}, 2\right), \qquad x^4 = \left(\frac{3}{2}, \frac{3}{2}, \frac{1}{2}, 0\right)$$

linear unabhängig sind.

b) Zeige, daß $y^1 = (-3, 2, 4, 7)$ und $y^2 = (-\frac{1}{3}, \frac{1}{6}, \frac{4}{5}, \frac{7}{9})$ aus $\mathbf{R}^4$ linear unabhängig sind und ergänze y^1, y^2 durch Hinzunahme geeigneter x^i zu einer Basis von $\mathbf{R}^4$.

2. Es seien

$$U_1 = \left\{ \lambda \begin{pmatrix} 1 \\ 0 \\ 2 \end{pmatrix} + \mu \begin{pmatrix} 0 \\ 1 \\ 1 \end{pmatrix} \, \middle| \, \lambda, \mu \in \mathbf{Q} \right\}, \qquad U_2 = \left\{ \lambda_1 \begin{pmatrix} 2 \\ 1 \\ -1 \end{pmatrix} \, \middle| \, \lambda_1 \in \mathbf{Q} \right\}$$

und $\quad U_3 = \left\{ \mu_1 \begin{pmatrix} 3 \\ 1 \\ 1 \end{pmatrix} \, \middle| \, \mu_1 \in \mathbf{Q} \right\}$ jeweils Unterräume von $\mathbf{Q}^3$.

a) Bestimme $U_1 \cap (U_2 + U_3)$, $U_1 + U_3$, $U_1 + U_2$, $U_2 \cap (U_1 + U_3)$ und die zugehörigen $\mathbf{Q}$-Dimensionen.

b) Gilt $U_1 \oplus U_2 \oplus U_3$, $U_1 \oplus U_2$, $U_1 \oplus U_3$, $U_2 \oplus U_3$?

3. Sei V ein K-Vektorraum und $U_1, U_2, \ldots, U_n$ endlich-dimensionale lineare Teilräume von V ($n \in \mathbf{N}$).

a) Zeige:

$$\dim_K\left(\sum_{\nu=1}^{n} U_\nu\right) = \sum_{\nu=1}^{n} \dim_K(U_\nu) - \sum_{\nu=1}^{n-1} \dim_K\left(\left(\sum_{j=1}^{\nu} U_j\right) \cap U_{\nu+1}\right).$$

b) Begründe Bemerkung 4, d.h. (3.3e).

4. Es seien die $\mathbf{R}$-Vektorräume V bzw. W und die Basisspalten $\mathfrak{a}$ bzw. $\mathfrak{b}$ wie in $\boxed{3b}$ gewählt. Betrachte die Abbildung

$$\psi : W \to V \quad \text{mit} \quad \psi(a_0 + a_1 X + a_2 X^2) = a_o X + \tfrac{1}{2} a_1 X^2 + \tfrac{1}{3} a_2 X^3$$

80

a) Zeige: ψ ist **R**-linear. Berechne $\psi(1 + X + X^2)$, $\psi(12 + 7X)$. Bestimme Kern ψ und Bild ψ.

b) Zeige:

$$U_1 = \{a_0 + a_1 X + a_2 X^2 \mid a_0 + a_2 = 0,\ a_\nu \in \mathbf{R}\} \quad \text{und}$$

$U_2 = \{a_0 + a_2 X^2 \mid a_\nu \in \mathbf{R}\}$ sind Unterräume von **W**.

c) Bestimme $U_1 \cap U_2$, $U_1 + U_2$, $\psi(U_1 \cap U_2)$ und $\psi(U_1 \cap U_2) \cap \psi(W)$ und ihre Dimensionen.

5. a) Bestätige die Formeln (3.5d).

b) Begründe (3.6g).

c) Führe den Beweis von Satz 3.10 aus.

6. Es seien $V = \mathbf{R}^{2.2}$ der 4-dimensionale **R**-Vektorraum aus $\boxed{3}$ mit der dortigen Basis $\mathfrak{a}^T = (a^1, a^2, a^3, a^4)$, W der **R**-Vektorraum der Polynome vom Grade ≤ 3 mit der Basis $\mathfrak{b}^T = (1, 1 + X, X + X^2, X^2 + X^3)$ und

$$A = \begin{pmatrix} 1 & 0 & 1 & 0 \\ 0 & 0 & 0 & 1 \\ 1 & 0 & 0 & 0 \\ 0 & 1 & 0 & 1 \end{pmatrix}, \quad B = \begin{pmatrix} 4 & 0 & 0 & 0 \\ 0 & 0 & 0 & 0 \\ 0 & 0 & 2 & 0 \\ 1 & 0 & 0 & 1 \end{pmatrix} \in \mathbf{R}^{4.4}.$$

a) Bestimme die Abbildungen $\varphi = \varphi_{\mathfrak{a},\mathfrak{b}}^A$, $\psi = \psi_{\mathfrak{b},\mathfrak{a}}^B$, $\varphi \circ \psi$ und $\psi \circ \varphi$ und die Kerne und Bilder dieser Abbildungen und ihre Dimensionen.

b) Bestimme $\varphi(\mathfrak{a})$, $(\psi \circ \varphi)(\mathfrak{a})$, $\psi(\mathfrak{b})$, $(\varphi \circ \psi)(\mathfrak{b})$.

7. Sei $K = \mathbf{Z}/5 \cdot \mathbf{Z} = \{\bar{0}, \bar{1}, \bar{2}, \bar{3}, \bar{4}\}$ der Körper von 5 Elementen, $V = K^4$ mit der Standardbasis $\mathfrak{e}^T = (e^1, e^2, e^3, e^4)$.

a) Zeige: Auch $b^1 = e^1 + e^2$, $b^2 = e^2 + e^3$, $b^3 = e^3 + \bar{2} \cdot e^4$, $b^4 = \bar{3} \cdot e^4$ ist eine Basis; bestimme die lineare Abbildung $\varphi : V \to V$ mit $\varphi(\mathfrak{e}) = \mathfrak{b}$ und $A_{\mathfrak{e},\mathfrak{e}}^\varphi$.

b) Bestimme den Kern der Abbildung $\psi : V \to K$ mit

$$x = \begin{pmatrix} x_1 \\ x_2 \\ x_3 \\ x_4 \end{pmatrix} \mapsto \bar{2} \cdot x_1 + \bar{4} \cdot x_2 + x_4 = \psi(x) \quad \text{und} \quad \text{Kern}(\psi \circ \varphi).$$

8. Sei $V = \mathbf{R}^4$, $\mathfrak{e}^T$ die Standardbasis von V. Betrachte die Abbildungen mit

$$\varphi((x_1, x_2, x_3, x_4)) = (x_1, x_4, x_2, x_3) \quad \text{bzw.}$$

$$\psi((x_1, x_2, x_3, x_4)) = (-x_1, -x_2, -x_3, x_4).$$

a) Zeige, daß φ und ψ linear sind und bestimme $A_{\mathfrak{e},\mathfrak{e}}^\varphi$ und $A_{\mathfrak{e},\mathfrak{e}}^\psi$ und zeige, daß die Abbildungen invertierbar sind.

b) Bestimme $A_{\mathfrak{e},\mathfrak{e}}^{\varphi \circ \psi}$ und $A_{\mathfrak{e},\mathfrak{e}}^{\psi \circ \varphi}$. Gilt $\psi \circ \varphi = \varphi \circ \psi$?

c) Sei $\varphi(\mathfrak{e}) = \mathfrak{a}$, $\psi(\mathfrak{e}) = \mathfrak{b}$ und $x = \tilde{x}^T \cdot \mathfrak{a}$.
Bestimme die Koordinaten von x bzgl. $\mathfrak{b}$.

9. Seien V der $\mathbf{C}$-Vektorraum der Polynome vom Grad ≤ 5 mit $\mathfrak{a}^T = (1, X, X^2, X^3, X^4, X^5)$, $W = \mathbf{C}^3$ mit der Standardbasis $\mathfrak{e}^T = (e^1, e^2, e^3)$; $x_1, x_2, x_3 \in \mathbf{C}$ paarweise verschieden.
a) Zeige, daß $\varphi : V \to W$ mit

$$\varphi(p(X)) = \begin{pmatrix} p(x_1) \\ p(x_2) \\ p(x_3) \end{pmatrix} \in \mathbf{C}^3 \quad \mathbf{C}\text{-linear ist. Bestimme } A_{\mathfrak{a},\mathfrak{e}}^{\varphi}.$$

b) Zeige: Kern φ

$$= \{p(X) \in V \mid p(X) = (X - x_1)(X - x_2)(X - x_3)(a_2 X^2 + a_1 X + a_0), a_\nu \in \mathbf{C}\}$$

und bestimme $\dim_{\mathbf{C}}$ (Kern φ) und $\dim_{\mathbf{C}}$ (Bild φ).

10. Es sei V ein endlich-dimensionaler K-Vektorraum und $U_1, U_2 \leq V$.
a) Zeige mit Satz 3.6, daß ein K-Isomorphismus zwischen $(U_1 + U_2)/U_2$ und $U_1/(U_1 \cap U_2)$ existiert.

b) Es sei $U_1 \leq U_2 \leq V$. Beweise $V/U_2 \cong V/U_1 \big/ U_2/U_1$.

11. a) Beweise Satz 3.13.
b) Leite Satz 3.6 aus Satz 3.13 her.
c) Begründe (3.10c).

12. Es sei V der $\mathbf{C}$-Vektorraum der auf $\mathbf{C}$ konvergenten Potenzreihen (Begründung).
a) Es sei $\varphi : V \to V$ mit $f(X) \mapsto \varphi(f(X)) = f'(X)$ (Ableitung). Zeige, daß φ und φ^ν ($\nu \in \mathbf{N}$) $\mathbf{C}$-lineare Abbildungen sind.
b) Bestimme $\mathrm{Kern}(\varphi^3)$ und $\mathrm{Kern}(\varphi^2 - \mathrm{id}_V)$. Sind φ^3 und $\varphi^2 - \mathrm{id}_V$ surjektiv?

13. Es sei D ein Schiefkörper und V ein endlich-erzeugter D-Linksmodul.
a) Begründe, daß V D-frei ist, d.h. eine Basis besitzt.
b) Zeige, daß Bemerkung 2, Lemma 3.2 und Satz 3.3 auch hier gelten.

14. Begründe mit Hilfe des Zornschen Lemmas:
a) Ist R ein Ring mit 1, M ein R-Linksmodul und $U \lneq M$, so gibt es einen maximalen Teilmodul $N \neq M$ mit $U \leq N$.
b) Ist R ein Integritätsring, so gibt es maximale Ideale $\mathfrak{a} \neq R$ in R.

15. Zeige, daß Satz 3.4 sinngemäß auch für unendlich-dimensionale Vektorräume gilt.

§4 Linearformen, Bilinearformen, Dualität

Die Ansätze und Ergebnisse der vorangehenden Untersuchungen über K-Vektorräume und lineare Abbildungen sollen hier zunächst in einem Spezialfall genauer besprochen und dann weitergeführt werden. Dabei benutzen wir folgende Tatsachen:

Bemerkung 1. Ein Körper K hat (bei üblicher Addition und

Multiplikation) selbst die Struktur eines K-Vektorraumes und zwar der K-Dimension 1 mit der Basis $\{e^1\} = \{1\}$ (Einselement des Körpers).

Es sei nun V ein K-Vektorraum und es werde $K = W$ gesetzt. Betrachten wir K-lineare Abbildungen (K-Homomorphismen)

$$\varphi = x^* : V \to K = W, \quad \text{d.h.}$$
$$V \ni x \mapsto \varphi(x) = x^*(x) \in K, \quad \varphi = x^* \quad K\text{-linear,} \tag{4.1}$$

also mit

$$\varphi(\lambda_1 x^1 + \lambda_2 x^2) = x^*(\lambda_1 x^1 + \lambda_2 x^2)$$
$$= \lambda_1 x^*(x^1) + \lambda_2 x^*(x^2) = \lambda_1 \varphi(x^1) + \lambda_2 \varphi(x^2), \tag{4.1a}$$
$$\lambda_i \in K, \quad x^i \in V \quad (i = 1, 2),$$

so bildet nach Lemma 2.8 die Gesamtheit dieser $\varphi = x^*$ einen K-Vektorraum

$$V^* := \mathrm{Hom}_K(V, K) = \{x^* \mid x^* : V \to K, K\text{-linear}\}. \tag{4.1b}$$

Definition 4A. Ist V ein K-Vektorraum, so nennt man die linearen Abbildungen $\varphi = x^*$ gemäß (4.1) die *K-linearen Funktionen auf V* oder *Linearformen auf V*; ihre Gesamtheit $V^* = \mathrm{Hom}_K(V, K)$ gemäß (4.1b) bildet *den zu V dualen Vektorraum V^** (bzgl. K), *den Dualraum V^* zu V.*

Diese Bezeichnungen illustrieren wir zunächst an folgendem Beispiel:

$\boxed{1}$ Sei $K = \mathbf{R}$ und $V = \mathbf{R}^n$ ($n \in \mathbf{N}$, $n \geq 2$). Dann ist $\varphi \in \mathrm{Hom}_{\mathbf{R}}(V, \mathbf{R})$ gemäß $\mathbf{R}^n \ni \tilde{x}^T = (x_1, \ldots, x_n) \mapsto \varphi(\tilde{x}^T) = \varphi(x_1, \ldots, x_n) \in \mathbf{R}$ eine reellwertige *Funktion* auf $\mathbf{R}^n$ (Werte skalar), wobei $\varphi(x_1 + y_1, \ldots, x_n + y_n) = \varphi(x_1, \ldots, x_n) + \varphi(y_1, \ldots, y_n)$ und $\varphi(\lambda x_1, \ldots, \lambda x_n) = \lambda \varphi(x_1, \ldots, x_n)$, $\lambda \in K$ gilt. Aus diesen Linearitätsbedingungen folgert man sofort

$$\varphi(x_1, \ldots, x_n) = \alpha_1 x_1 + \cdots + \alpha_n x_n \quad \text{mit} \quad \alpha_\nu = \varphi(\tilde{e}^{\nu T}) \in \mathbf{R},$$

d.h. solche Abbildungen sind *Linearformen* bzw. *lineare Funktionen.*

Bemerkung 2. Wir verwenden die nachstehend genannte Eigenschaft: Jeder K-Vektorraum V besitzt eine Basis

$$B = \{\ldots, a^i, \ldots\} \quad (i \in I), \tag{4.1c}$$

wobei I eine nicht notwendig endliche Indexmenge ist; genauer gilt: Zu jeder linear unabhängigen Teilmenge M von V existiert eine Basis B von V mit

$$M \subseteq B. \tag{4.1c'}$$

(Dies wurde für endlich-dimensionale Vektorräume in Satz 3.3 bewiesen; für den allgemeinen Fall vgl. die Ergänzungen zu §3, Satz 3.15.)

Lemma 4.1. *Ist B gemäß (4.1c) Basis des K-Vektorraumes V, so ist eine lineare Funktion $x^* \in V^*$ vollständig durch ihre Werte für die Basisvektoren $a^i \in B$ bestimmt, d.h. durch*

$$x^*(a^i) = \alpha_i \in K \quad (i \in I), \tag{4.1d}$$

und umgekehrt gibt es zu jeder Vorgabe der Werte α_i gemäß (4.1d) für die $a^i \in B$ genau ein $x^* \in V^*$. Weiter gilt

$$\dim_K(V) = n < \infty \Rightarrow \dim_K(V^*) = n. \tag{4.1e}$$

Beweis. 1. Durch x^* sind die Werte $x^*(a^i) = \alpha_i \in K$ eindeutig bestimmt. Da umgekehrt jedes $x \in V$ eine Linearkombination $x = \sum_{i \in I} x_i \cdot a^i$ der a^i ist, bei der nur endlich viele $x_i \neq 0$ sind (Lemma 2.2), wird durch die Vorgabe (4.1d) auch

$$x^*(x) = \sum_{i \in I} \alpha_i \cdot x_i \tag{4.1d'}$$

eindeutig festgelegt. Umgekehrt gibt es zu jeder Vorgabe der α_i gemäß (4.1d) offensichtlich genau eine lineare Funktion $x^* \in V^*$.
2. Ist speziell $\dim_K(V) = n < \infty$, so gilt nach Satz 3.9, insbesondere (3.6g),

$$V^* = \operatorname{Hom}_K(V, K) \cong K^{1,n} \cong K^n,$$

d.h. es folgt $\dim_K(V^*) = n$. ∎

Bemerkung 3. Für $\dim_K(V) = n < \infty$ ist nach der letzten Aussage von Satz 3.7 V zu V^* K-isomorph (d.h. in beiden K-Vektorräumen wird in gleicher Weise gerechnet).

Bezeichnung. Falls keine Verwechslungen möglich sind, führen wir für die Wirkung von $\varphi = x^* \in V^*$ auf $x \in V$ und umgekehrt die folgende formale Schreibweise ein:

$$\varphi(x) = x^*(x) =: \langle x^*, x \rangle \in K \quad \text{für} \quad x^* \in V^*, x \in V. \tag{4.2}$$

84

Dann drücken sich die Vektorraumeigenschaften von V bzw. V^*, wie folgt, als Rechenregeln aus:

$$\langle x^*, \lambda \cdot x \rangle = \lambda \cdot \langle x^*, x \rangle \quad \text{und}$$
$$\langle x^*, x + y \rangle = \langle x^*, x \rangle + \langle x^*, y \rangle \quad \text{für} \quad \lambda \in K;\, x, y \in V \tag{4.2a}$$

(Linearität von x^*, Vektorraumeigenschaft von V)

und

$$\langle \lambda \cdot x^*, x \rangle = \lambda \cdot \langle x^*, x \rangle,$$
$$\langle x^* + y^*, x \rangle = \langle x^*, x \rangle + \langle y^*, x \rangle \quad (\lambda \in K;\, x^*, y^* \in V^*) \tag{4.2b}$$

(Vektorraumeigenschaft von V^*, Linearität von x).

Die Tatsache, daß wir hier mit $\langle\,,\,\rangle$ das gleiche Symbol verwenden wie in EA beim Standardskalarprodukt, wird sich in Kürze noch als sinnvoll erweisen. Zunächst noch einige weitere Beispiele für lineare Funktionen.

$\boxed{\text{1a}}$ $K = \mathbf{R}$, $V = \mathbf{R}$-Vektorraum der auf $[0, 1]$ stetigen reellwertigen Funktionen. Bilde nun für $\alpha \in [0, 1]$: $\langle \varphi_\alpha, f \rangle = \langle \alpha, f \rangle := f(\alpha) \in \mathbf{R}$ (Einsetzen von α, d.h. Wert von f bei α); dies ist offensichtlich eine lineare Funktion auf V.

Hier sind folgende «duale» Interpretationen möglich: Einsetzen von α in f (α variiert und liefert eine lineare Funktion auf V) oder Einsetzen von f in α (f variiert in V und liefert eine lineare Funktion auf $\mathbf{R}$). Also sind die Begriffe Funktion und Argument gleichwertig (dual).

Eine ganz andere lineare Funktion auf V erhält man z.B. durch

$$f \longmapsto \psi_g(f) = \langle \psi_g, f \rangle := \int_0^1 g \cdot f \, dx \in \mathbf{R}, \quad (f \in V),$$

wobei $g \in V$ eine stetige Funktion ist (dieses Integral existiert). Hier lassen sich die Formeln (4.2a, b) gut interpretieren (als Integrationsregeln).

$\boxed{\text{1b}}$ $K = \mathbf{R}$, $V = \mathbf{R}[X] = \mathbf{R}$-Vektorraum der Polynomfunktionen in X über $\mathbf{R}$. Wir bilden nun für $n \in \mathbf{N}_0,\, a \in \mathbf{R}$

$$\varphi_{a,n} \quad \text{mit} \quad f \longmapsto \langle \varphi_{a,n}, f \rangle := f^{(n)}(a),$$

d.h. n-te Ableitung von f an der Stelle a; dies ist wiederum eine lineare Funktion (Wert in $\mathbf{R}$). Dann sind z.B. die folgenden Linearkombinationen der $\varphi_{a,n}$ bildbar:

$$\left\langle \sum_{n=0}^{N} \lambda_n \cdot \varphi_{a,n}, f \right\rangle = \sum_{n=0}^{N} \lambda_n \cdot f^{(n)}(a) \quad (\lambda_n \in \mathbf{R}) \text{ oder}$$

$$\left\langle \sum_{\nu=1}^{m} \rho_\nu \cdot \varphi_{a_\nu,0}, f \right\rangle = \sum_{\nu=1}^{m} \rho_\nu \cdot f^{(0)}(a_\nu) \quad (\rho_\nu, a_\nu \in \mathbf{R}), \quad \text{usw..}$$

Wir schreiben weiter stets $\mathbf{0}^* \in V^*$ für die *Nullfunktion*, d.h. die lineare Funktion $\mathbf{0}^*$ mit

$$\langle \mathbf{0}^*, x \rangle = 0 \quad \text{für alle} \quad x \in V. \tag{4.2c}$$

Lemma 4.2. *Ist V ein K-Vektorraum und V^* sein Dualraum, so gelten die folgenden Regeln:*

$$x^* \neq \mathbf{0}^* \Rightarrow es\ gibt\ ein\ x \in V \quad mit\ \langle x^*, x \rangle \neq 0,$$
$$d.h.:\ Aus\ \langle x^*, x \rangle = 0 \quad für\ alle\ x \in V \Rightarrow x^* = \mathbf{0}^*; \tag{4.2d}$$

sowie

$$x \neq \mathbf{0}_V \Rightarrow es\ gibt\ ein\ x^* \in V^* \quad mit\ \langle x^*, x \rangle \neq 0,$$
$$d.h.:\ Aus\ \langle x^*, x \rangle = 0 \quad für\ alle\ x^* \in V^* \Rightarrow x = \mathbf{0}_V. \tag{4.2e}$$

Beweis. 1. Nach Definition der Nullfunktion ist klar: Falls $x^* \neq \mathbf{0}^*$, so gibt es ein $x \in V$ mit $\langle x^*, x \rangle \neq 0$.

2. Sei nun umgekehrt $x \in V$, $x \neq \mathbf{0}_V$, so ist x als einzelner Vektor eine einelementige Menge linear unabhängiger Vektoren. Nach Bemerkung 2 gibt es somit eine Basis B von V mit $B \supseteq \{x\}$ (im Fall der endlichen Dimension vgl. auch Satz 3.3). Wegen Lemma 4.1 existiert somit ein x^* mit

$$\langle x^*, x \rangle = 1, \qquad \langle x^*, a^i \rangle = 0$$

für die restlichen Basisvektoren $a^i \in B. \Rightarrow$ (4.2e). ∎

Satz 4.3. *Ist V endlich-dimensionaler K-Vektorraum mit der Basis $B = \{a^1, \ldots, a^n\}$, so liefern die linearen Funktionen a_ν^* ($\nu = 1, \ldots, n$) mit:*

$$\langle a_\nu^*, a^\mu \rangle = \delta_{\nu\mu} = \begin{cases} 1 & \nu = \mu \\ 0 & sonst \end{cases} \quad (\nu, \mu = 1, \ldots, n) \tag{4.2f}$$

eine Basis von V^*, die zu $a^1, \ldots, a^n$ duale Basis $a_1^*, \ldots, a_n^*$ von V^*.

Beweis. 1. Durch (4.2f) werden offensichtlich n verschiedene

86

lineare Funktionen a_ν^* auf V definiert; es bleibt zu zeigen, daß die a_ν^* eine Basis bilden. Dazu beweisen wir:

2. *Die a_ν^* sind linear unabhängig.*

Ist nämlich $a^* = \sum\limits_{\nu=1}^{n} \lambda_\nu \cdot a_\nu^* = 0^*$, so folgt:

$$\langle a^*, x\rangle = \sum_{\nu=1}^{n} \lambda_\nu \langle a_\nu^*, x\rangle = 0 \quad \text{für alle} \quad x \in V.$$

Setze nun $x = a^\mu$, so folgt $\lambda_\mu = 0$ $(\mu = 1, \ldots, n)$, d.h. die Behauptung.

3. *Die a_ν^* spannen V^* auf (erzeugen V^*).*

Sei $x^* \in V^*$ durch $\langle x^*, a^\mu\rangle = \alpha_\mu \in K$ $(\mu = 1, \ldots, n)$ gegeben, und

sei $y^* = \sum\limits_{\nu=1}^{n} \alpha_\nu a_\nu^*$. Dann gilt

$$\langle x^*, a^\mu\rangle = \langle y^*, a^\mu\rangle = \alpha_\mu \quad (\mu = 1, \ldots, n), \quad \text{d.h. } x^* = y^*,$$

insgesamt ist somit Satz 4.3 bewiesen. ∎

Bemerkung 4. Hieraus ergibt sich zugleich ein zweiter Beweis für

$$\dim_K V = n \Rightarrow \dim_K (V^*) = n. \tag{4.2g}$$

Ehe wir auf weitere Folgerungen eingehen, zunächst noch einen weiterführenden Begriff.

Definition 4B. Sind V und W K-Vektorräume, so nennt man eine Abbildung

$$\begin{aligned} B : W \times V &\to K, \\ W \times V \ni (y, x) &\mapsto B(y, x) \in K \end{aligned} \tag{4.3}$$

mit den Eigenschaften

$$\begin{aligned} B(y, \lambda_1 x^1 + \lambda_2 x^2) &= \lambda_1 \cdot B(y, x^1) + \lambda_2 \cdot B(y, x^2), \\ B(\lambda_1 y^1 + \lambda_2 y^2, x) &= \lambda_1 \cdot B(y^1, x) + \lambda_2 \cdot B(y^2, x), \\ (\lambda_1, \lambda_2 \in K \, &; \, x, x^1, x^2 \in V \, ; \, y, y^1, y^2 \in W) \end{aligned} \tag{4.3a}$$

eine *Bilinearform* oder *bilineare Funktion auf* $W \times V$.

Aus (4.3a) folgen sofort die weiteren Regeln

$$\begin{aligned} B(0_W, x) &= 0 \quad \text{für alle} \quad x \in V, \\ B(y, 0_V) &= 0 \quad \text{für alle} \quad y \in W. \end{aligned} \tag{4.3a'}$$

In dieser Definition darf natürlich auch $V = W$ sein, d.h. wir lassen auch Bilinearformen auf $V \times V$ (vgl. auch EA, §7) zu. – Wir betrachten weiter

Definition 4C. Eine Bilinearform $B = B(y, x)$ auf $W \times V$ heißt *nicht ausgeartet*, wenn gilt:

$$\begin{aligned}
\text{Aus } B(y, x) = 0 \quad \text{für alle} \quad y \in W \quad &\Rightarrow x = \mathbf{0}_V, \\
\text{aus } B(y, x) = 0 \quad \text{für alle} \quad x \in V \quad &\Rightarrow y = \mathbf{0}_W ;
\end{aligned} \tag{4.3b}$$

ist B nicht ausgeartet, so nennt man $(W, V; B)$ ein *duales Raumpaar* und $B = B(y, x)$ *das die Dualität bestimmende Skalarprodukt*.

Wir geben bei $B = B(y, x)$ auch die Argumente mit an, um die Stellung der Vektorräume hervorzuheben.

Wir vermerken zunächst ein erstes Beispiel zu dieser Begriffsbildung.

Satz 4.4. *Ist V ein K-Vektorraum und V^* der Dualraum der Linearformen auf V, so liefert*

$$B(x^*, x) := \langle x^*, x \rangle \quad mit \quad W = V^* \tag{4.3c}$$

eine nicht ausgeartete Bilinearform auf $V^* \times V$ und

$$(V^*, V; B) \quad mit \quad B(x^*, x) = \langle x^*, x \rangle, \quad d.h. \quad B(\,,\,) = \langle\,,\,\rangle, \tag{4.3c$'$}$$

ein duales Raumpaar.

Beweis. B gemäß (4.3c) ist nach (4.2a, b) bilinear mit Werten in K und nach Lemma 4.2 und Definition 4C nicht ausgeartet, woraus die Behauptung folgt. ∎

Damit ist zugleich die Existenz dualer Raumpaare nachgewiesen; $\langle x^*, x \rangle$ in (4.3c) heißt das *natürliche Skalarprodukt von $V^* \times V$*. Wir zitieren nun noch einige weitere Beispiele für derartige Bildungen.

$\boxed{2}$ Sei K ein beliebiger Körper und $V = W = K^n$ ($n \in \mathbf{N}$) gewählt; bilde nun

$$B = \langle\,,\,\rangle : K^n \times K^n \to K \quad \text{mit}$$

$$B(\tilde{y}, \tilde{x}) = \langle \tilde{y}, \tilde{x} \rangle = \sum_{\nu=1}^{n} y_\nu x_\nu = \tilde{y}^T \cdot \tilde{x} \tag{4.3d}$$

für $\tilde{y}^T = (y_1, \ldots, y_n), \quad \tilde{x}^T = (x_1, \ldots, x_n) \in K^n$.

Dieser Ausdruck ist nach den Rechenregeln für Matrizen bilinear und sogar symmetrisch, d.h.

$$B(\tilde{y}, \tilde{x}) = \tilde{y}^T \cdot \tilde{x} = \tilde{x}^T \cdot \tilde{y} = B(\tilde{x}, \tilde{y}). \qquad (4.3e)$$

Ist nun $\tilde{y} \neq \tilde{\mathbf{0}}$, d.h. $(y_1, y_2, \ldots, y_n) \neq (0, \ldots, 0)$, so gibt es stets ein $\tilde{x} \in K^n$ mit $B(\tilde{y}, \tilde{x}) \neq 0$. Sei z.B. für $1 \leq \nu \leq n$ $y_\nu \neq 0$, so wähle $e^\nu = (0, \ldots, 0, 1, 0, \ldots, 0)$ (1 an ν-ter Stelle) und es folgt $B(\tilde{y}, \tilde{e}^\nu) = \langle \tilde{y}, \tilde{e}^\nu \rangle = y_\nu \neq 0$, d.h. (4.3d) ist *nicht ausgeartet*, da dies auch bei Vertauschung der Argumente richtig ist.

Bezeichnung. Unter den Voraussetzungen und Bezeichnungen von $\boxed{2}$ nennt man $\langle \tilde{y}, \tilde{x} \rangle = \langle \ , \ \rangle$ auch das *Standardskalarprodukt auf K^n*.

Bemerkung 5. Dieser Ausdruck in (4.3d) ist analog zum Standardskalarprodukt $\langle \ , \ \rangle$ in $\mathbf{R}^n$ (vgl. EA, §7) gebildet (nur wird hier statt der bei beliebigem K nicht erklärbaren positiven Definitheit ausgenutzt, daß $\langle \ , \ \rangle$ nicht ausgeartet ist).

$\boxed{2a}$ Sei K ein Körper, $n \in \mathbf{N}$ mit $n > 1$ und $V = K^{n,n}$ der K-Vektorraum der (n, n)-Matrizen $A = (a_{\mu\nu})$ über K. Setze nun

$$Sp(A) = Sp((a_{\mu\nu})) = \sum_{\nu=1}^{n} a_{\nu\nu} \in K, \qquad (4.4)$$

d.h. wir bilden die Summe der Hauptdiagonalglieder der Matrix. Dann gilt

$$Sp(\lambda \cdot A) = \lambda \cdot Sp(A), \quad Sp(A + C) = Sp(A) + Sp(C)$$

$$\text{für} \quad \lambda \in K; \quad A, C \in K^{n,n}. \qquad (4.4a)$$

Also ist

$$Sp: K^{n,n} \to K \quad \text{mit} \quad A \mapsto Sp(A) \qquad (4.4')$$

eine K-lineare Funktion auf $K^{n,n}$. Die Matrizen $E^{\mu,\nu}$ (vgl. EA, S. 112; im Schnittpunkt von μ-ter Zeile, ν-ter Spalte eine 1, sonst lauter Nullen) bilden eine K-Basis von $K^{n,n}$; dann ist Sp bereits bestimmt durch

$$Sp(E^{\mu,\nu}) = \begin{cases} 1 & \mu = \nu \\ 0 & \text{sonst.} \end{cases} \qquad (4.4b)$$

Definition 4D. Unter den Voraussetzungen von $\boxed{2a}$ nennt man die Abbildung Sp: $K^{n,n} \to K$ gemäß (4.4), (4.4') die *Spurabbildung* und $\mathrm{Sp}(A)$ die *Spur der Matrix* $A \in K^{n,n}$.

Sind $A = (a_{\mu\nu})$ und $C = (c_{\mu\nu}) \in K^{n,n}$, so ist nach der Definition der Matrizenmultiplikation

$$\mathrm{Sp}(A \cdot C) = \sum_{\mu=1}^{n} \sum_{\nu=1}^{n} a_{\mu\nu} c_{\nu\mu} = \mathrm{Sp}(C \cdot A). \tag{4.4c}$$

Also erhalten wir

Lemma 4.5. *Für die Spurabbildung* (4.4) *gilt neben* (4.4a) *für* $A, C \in K^{n,n}$ *die Regel* (4.4c); *für* $|A| \neq 0$ *folgt sogar*

$$\mathrm{Sp}(A \cdot C \cdot A^{-1}) = \mathrm{Sp}(C). \tag{4.4d}$$

Ferner ist stets

$$\mathrm{Sp}(A^T) = \mathrm{Sp}(A). \tag{4.4e}$$

Beweis. Nach (4.4c) ist für $|A| \neq 0$

$$\mathrm{Sp}((A \cdot C) \cdot A^{-1}) = \mathrm{Sp}(A^{-1}(A \cdot C)) = \mathrm{Sp}(C), \quad \text{d.h. (4.4d)}.$$

Der Rest ist klar. ∎

$\boxed{2b}$ Sei K ein Körper, $n > 1$, $\in \mathbf{N}$ und sei Sp die Spurabbildung von $K^{n,n}$ in K. Setze nun

$$\begin{aligned} B(A, C) &= \mathrm{Sp}(A \cdot C) \quad \text{für} \quad A, C \in K^{n,n}, \\ \text{d.h.:} \quad B &: K^{n,n} \times K^{n,n} \to K, \end{aligned} \tag{4.4f}$$

so ist dies nach den obigen Formeln eine Bilinearform von $K^{n,n} \times K^{n,n}$ in K. Man rechnet leicht nach, daß dieses B sogar nicht ausgeartet ist (dieses Beispiel läßt sich noch verallgemeinern).

Wir wollen zunächst auf einige Anwendungen des allgemeinen Begriffs eingehen. Dazu

Definition 4E. Ist $(W, V; B)$ ein duales Paar von K-Vektorräumen mit der Bilinearform $B = B(y, x)$, so heißen $y \in W$ und $x \in V$ *orthogonal zueinander bzgl.* B (in Zeichen $y \underset{B}{\perp} x$ bzw. kurz $y \perp x$), falls gilt

$$y \underset{B}{\perp} x \Leftrightarrow B(y, x) = \langle y, x \rangle = 0. \tag{4.5}$$

Weiter nennt man jeweils für $\varnothing \neq M \subseteq W$ bzw. $\varnothing \neq N \subseteq V$

$$M^{\perp} = \{x \in V \mid y \underset{B}{\perp} x \quad \text{für alle } y \in M\} \subseteq V$$

$$\text{bzw.} \quad N^{\perp} = \{y \in W \mid y \underset{B}{\perp} x \quad \text{für alle } x \in N\} \subseteq W \tag{4.5a}$$

das *orthogonale Komplement* (Orthogonalraum) *von M* bzw. *N* in V bzw. W und zwar *bzgl. B*.

Bemerkung 6. Besonders wichtig ist wieder der Spezialfall $W = V^*$ und $B(x^*, x) = \langle x^*, x \rangle$; hier und in anderen Fällen, in denen eine Verwechslung nicht möglich ist, lassen wir bei dem Orthogonalitätszeichen $\perp$ den Index B fort. Wir zitieren einige erste Eigenschaften dieser Bildung:

Lemma 4.6. *Unter den in Definition* 4E *genannten Voraussetzungen sind jeweils* $M^{\perp} \leq V$ *bzw.* $N^{\perp} \leq W$ *lineare Teilräume; ferner gilt*

$$M_1 \subseteq M \subseteq W \Rightarrow M_1^{\perp} \geq M^{\perp},$$

$$N_1 \subseteq N \subseteq V \;\Rightarrow N_1^{\perp} \geq N^{\perp}, \tag{4.5b}$$

$$M^{\perp} = [M]^{\perp}, \qquad N^{\perp} = [N]^{\perp}.$$

Beweis. (Skizze) Aus der Bilinearität von B folgt sofort die Unterraumeigenschaft von $M^{\perp}$ bzw. $N^{\perp}$. Die Rechenregeln (4.5b) sind direkt zu bestätigen. ∎

Wir wollen nun die genannten Begriffe und Bildungen noch etwas genauer im wichtigen Spezialfall der endlich-dimensionalen K-Vektorräume diskutieren. Dazu sei zunächst

$$\dim_K(W) = m < \infty, \quad \mathbf{b}^T = (b^1, \dots, b^m) \text{ Basis von } W,$$

$$\dim_K(V) = n < \infty, \quad \mathbf{a}^T = (a^1, \dots, a^n) \text{ Basis von } V, \tag{4.5c}$$

$$\text{also} \quad W \ni y = \tilde{y}^T \cdot \mathbf{b} \quad \text{mit} \quad \tilde{y}^T = (y_1, \dots, y_m) \in K^m,$$

$$V \ni x = \tilde{x}^T \cdot \mathbf{a} \quad \text{mit} \quad \tilde{x}^T = (x_1, \dots, x_n) \in K^n$$

(vgl. auch §3, insbes. (3.8), (3.8a)). Dann gilt für eine bilineare Funktion B auf $W \times V$, eben wegen der Bilinearität,

$$B : W \times V \to K \quad \text{mit} \quad W \times V \ni (y, x) \mapsto B(y, x) \in K$$

$$\text{mit} \quad B(y, x) = \sum_{\mu=1}^{m} \sum_{\nu=1}^{n} y_\mu \cdot x_\nu \cdot B(b^\mu, a^\nu)$$

$$= \sum_{\mu=1}^{m} \sum_{\nu=1}^{n} B(b^\mu, a^\nu) y_\mu x_\nu \tag{4.5d}$$

falls $y \in W$, $x \in V$ gemäß (4.5c) beschrieben sind, und

$$B(b^\mu, a^\nu) \in K \quad (\mu = 1, \ldots, m; \ \nu = 1, \ldots, n).$$

Mit den hier auftretenden Größen bilden wir nun die folgende Matrix

$$G_{b,a}^B = \begin{pmatrix} g_{11} \cdots g_{1n} \\ \vdots \qquad \vdots \\ g_{m1} \cdots g_{mn} \end{pmatrix} \in K^{m,n}, \quad g_{\mu\nu} := B(b^\mu, a^\nu) \qquad (4.5e)$$

$$(\mu = 1, \ldots, m; \quad \nu = 1, \ldots, n).$$

Definition 4F. Die Matrix $G_{b,a}^B$ gemäß (4.5e) heißt die der Bilinearform B auf $W \times V$ bzgl. der Basen b und a zugeordnete *Fundamentalmatrix*.

Aus den vorangehenden Formeln folgt sofort

Lemma 4.7. *Unter den Voraussetzungen und Bezeichnungen* (4.5c, d, e) *gilt stets für alle* $y \in W$, $x \in V$

$$B(y, x) = \tilde{y}^T \cdot G_{b,a}^B \cdot \tilde{x} = (y_1, \ldots, y_m) \cdot \begin{pmatrix} g_{11} \cdots g_{1n} \\ \vdots \qquad \vdots \\ g_{m1} \cdots g_{mn} \end{pmatrix} \cdot \begin{pmatrix} x_1 \\ \vdots \\ x_n \end{pmatrix}. \quad (4.5f)$$

Bemerkung 7. Falls speziell $W = V$ ist, so kann in beiden Argumenten die gleiche Basisspalte, nämlich a, zugrunde gelegt werden, und man schreibt auch kürzer

$$G_{a,a}^B =: G_a^B ; \qquad (4.5e')$$

ist andererseits $W = V^*$ und wird für b die Basis a^*, d.h. die zu a duale Basis, gewählt, so erhält man gemäß (4.2f) zu $B(y^*, x) = \langle y^*, x \rangle$ $G_{a^*,a}^B = $ Einheitsmatrix $= E_{n,n}$.

Wir behaupten nun weiter

Lemma 4.8. *Unter den Voraussetzungen und Bezeichnungen von* (4.5c, d, e) *ist B genau dann nicht ausgeartet, wenn gleichzeitig gilt*

    (i) $\dim_K(W) = m = n = \dim_K(V)$,

    (ii) $n = r(G_{b,a}^B)$ *(Rang der Fundamentalmatrix von B*   (4.5g)
            bzgl. der Basen b *und* a).

Beweis. 1. Wir beschränken uns auf die Betrachtung des Falles $n \geq m$ (im anderen Fall verlaufen die Rechnungen analog); dann

92

gilt sicher $r(G) \leq m \leq n$ für $G := G_{b,a}^B$. Falls nun $r(G) < n$, so existiert ein $\tilde{x} \in K^n$, $\tilde{x} \neq 0$ mit der Eigenschaft

$$G \cdot \tilde{x} = 0_{K^m}. \tag{4.5h}$$

Folglich ist für alle $\tilde{y} \in K^m$, d.h. alle $y = \tilde{y}^T \cdot b \in W$

$$B(y, x) = \tilde{y}^T \cdot G \cdot \tilde{x} = 0 \quad \text{(bei diesem } x = \tilde{x}^T \cdot a \in V). \tag{4.5i}$$

Somit ist $B(y, x)$ ausgeartet, da (4.3b) verletzt ist; dieser Fall tritt immer ein, wenn $m < n$ ist.

2. Sei nun $n = m = r(G)$. Dann gilt

$$G \cdot \tilde{x} \neq 0_{K^m} \quad \text{für alle} \quad \tilde{x} \neq 0_{K^n}, \ \in K^n, \tag{4.5j}$$

und somit gibt es ein $\tilde{y} \in K^m$ mit

$$\tilde{y}^T \cdot (G \cdot \tilde{x}) \neq 0. \tag{4.5j'}$$

Entsprechendes folgt bei Vertauschung der Rollen von y und x, und folglich ist $B(y, x)$ nicht ausgeartet. Zusammen ergibt dies gerade die Behauptung von Lemma 4.8. ∎

Bemerkung 8. Aus diesem Ergebnis kann man übrigens ablesen, daß die Rangaussage für die Matrix $G_{b,a}^B$ nicht von der speziellen Auswahl der Basen a und b abhängen kann.

Wir wollen nun schildern, wie man mit Hilfe von Ansätzen und Ergebnissen aus §3 Berechnungsprobleme über duale Raumpaare bzw. zur Orthogonalität auf die Lösung linearer Gleichungssysteme zurückführen kann. Seien dazu (analog zu (4.5c)):

> W, V n-dimensionale K-Vektorräume mit Basisspalten b bzw. a, $(W, V; B)$ ein duales Raumpaar, d.h. B nicht ausgeartete Bilinearform auf $W \times V$ mit Fundamentalmatrix $G = G_{b,a}^B$. $\tag{4.6}$

Dann ist also:

$$\begin{aligned}
&B(y, x) = \tilde{y}^T \cdot G \cdot \tilde{x} \quad \text{mit} \quad x = \tilde{x}^T \cdot a \in V, \\
&y = \tilde{y}^T \cdot b \in W \text{ gemäß (4.5c, d, e, f)} \quad \text{und} \quad n = m, \\
&\qquad G = G_{b,a}^B \in K^{n,n}, \quad r(G) = n.
\end{aligned} \tag{4.6a}$$

Gemäß Satz 3.8 haben wir dann K-Isomorphismen

$$\varphi_a : V \to K^n \quad \text{mit}$$

$$V \ni x = \tilde{x}^T \cdot \mathfrak{a} \mapsto \varphi_a(x) = \tilde{x} = \begin{pmatrix} x_1 \\ \vdots \\ x_n \end{pmatrix} \in K^n, \tag{4.6b}$$

$$\varphi_b : W \to K^n \quad \text{mit}$$

$$W \ni y = \tilde{y}^T \cdot \mathfrak{b} \mapsto \varphi_b(y) = \tilde{y} = \begin{pmatrix} y_1 \\ \vdots \\ y_n \end{pmatrix} \in K^n,$$

wobei

$$\text{Kern } \varphi_a = \{\mathbf{0}_V\}, \quad \text{Kern } \varphi_b = \{\mathbf{0}_W\} \tag{4.6c}$$

ist. Nach (3.5d) gilt für Unterräume von W bzw. V:

$$\begin{aligned}
U \leq V &\Rightarrow \dim_K(U) = \dim_K(\varphi_a(U)), \quad \varphi_a(U) \leq K^n, \\
U_1 \leq W &\Rightarrow \dim_K(U_1) = \dim_K(\varphi_b(U_1)), \quad \varphi_b(U_1) \leq K^n;
\end{aligned} \tag{4.6d}$$

insbesondere werden K-Basen von U_1 bzw. U auf K-Basen der zugehörigen Bildräume abgebildet. Da $r(G) = n$ ist, erhalten wir gemäß

$$\varphi_G : K^n \to K^n \quad \text{mit} \quad \tilde{x} \mapsto \varphi_G(\tilde{x}) = G \cdot \tilde{x} \quad \text{und}$$

$$\varphi_{G^T} : K^n \to K^n \quad \text{mit} \quad \tilde{y} \mapsto \varphi_{G^T}(\tilde{y}) = G^T \cdot \tilde{y}, \tag{4.6e}$$

$$\text{also} \quad (\varphi_{G^T}(\tilde{y}))^T = \tilde{y}^T \cdot G$$

K-Automorphismen von K^n, bei denen also auch Unterräume auf solche gleicher Dimension abgebildet werden.
Sei nun

$$\begin{aligned}
U_1 &\leq W, \qquad \dim_K(U_1) = r \leq n, \\
c^\rho &= \tilde{c}^{\rho T} \cdot \mathfrak{b} \quad \text{mit} \quad \tilde{c}^{\rho T} = (\gamma_{\rho 1}, \dots, \gamma_{\rho n}) \in K^n \\
&\qquad (\rho = 1, 2, \dots, r) \quad \text{Basis von } U_1, \\
\varphi_b(c^\rho) &= \tilde{c}^\rho \quad (\rho = 1, \dots, r) \text{ Basis von } \varphi_b(U_1);
\end{aligned} \tag{4.6f}$$

schreiben wir weiter

$$C = C_{r,n} = \begin{pmatrix} \tilde{c}^{1T} \\ \tilde{c}^{2T} \\ \vdots \\ \tilde{c}^{rT} \end{pmatrix} = \begin{pmatrix} \gamma_{11} & \cdots & \gamma_{1n} \\ \gamma_{21} & \cdots & \gamma_{2n} \\ \vdots & & \vdots \\ \gamma_{r1} & \cdots & \gamma_{rn} \end{pmatrix} \in K^{r,n}, \tag{4.6g}$$

so ist

$$C \cdot G = \begin{pmatrix} \tilde{c}^{1T} \cdot G \\ \vdots \\ \tilde{c}^{rT} \cdot G \end{pmatrix} = \begin{pmatrix} (\varphi_{G^T}(\tilde{c}^1))^T \\ \vdots \\ (\varphi_{G^T}(\tilde{c}^r))^T \end{pmatrix} \in K^{r,n} \qquad (4.6h)$$

eine Matrix mit r linear unabhängigen Zeilen der Länge n, d.h.

$$r(C \cdot G) = r. \qquad (4.6h')$$

Folglich hat das homogene lineare Gleichungssystem

$$(C \cdot G) \cdot \tilde{x} = \mathbf{0}_{K'}, \qquad \tilde{x} = \begin{pmatrix} x_1 \\ \vdots \\ x_n \end{pmatrix} \in K^n \qquad (4.6i)$$

einen Lösungsraum

$$U_2 \leq K^n \quad \text{mit} \quad \dim_K(U_2) = n - r \qquad (4.6j)$$

(nach den Regeln für lineare Gleichungssysteme, vgl. EA, §4). Gemäß (4.6d) und der Definition von $U_1^\perp$ ist

$$\tilde{x} \in U_2 \Leftrightarrow \varphi_a^{-1}(\tilde{x}) = x = \tilde{x}^T \cdot a \in U_1^\perp \leq V. \qquad (4.6k)$$

Entsprechendes würde gelten, wenn man von einem $U \leq V$ ausginge und $U^\perp$ in W bestimmen würde (Rechnen mit transponierten Matrizen). Zusammen folgt

Satz 4.9. *Ist gemäß (4.6) $(W, V; B)$ ein duales Raumpaar endlich-dimensionaler K-Vektorräume mit $\dim_K(W) = \dim_K(V) = n$, so gilt für die Dimension der Orthogonalräume von Unterräumen von V bzw. W:*

$$\begin{aligned} U \leq V &\Rightarrow \dim_K(U^\perp) = \dim_K(W) - \dim_K(U), \\ U_1 \leq W &\Rightarrow \dim_K(U_1^\perp) = \dim_K(V) - \dim_K(U_1). \end{aligned} \qquad (4.7)$$

Darüber hinaus können die Orthogonalräume jeweils durch das Lösen homogener linearer Gleichungssysteme bestimmt werden (z.B. von $U_1 \leq W$ ausgehend kann man gemäß (4.6f, g, h, i, j, k) $U_1^\perp \leq V$ berechnen). Schließlich ist hier stets

$$(U^\perp)^\perp = U; \quad (U_1^\perp)^\perp = U_1. \qquad (4.7')$$

$\boxed{3}$ $K = \mathbf{Q}$; W mit Basis $b^T = (b^1, b^2, b^3)$ und V mit Basis $a^T = (a^1, a^2, a^3)$ seien 3-dimensionale $\mathbf{Q}$-Vektorräume. Bzgl. b und $\mathfrak{a}$ sei die Bilinearform B durch die Fundamentalmatrix

$$G = G_{\mathfrak{b},\mathfrak{a}}^B = \begin{pmatrix} 1 & 1 & 2 \\ 0 & 1 & 2 \\ 0 & 0 & 4 \end{pmatrix} \in \mathbf{Q}^{3,3}$$

bestimmt; offensichtlich ist $r(G) = 3$. Für $U_1 \leq W$ mit $\dim_{\mathbf{Q}}(U_1) = 1$ und $U_1 = c^1 \cdot \mathbf{Q} = (b^1 + b^2) \cdot \mathbf{Q}$ ist dann

$$c^1 = (1, 1, 0) \cdot \mathfrak{b} \quad \text{und} \quad \tilde{c}^{1T} = (1, 1, 0).$$

Also ist

$$C = C_{1,3} = (1, 1, 0) \in \mathbf{Q}^{1,3} \quad \text{und} \quad C \cdot G = (1, 2, 4) \in \mathbf{Q}^{1,3}.$$

Folglich hat $(C \cdot G) \cdot \tilde{x} = \mathbf{0_Q}$ zwei Lösungen, z.B.

$$\tilde{x}^1 = \begin{pmatrix} 2 \\ -1 \\ 0 \end{pmatrix}, \ \tilde{x}^2 = \begin{pmatrix} 4 \\ 0 \\ -1 \end{pmatrix},$$

die linear unabhängig sind und aus denen man nach (4.6k) $U_1^\perp \leq V$ erhält.

Analog erhält man aus $U = a^1 \cdot \mathbf{Q} \leq V$ den Orthogonalraum $U^\perp = \mathbf{Q} \cdot b^2 + \mathbf{Q} \cdot b^3 \leq W$.

Bemerkung 9. Ein erster wichtiger Spezialfall ist der folgende:

$$\dim_K(V) = n < \infty, \qquad W = V^* \quad \text{(Dualraum)}; \tag{4.7a}$$

wählt man wie in Bemerkung 7 zu einer geeigneten Basis $\mathfrak{a}$ von V jeweils die duale Basis $\mathfrak{b} = \mathfrak{a}^*$ von V^*, d.h.

$$G_{\mathfrak{a}^*,\mathfrak{a}}^{\langle \cdot, \cdot \rangle} = E \quad \text{(Einheitsmatrix)}, \tag{4.7b}$$

so lassen sich die Formeln (4.7) auch leicht direkt beweisen. Weiter ist der Fall des in $\boxed{2}$ erwähnten Standardskalarproduktes auf $V \times V$ von Bedeutung (vgl. auch (4.7e)).

Man kann nun umgekehrt leicht einsehen, daß die Unterräume eines endlich-dimensionalen K-Vektorraumes V gerade den Lösungsmengen homogener linearer Gleichungssysteme entsprechen. Ist $\mathfrak{a}^T = (a^1, \ldots, a^n)$ eine Basis von V, so ist gemäß Lemma 4.1 eine lineare Funktion $x^* \in V^*$ vollständig durch die Werte

$$x^*(a^\nu) = \langle x^*, a^\nu \rangle = \alpha_\nu \in K \quad (\nu = 1, \ldots, n) \tag{4.7c}$$

bestimmt, und hiermit ist

$$\langle x^*, x\rangle = \sum_{\nu=1}^{n} \alpha_\nu \cdot x_\nu, \quad \text{falls} \quad x = \sum_{\nu=1}^{n} x_\nu \cdot a^\nu. \tag{4.7d}$$

Wir bilden auf $V \times V$ das bilineare Standardskalarprodukt bzgl. $\mathfrak{a}^T = (a^1, \ldots, a^n)$, d.h.

$$B: V \times V \to K \quad \text{mit}$$

$$V \times V \ni (y, x) \mapsto B(y, x) = \sum_{\nu=1}^{n} y_\nu \cdot x_\nu, \quad \text{falls} \tag{4.7e}$$

$$y = \sum_{\nu=1}^{n} y_\nu \cdot a^\nu, \quad x = \sum_{\nu=1}^{n} x_\nu \cdot a^\nu.$$

Wählt man nun speziell

$$a := \sum_{\nu=1}^{n} \alpha_\nu \cdot a^\nu, \quad \alpha_\nu \text{ gemäß } (4.7c), \tag{4.7f}$$

so ist

$$V \ni a \leftrightarrow x^* \in V^* \quad \text{gemäß } (4.7c, f) \text{ mit}$$

$$B(a, x) = \sum_{\nu=1}^{n} \alpha_\nu \cdot x_\nu = \langle x^*, x\rangle \quad \text{für alle} \quad x \in V, \tag{4.7g}$$

also:

$$(x^*, x) \mapsto \langle x^*, x\rangle = \sum_{\nu=1}^{n} \alpha_\nu \cdot x_\nu$$

$$\begin{array}{ccc}
x^* & V^* \times V & \longrightarrow K \\
\updownarrow & \updownarrow \quad \updownarrow & \\
a & V \times V & B(a, x) = \sum_{\nu=1}^{n} \alpha_\nu \cdot x_\nu,
\end{array} \tag{4.7g'}$$

$$\left(\sum_{\nu=1}^{n} \alpha_\nu \cdot a^\nu, x\right) = (a, x)$$

d.h. beide Ausdrücke sind als lineare Funktionen von $x \in V$ wertgleich (hierdurch erhält man eine erneute Isomorphie zwischen V und V^*); man beachte, daß (4.7d, g) die Gestalt der linken Seite einer linearen Gleichung für die gesuchten Größen $x_1, x_2, \ldots, x_n$ hat.

Ist nun $U \leq V$ ein m-dimensionaler Teilraum von V, so ist $U^\perp \leq V^*$ bei Zugrundelegung von $\langle \, , \, \rangle$ (bzw. $U^\perp \leq V$ bei Zugrundelegung von B gemäß (4.7e)) $(n-m)$-dimensional; somit gibt es

$n-m$ linear unabhängige lineare Funktionen $x_1^*, \ldots, x_{n-m}^*$ (bzw. Vektoren $b^1, \ldots, b^{n-m}$ aus V), die $U^\perp$ erzeugen. Also folgt (vgl. auch (4.7′)):

$$x = \sum_{\nu=1}^{n} x_\nu \cdot a^\nu \in U \Leftrightarrow$$

$$\langle x_1^*, x \rangle \;\; = B(b^1, x) = \sum_{\nu=1}^{n} \alpha_{1,\nu} \cdot x_\nu = 0$$
$$\vdots \qquad\qquad \vdots \qquad\qquad\qquad \vdots \qquad\qquad \tag{4.7h}$$
$$\langle x_{n-m}^*, x \rangle = B(b^{n-m}, x) = \sum_{\nu=1}^{n} \alpha_{n-m,\nu} \cdot x_\nu = 0,$$

wobei $\quad \langle x_\rho^*, a^\nu \rangle = B(b^\rho, a^\nu) = \alpha_{\rho.\nu}$

$$(\rho = 1, \ldots, n-m; \; \nu = 1, \ldots, n).$$

Hieraus erhalten wir:

Satz 4.10. *Ist V ein n-dimensionaler K-Vektorraum mit Basis $a^T = (a^1, \ldots, a^n)$, so läßt sich jeder m-dimensionale lineare Teilraum $U \le V$ gemäß (4.7h) als Lösungsmenge eines homogenen linearen Gleichungssystems vom Rang $n-m$ beschreiben; umgekehrt liefert die Lösungsmenge jedes solchen Gleichungssystems gemäß (4.7h) einen m-dimensionalen Teilraum U von V.*

Bemerkung 10. In Matrizenschreibweise besagt (4.7h):

$$(\alpha_{\rho.\nu}) \cdot \tilde{x} = 0_{K'} \quad \text{mit} \quad (\alpha_{\rho.\nu}) \in K^{r.n}. \tag{4.7i}$$

Die Lösungsmengen zu inhomogenen linearen Gleichungssystemen lassen sich in dieser Terminologie als Nebenklasssen zu linearen Teilräumen interpretieren.

Bemerkung 11. Falls speziell $V = \mathbf{R}^n$ und $B(y, x) = \langle y, x \rangle$ das Standardskalarprodukt auf $\mathbf{R}^n \times \mathbf{R}^n$ ist, so stimmen der hier erwähnte Orthogonalitätsbegriff und die zugehörigen Berechnungsprobleme gerade mit den Fragestellungen aus EA, §7 überein.

Wir illustrieren diesen Gegenstand an einigen Beispielen:

[3a] Sei $V = K \cdot a^1 + K \cdot a^2 + K \cdot a^3$ ein K-Vektorraum mit $\dim_K(V) = 3$ und Basis $a^T = (a^1, a^2, a^3)$. Wir betrachten den 1-dimensionalen Teilraum

$$U = K \cdot (a^1 + a^2 + a^3) = K \cdot d^1 \le V \quad \text{mit} \quad d^1 = a^1 + a^2 + a^3.$$

Dann ist $U^\perp \le V^*$ (bzgl. $\langle\,,\,\rangle$ gebildet) von der K-Dimension 2 und hat offensichtlich die K-Basis

$$x_1^* = a_1^* - a_2^*, \qquad x_2^* = a_2^* - a_3^*,$$

falls a_ν^* die zu a^ν duale Basis ist. Folglich gilt

$$\langle x_1^*, a^1 \rangle = 1, \quad \langle x_1^*, a^2 \rangle = -1, \quad \langle x_1^*, a^3 \rangle = 0,$$
$$\langle x_2^*, a^1 \rangle = 0, \quad \langle x_2^*, a^2 \rangle = 1, \qquad \langle x_2^*, a^3 \rangle = -1;$$

also erhält man gemäß (4.7h) das Gleichungssystem

$$\begin{aligned} x_1 - x_2 &= 0, \\ x_2 - x_3 &= 0 \end{aligned} \quad \text{für} \quad \tilde{x}^T = (x_1, x_2, x_3) \quad \text{mit} \quad x = \tilde{x}^T \cdot a \in U.$$

$\boxed{\text{3b}}$ Sei $V = \mathbf{R}^n$ und $\langle\,,\,\rangle$ das Standardskalarprodukt auf $\mathbf{R}^n \times \mathbf{R}^n$ (vgl. auch EA, §7), d.h.

$$\langle \tilde{y}, \tilde{x} \rangle = \sum_{\nu=1}^{n} y_\nu \cdot x_\nu \quad \text{mit} \quad \tilde{y}, \tilde{x} \in \mathbf{R}^n.$$

Ist dabei speziell $n = 4$ und sind $\tilde{y}^{1T} = (1, 1, 0, 0)$ und $\tilde{y}^{2T} = (0, 0, 1, 1) \in \mathbf{R}^4$, so ist $\dim_{\mathbf{R}}(U_1) = 2$, falls $U_1 = [\tilde{y}^1, \tilde{y}^2]$. Folglich werden die Vektoren $\tilde{x} \in U_1^\perp \le \mathbf{R}^4$ durch das lineare Gleichungssystem

$$x_1 + x_2 = 0, \quad x_3 + x_4 = 0$$

bestimmt; somit ist $U_1^\perp = [\tilde{x}^1, \tilde{x}^2]$ mit $\dim_{\mathbf{R}}(U_1^\perp) = 2$ und $\tilde{x}^{1T} = (1, -1, 0, 0)$, $\tilde{x}^{2T} = (0, 0, 1, -1)$.

Wir zitieren nun noch ein an $\boxed{\text{1a}}$ anschließendes Beispiel für eine Bilinearform aus der Analysis.

$\boxed{4}$ Sei $V = W = \mathscr{C}([0, 1], \mathbf{R})$ der $\mathbf{R}$-Vektorraum der auf $[0, 1]$ stetigen reellwertigen Funktionen. Dann betrachten wir

$$B : V \times V \to \mathbf{R} \quad \text{mit} \quad B(g, f) = \int_0^1 (g \cdot f)\, dx \quad \text{für} \quad f, g \in V.$$

Diese Abbildung ist offensichtlich bilinear und sogar nicht ausgeartet. Denn ist $f \ne \mathbf{0}$ (Nullfunktion) aus V, so ist auch $f^2 = f \cdot f \ne \mathbf{0}$ aus V und $f^2(x) \ge 0$ auf $[0, 1]$. Dann gibt es ein Teilintervall, in dem

$$f^2(x) > \varepsilon > 0 \quad (\varepsilon \text{ geeignet, } \in \mathbf{R}),$$

und somit ist

$$\int_0^1 (f \cdot f)\, dx > 0\,.$$

Ist speziell auf $[0, 1]$ $\quad g(x) = x$ und $f(x) = \frac{2}{3} - x$, so ist

$$B(g, f) = \int_0^1 \left(x \cdot \left(\frac{2}{3} - x \right) \right) dx = \frac{1}{3} - \frac{1}{3} = 0,$$

d.h. g und f sind orthogonal bzgl. der angegebenen Bilinearfunktion.

Bezeichnung. Ist V ein K-Vektorraum, so heißt eine (nicht notwendig nicht ausgeartete) Bilinearform

$$B: V \times V \to K \quad \text{mit} \quad (y, x) \mapsto B(y, x) \tag{4.8}$$

eine *symmetrische Bilinearform*, falls gilt:

$$B(y, x) = B(x, y) \quad \text{für alle} \quad x, y \in V. \tag{4.8a}$$

Man bestätigt dann sofort

Bemerkung 12. Ist V n-dimensionaler K-Vektorraum, so ist B genau dann symmetrisch, wenn bzgl. einer Basis $\mathfrak{a}$ gilt

$$G_{\mathfrak{a}}^B = (G_{\mathfrak{a}}^B)^T \quad \text{(symmetrische Matrix)}. \tag{4.8b}$$

Ergänzungen zu §4

Wir geben zunächst einige rechnerisch-technische Ergänzungen an, die mit dem Begriff Fundamentalmatrix einer Bilinearform zusammenhängen. Sei dazu wie in (4.5c) und den nachfolgenden Formeln

$$\dim_K(W) = m < \infty, \quad \mathfrak{b}^T = (b^1, \dots, b^m) \quad \text{Basis von } W,$$
$$\dim_K(V) = n < \infty, \quad \mathfrak{a}^T = (a^1, \dots, a^n) \quad \text{Basis von } V, \tag{4.9}$$
$$W \ni y = \tilde{y}^T \cdot \mathfrak{b}, \quad V \ni x = \tilde{x}^T \cdot \mathfrak{a},$$
$$\tilde{y}^T = (y_1, \dots, y_m) \in K^m, \qquad \tilde{x}^T = (x_1, \dots, x_n) \in K^n\,;$$

weiter sei B eine Bilinearform auf $W \times V$, d.h.

$$B: W \times V \to K \quad \text{mit}$$

$$B(y, x) = \sum_{\mu=1}^m \sum_{\nu=1}^n y_\mu x_\nu B(b^\mu, a^\nu) = \tilde{y}^T \cdot G_{\mathfrak{b},\mathfrak{a}}^B \cdot \tilde{x} \tag{4.9a}$$

$$\text{und} \quad G = G_{\mathfrak{b},\mathfrak{a}}^B = (g_{\mu\nu}) \in K^{m,n}, \quad \text{wobei } g_{\mu\nu} = B(b^\mu, a^\nu),$$

Sind unter diesen Voraussetzungen nun noch andere Basisspalten $\mathfrak{b}'$ von W

100

bzw. a' von V gegeben, und ist etwa (vgl. (3.8c–f)):

$$y = \tilde{y}^T \cdot b = \tilde{y}'^T \cdot b' \quad \text{mit} \quad b' = S_1^T \cdot b, \quad \tilde{y}'^T = (y_1', \dots, y_m'),$$
$$\tilde{y} = S_1 \cdot \tilde{y}', \quad S_1 = (s_{ij}^1) \in K^{m,m}, \quad |S_1| \neq 0 \quad \text{und}$$
$$x = \tilde{x}^T \cdot a = \tilde{x}'^T \cdot a' \quad \text{mit} \quad a' = S^T \cdot a, \quad \tilde{x}'^T = (x_1', \dots, x_n'),$$
$$\tilde{x} = S \cdot \tilde{x}', \quad S = (s_{ij}) \in K^{n,n}, \quad |S| \neq 0,$$

(4.9b)

so gilt für B auch bzgl. dieser neuen Basen

$$B(y, x) = \sum_{\mu=1}^m \sum_{\nu=1}^n y_\mu' \cdot x_\nu' \cdot B(b'^\mu, a'^\nu) = \tilde{y}'^T \cdot G_{b',a'}^B \cdot \tilde{x}'$$

(4.9c)

mit $\quad G' = G_{b',a'}^B = (g_{\mu\nu}')$, wobei $\quad g_{\mu\nu}' = B(b'^\mu, a'^\nu)$.

Aus der Beziehung $\tilde{y}'^T \cdot G' \cdot \tilde{x}' = \tilde{y}^T \cdot G \cdot \tilde{x}$ folgt gemäß (4.9b)

$$\boxed{\begin{array}{l} G_{b',a'}^B = S_1^T \cdot G_{b,a}^B \cdot S, \quad \text{wobei} \\[4pt] S_1 \in K^{m,m} \quad \text{mit} \quad |S_1| \neq 0, \quad S \in K^{n,n} \quad \text{mit} \quad |S| \neq 0. \end{array}}$$

(4.9d)

Ist speziell B eine Bilinearform auf $V \times V$ gemäß Bemerkung 7 bzw. (4.8), d.h.

$$B(y, x) = \tilde{y}^T \cdot G_a^B \cdot \tilde{x}, \quad G_a^B = (g_{\mu\nu}) \in K^{n,n}$$
$$\text{mit} \quad g_{\mu\nu} = B(a^\mu, a^\nu),$$

(4.9e)

dann gilt bei einem Basiswechsel in V von a zu a' (vgl. (4.9b)), d.h.

$$\tilde{x} = S \cdot \tilde{x}' \quad \text{und} \quad \tilde{y} = S \cdot \tilde{y}' \quad \text{mit} \quad a' = S^T \cdot a$$

(4.9e')

für die Fundamentalmatrizen die Formel

$$\boxed{G_{a'}^B = S^T \cdot G_a^B \cdot S \text{ bzw. } G_a^B = (S^{-1})^T \cdot G_{a'}^B \cdot S^{-1}.}$$

(4.9f)

Definition 4G. Ist K ein Körper, so heißen zwei Matrizen $G, G' \in K^{n,n}$ *kongruent*, falls

$$G' = S^T \cdot G \cdot S \quad \text{mit} \quad S \in K^{n,n}, \quad |S| \neq 0$$

(4.9g)

(in Zeichen: $G' \underset{K}{\equiv} G$).

Bemerkung 13. Die Kongruenz von Matrizen ist eine Äquivalenzrelation in $K^{n,n}$.

Zusammenfassend können wir sagen

Lemma 4.11. *Sind V und W endlich-dimensionale K-Vektorräume gemäß (4.9) und ist B eine Bilinearform auf $W \times V$, so gelten für B und die zugehörigen Fundamentalmatrizen bei Basiswechsel die Formeln (4.9a,*

101

b, c, d). *Ist speziell B eine Bilinearform auf $V \times V$, so sind die Fundamental-matrizen $G = G_a^B$ bzw. $G' = G_{a'}^B$, bzgl. verschiedener Basen jeweils zueinander kongruent gemäß* (4.9e, f, g).

In Definition 4A hatten wir den Dualraum V^* eines K-Vektorraumes V eingeführt und in Definition 4C duale Raumpaare $(W, V; B)$ definiert; über die Zusammenhänge zwischen diesen Begriffen zeigen wir

Satz 4.12. *Es sei V ein K-Vektorraum, $(W, V; B)$ ein duales Raumpaar und V^* der Dualraum von V; dann gibt es genau eine injektive lineare Abbildung*

$$\psi: W \to V^* \quad mit \quad y \mapsto \psi(y) \in V^*, \tag{4.10}$$

so daß für jedes $y \in W$ gilt

$$B(y, x) = \langle \psi(y), x \rangle \quad für \, alle \quad x \in V. \tag{4.10a}$$

Bemerkung 14. In diesem Sinne ist also $(V^*, V; \langle \ , \ \rangle)$ das allgemeinste duale Raumpaar, d.h. das folgende Diagramm ist kommutativ:

$$
\begin{array}{ccc}
V^* \times V \xrightarrow{\langle , \rangle} K & (\psi(y), x) \mapsto \langle \psi(y), x \rangle = B(y, x) \\
\psi \uparrow \quad \mathrm{id}_V \uparrow \ \diagup B \quad \mathrm{mit} \quad \uparrow \ \diagup \\
W \times V & (y, x)
\end{array}
\tag{4.10b}
$$

Für endlich-dimensionales V ist V^* sogar bis auf Isomorphie eindeutig bestimmt.

Beweis von Satz 4.12. 1. *Eindeutigkeit von ψ.* Hat ψ die in (4.10), (4.10a) genannten Eigenschaften, so ist $\psi(y) = y^* \in V^*$ und wegen

$$y^*(x) = \langle \psi(y), x \rangle = B(y, x) \quad für \, alle \quad x \in V \tag{4.10c}$$

ist jeweils $y^* \in V^*$ durch B und y eindeutig festgelegt als lineare Funktion, woraus die Eindeutigkeitsaussage folgt.

2. *Existenz von ψ.* Falls $y \in W$ (fest), so wird durch

$$y^*(x) := B(y, x) \quad für \quad x \in V \tag{4.10d}$$

ein $y^* \in V^*$ eindeutig bestimmt, d.h. eine Abbildung

$$\psi: W \to V^* \quad mit \quad \psi(y) := y^*$$

erklärt. Wegen der Bilinearität von B ist ψ sogar K-linear. Ist nun $\psi(y) = 0^*$ (Nullform), so muß $y = 0_W$ sein, da B nicht ausgeartet ist. Somit ist ψ injektiv, wie behauptet wurde. ∎

Ist V ein K-Vektorraum, V^* sein Dualraum, so kann man den Dualraum

$$V^{**} := \text{Dualraum von } V^* = \{x^{**} \mid x^{**} \text{ lineare Funktion auf } V^*\},$$

d.h. $\langle x^{**}, x^* \rangle \in K \quad für \quad x^{**} \in V^{**}, \quad x^* \in V^* \tag{4.10e}$

(linear in jedem Argument)

102

bilden. Nun hat aber jedes $x \in V$ vermöge der Festsetzung

$$x(x^*) := \langle x^*, x \rangle \quad \text{für} \quad x^* \in V^* \tag{4.10f}$$

die Eigenschaft einer linearen Funktion auf V^*. Also liefert

$$i: V \to V^{**}, \quad \text{d.h.}$$
$$i(x) = x^{**} \quad \text{mit} \quad \langle x^*, x \rangle =: \langle x^{**}, x^* \rangle \tag{4.10g}$$
$$\text{für alle} \quad x^* \in V^*,$$

eine offensichtlich injektive K-lineare Abbildung von V in V^{**}, die man auch die *natürliche Injektion* nennt.

Bemerkung 15. Falls V endlich-dimensionaler K-Vektorraum ist, so ist i gemäß (4.10g) ein K-Isomorphismus; ist jedoch V unendlich-dimensional, so ist $i(V) \subsetneqq V^{**}$, wie man sich an Beispielen klar machen kann (vgl. Aufgabe **13**).

Bezeichnung. Sind V und W K-Vektorräume und V^* bzw. W^* ihre dualen Vektorräume, so nennt man K-lineare Abbildungen

$$\begin{aligned} \varphi: V \to W \quad &\text{mit} \quad x \mapsto \varphi(x), \\ \varphi^*: W^* \to V^* \quad &\text{mit} \quad y^* \mapsto \varphi^*(y^*) \end{aligned} \tag{4.10h}$$

duale Abbildungen, falls gilt

$$\langle y^*, \varphi(x) \rangle = \langle \varphi^*(y^*), x \rangle \quad \text{für alle} \quad x \in V \quad \text{und} \quad y^* \in W^*; \tag{4.10i}$$

φ^* wird dann auch eine zu φ duale Abbildung genannt.

Auf die Eigenschaften der dualen Abbildung gehen wir zunächst exemplarisch in den Aufgaben ein; in Kapitel III kommen wir auf diese Frage noch einmal systematisch zu sprechen.

In den Beispielen der Paragraphen 3 und 4 hatten wir gesehen, daß die algebraische Struktur des K-Vektorraumes in der Mathematik in ganz verschiedenartigen Situationen auftreten kann und daß die Folgebegriffe (wie z.B. lineare Abbildung, Bilinearform) sehr unterschiedliche konkrete Bedeutung haben können. Auch in der Physik tritt der Vektorbegriff in vielen Situationen und mit recht unterschiedlichen konkreten physikalischen Bedeutungen auf; wir wollen hier mit einigen exemplarischen Bemerkungen illustrieren, wie man den Zusammenhang zwischen physikalischer Anwendung und unserer Theorie herstellen kann.

Bemerkung 16. In vielen physikalischen Anwendungen sind die auftretenden Vektoren x bzw. $\tilde{x}$ bzw. $\mathbf{x}$ usw. Elemente eines 3-dimensionalen $\mathbf{R}$-Vektorraumes V, in dem eine geeignete (i.a. orthonormale, vgl. EA, §7) Basis $\mathfrak{a}$ zugrundegelegt wird. Bzgl. $\mathfrak{a}$ wird dann V mit einer Abbildung $\varphi_{\mathfrak{a}}$ isomorph auf $\mathbf{R}^3$ abgebildet und in $\mathbf{R}^3$ gerechnet; allerdings muß man darauf achten, daß nur solche Vektoren miteinander rechnerisch verknüpft werden, bei denen dies physikalisch sinnvoll ist.

$\boxed{5}$ $V = $ Translationsvektorraum des 3-dimensionalen Anschauungsraumes E_3 über $\mathbf{R}$ (vgl. EA, §5, S. 104). Werden die $\vec{x} \in V$ auf einen
festen Punkt (Ursprung O) angewendet, so erhält man eine Be-
schreibung von E_3 durch Ortsvektoren $\vec{x} = \overrightarrow{OP}$.

$\boxed{5a}$ Es sei $P \in E_3$ ein fester Punkt des Anschauungsraumes und V der
3-dimensionale $\mathbf{R}$-Vektorraum der (z.B. mechanischen) Kräfte $\mathbf{p}$,
die an P angreifen können. Durch Vektoraddition kann man dann
resultierende Kräfte zu vorgegebenen $\mathbf{p}_1, \ldots, \mathbf{p}_r$ berechnen
(Rechnung in $\mathbf{R}^3$).

$\boxed{5b}$ Der Schwerpunkt von endlich vielen Massenpunkten P läßt sich als
Linearkombination der gewichteten Ortsvektoren $\overrightarrow{OP}$ zu den Massenpunkten beschreiben.

$\boxed{5c}$ Die in der Mechanik eines Massenpunktes auftretende Vektor-
gleichung $(*)$: $\mathfrak{K} = m \cdot \mathfrak{b}$, wobei $\mathfrak{K}$ der Kraftvektor, $\mathfrak{b}$ der Be-
schleunigungsvektor und m die Masse des Massenpunktes ist,
enthält auf beiden Seiten des Gleichheitszeichens Vektoren $\mathfrak{K}$ bzw.
$\mathfrak{b}$ aus verschiedenen Vektorräumen. Nach jeweils geeigneter
isomorpher Abbildung dieser $\mathbf{R}$-Vektorräume in $\mathbf{R}^3$ wird $(*)$
mathematisch sinnvoll; oder man kann die Multiplikation mit m als
$\mathbf{R}$-Isomorphismus aus dem Vektorraum der Beschleunigungen in
den der Kräfte interpretieren (man beachte die zugehörigen
physikalischen Dimensionsbetrachtungen); ähnliches gilt in der
Elektrostatik bei der Gleichung $\mathfrak{K} = e \cdot \mathfrak{E}$.

$\boxed{5d}$ Wird ein Massenpunkt im Schwerefeld um die Strecke $\mathfrak{r}$ geradlinig
verschoben, so gilt für die Arbeit die Formel

$$A = \mathfrak{K} \cdot \mathfrak{r} \quad (\mathfrak{K} = \text{Kraftvektor})$$

mit dem "Skalarprodukt $\cdot$"; dabei sind die beiden Vektoren in
diesem Produkt aus verschiedenen Vektorräumen, d.h. eigentlich
liegt kein Skalarprodukt, sondern eine bilineare Funktion vor. Bedeutet φ den kanonischen Homomorphismus aus dem Kraftvektor-
raum auf $\mathbf{R}^3$ und ψ den kanonischen Homomorphismus des Trans-
lationsraumes auf $\mathbf{R}^3$ (jeweils bzgl. geeigneter fester Basen),
so ist

$$A = \mathfrak{K} \cdot \mathfrak{r} = \langle \varphi(\mathfrak{K}), \psi(\mathfrak{r}) \rangle$$

mit dem Standardskalarprodukt.

Bemerkung 17. In der Physik treten Vektoren oft im Zusammenhang mit
Vektorfunktionen bzw. mit *Vektorfeldern* auf; zur Bedeutung dieser Begriffe geben wir die nachfolgende Illustration an.

$\boxed{6}$ Sei $[\alpha, \beta] \subseteq \mathbf{R}$ ein Intervall, V ein 3-dimensionaler $\mathbf{R}$-Vektorraum,
so nennt man eine Abbildung

$$x:[\alpha, \beta] \to V \quad \text{mit} \quad t \mapsto x(t) \in V \tag{4.11}$$

eine *Vektorfunktion* auf $[\alpha, \beta]$ definiert mit Werten in V (bei der

Interpretation als Ortsvektoren werden so z.B. Kurven be-
schrieben). Für jedes feste $t_0 \in [\alpha, \beta]$ ist dann $x(t_0)$ ein Vektor aus V im
Sinne unserer Theorie. Ist ein festes (cartesisches) Koordinatensy-
stem in V vorgegeben und ist dabei

$$x(t) = (x_1(t), x_2(t), x_3(t)), \tag{4.11a}$$

so ist dieses Tripel ein Element aus R^3, wobei R der Ring der auf
$[\alpha, \beta]$ definierten reellwertigen Funktionen ist; damit kann im Sinne
von §1 gerechnet werden (dies wird bei Anwendung von Methoden
der reellen Analysis verwendet).

[6a] Ist E_3 der 3-dimensionale Anschauungsraum, V ein 3-dimensio-
naler Vektorraum, so nennt man eine Abbildung

$$f : E_3 \to V \quad \text{mit} \quad E_3 \ni P \leftrightarrow \overrightarrow{OP} = x \mapsto (x) \in V \tag{4.11b}$$

ein *Vektorfeld auf* E_3; jedem Punkt $P \in E_3$ ist somit ein Vektor $f(x)$
aus einem Vektorraum V (oder einem zu V isomorphen Raum)
zugeordnet. Untersucht wird dann diese (vektorwertige) Abbildung.

Aufgaben zu §4

1. a) Sei $n \in \mathbf{N}$, $V = \mathbf{R}^n$ und W der $\mathbf{R}$-Vektorraum der auf V definierten
reellwertigen Funktionen. Untersuche, welche der folgenden Funk-
tionen linear ist:

$$\varphi_1 : V \to \mathbf{R} \quad \text{mit} \quad \mathbf{R}^n \ni x \mapsto \varphi_1(x), \qquad \varphi_1 \in W \text{ (fest)}$$

$$\varphi_2 : W \to \mathbf{R} \quad \text{mit} \quad W \ni f \mapsto \varphi_2(f) = f(y_0), \qquad y_0 \in V \text{ (fest)}$$

$$\varphi_3 : W \to \mathbf{R} \quad \text{mit} \quad W \ni f \mapsto (\varphi_2(f))^2.$$

b) Sei V der $\mathbf{C}$-Vektorraum, der für $|z| < 1$ konvergenten Potenz-
reihen $f(z) = \sum_{\nu=0}^{\infty} a_\nu z^\nu$ über $\mathbf{C}$. Untersuche, welche der folgenden
Abbildungen $V \to \mathbf{C}$ linear ist:

$$V \ni f(z) \mapsto \varphi(f(z)) = f(\tfrac{1}{2}), \quad V \ni f(z) \mapsto \psi(f(z)) = \sum_{\nu=0}^{\infty} a_\nu,$$

$$V \ni f(z) \mapsto \psi_1(f(z)) = \sum_{\nu=0}^{5} a_\nu.$$

2. Vgl. Aufgabe **7** zu §3: Es seien $K = \mathbf{Z}/5\mathbf{Z}$, V, e^T, $b^T = \{b^1, b^2, b^3, b^4\}$
und $\psi : V \to K$ wie dort gegeben; es seien $e^{*T} = (e_1^*, \dots, e_4^*)$ bzw.
$b^{*T} = (b_1^*, \dots, b_4^*)$ die hierzu dualen Basen.
a) Stelle ψ durch die Basen e^{*T} bzw. b^{*T} dar.
b) Drücke e^{*T} durch b^{*T} aus und umgekehrt.

3. Es sei V ein K-Vektorraum mit $\dim_K(V) = n < \infty$.
a) Begründe Bemerkung 3.
b) Begründe Bemerkung 4.

4. a) Es sei V ein n-dimensionaler K-Vektorraum, $a^T = (a^1, \dots, a^n)$
und $b^T = (b^1, \dots, b^n)$ seien Basen von V mit $a = S \cdot b$, $S \in K^{n,n}$.
Zeige: Für die zugehörigen dualen Basen gilt: $b^* = S^T \cdot a^*$.

b) Es sei V der $\mathbf{R}$-Vektorraum der Polynome vom Grad ≤ 4 mit der Basis

$$\mathfrak{a}^T = (a^1, \ldots, a^5) = (1 - X^2, 2X + X^3, X + X^2 + X^3, X + X^3, X^2 + X^4).$$

Sei $\varphi_{a,n} \in \mathrm{Hom}_{\mathbf{R}}(V, \mathbf{R})$ gegeben durch $\langle \varphi_{a,n}, f \rangle = f^{(n)}(a)$ für alle $f \in V$, $a \in \mathbf{R}$. Bestimme die duale Basis $\mathfrak{a}^{*T}$ und stelle $\varphi_{a,n}$ als Linearkombination der a_ν^* dar.

5. a) Es seien $W = \mathbf{Q}^4$, $V = \mathbf{Q}^3$, $\tilde{y}^T = (y_1, \ldots, y_4) \in W$, $\tilde{x}^T = (x_1, x_2, x_3) \in V$. Sei weiter $B: W \times V \to \mathbf{Q}$ gegeben durch

$$B(\tilde{y}, \tilde{x}) = x_1 y_2 + 2x_1 y_3 + x_2 y_1 - x_2 y_3 + x_3 y_1 - x_3 y_2 + 3x_3 y_4.$$

Zeige, daß B eine Bilinearform ist und bestimme die Fundamentalmatrix bzgl. der Standardbasen. Ist B nicht ausgeartet?

b) Es sei K ein Körper, $A, C \in K^{n,n}$ $(n > 1)$ und $B(A, C) = \mathrm{Sp}(A \cdot C)$ gemäß (4.4f). Zeige, daß B nicht ausgeartet ist.

6. a) Es sei B eine Bilinearform auf $W \times V$, wobei W und V K-Vektorräume sind. Begründe (4.3a').

b) Führe den Beweis von Lemma 4.6 aus.

7. Im $\mathbf{R}$-Vektorraum $V = \mathbf{R}^{2,2}$ betrachte die Basen $\mathfrak{a}^T$ und $\mathfrak{b}^T$ mit

$$a^1 = \begin{pmatrix} 1 & 0 \\ 0 & 1 \end{pmatrix}, \quad a^2 = \begin{pmatrix} 0 & 1 \\ 1 & 0 \end{pmatrix}, \quad a^3 = \begin{pmatrix} 0 & 0 \\ \frac{1}{2} & \frac{1}{3} \end{pmatrix}, \quad a^4 = \begin{pmatrix} 0 & 0 \\ 0 & 2 \end{pmatrix}$$

bzw.

$$b^1 = \begin{pmatrix} 1 & 0 \\ 0 & 0 \end{pmatrix}, \quad b^2 = \begin{pmatrix} 0 & 1 \\ 0 & 1 \end{pmatrix}, \quad b^3 = \begin{pmatrix} 0 & 0 \\ 1 & 1 \end{pmatrix}, \quad b^4 = \begin{pmatrix} 1 & 0 \\ 0 & 1 \end{pmatrix}.$$

Sei $B(A, C) = \mathrm{Sp}(A \cdot C)$ gemäß (4.4f) auf $V \times V$.
a) Ist B nicht ausgeartet? Bestimme $G_{a,a}^B$, $G_{b,b}^B$, $G_{a,b}^B$ und $G_{b,a}^B$.
b) Sei $U_1 = [a^1, a^2, a^3]$. Bestimme $U_1^\perp$ und $\dim_{\mathbf{R}} U_1^\perp$.

8. a) Unter den Voraussetzungen und Bezeichnungen von Satz 4.9 sei $U \leq V$. Zeige, wie man $U^\perp$ in W durch ein lineares Gleichungssystem bestimmen kann.

b) Beweise (4.7').

c) Begründe Bemerkung 8.

9. a) Es sei K ein Körper, $A \in K^{m,n}$, $\tilde{b} \in K^m$. Zeige, daß die Lösungsgesamtheit von $\{\tilde{x} \in K^n \mid A \cdot \tilde{x} = \tilde{b}\}$ als Nebenklasse eines linearen Teilraumes beschrieben werden kann.

b) Begründe Bemerkung 12.

10. Es sei $W = V = \mathbf{R}^4$, e^T die Standardbasis von $\mathbf{R}^4$ und $\mathfrak{b}^T = (e^1 + e^4, e^2, e^3 + e^1, e^2 + e^4)$. Sei die Bilinearform $B: W \times V \to \mathbf{R}$ durch die Fundamentalmatrix

$$G_{b,e}^B = \begin{pmatrix} 1 & 0 & 1 & 0 \\ 2 & 2 & 0 & 3 \\ 1 & 1 & 1 & \frac{3}{2} \\ 1 & 0 & 1 & 3 \end{pmatrix} \in \mathbf{R}^{4,4} \text{ gegeben.}$$

a) Zeige, daß B nicht ausgeartet ist und berechne $B(y, x)$ für $y =$ $(1, 2, 1, 0)$, $x = b^1 + b^2$. Ist B symmetrisch?

b) Sei $U_2 \leq V$ mit $U_2 = [(1, 0, 0, 1), (0, 1, 0, 1), (2, 3, 0, 5)]$. Bestimme eine Basis von U_2 und berechne $U_2^\perp$ und $\dim_{\mathbf{R}}(U_2^\perp)$.

c) Sei $U_1 = [e^1, e^3] \leq W$. Bestimme $U_1^\perp$ und $\dim_{\mathbf{R}}(U_1^\perp)$.

d) Bestimme $G_{e,e}^B$ und $G_{b,b}^B$.

11. Zeige, daß die Kongruenz von Matrizen eine Äquivalenzrelation in $K^{n,n}$ liefert.

12. Es sei V ein K-Vektorraum, V^* sein Dualraum und $\langle , \rangle$ das Standardskalarprodukt auf $V^* \times V$. Zeige: Ist $U_1 \leq V^*$, so ist $(U_1, V; \langle , \rangle)$ genau dann ein duales Raumpaar, wenn $U_1^\perp = (\mathbf{0}_V)$. Vergleiche dies mit Satz 4.12 und Bemerkung 14.

13. Es sei K ein Körper und $V = K[X]$ (der Vektorraum der Polynome) mit der Basis $a^\nu = X^\nu (\nu \in \mathbf{N}_0)$.

a) Zeige, daß die $a_\nu^* \in V^*$ mit $a_\nu^*(a^\mu) = \delta_{\nu\mu}$ linear unabhängig sind. Ist $x^* \in V^*$ mit

$$x^* \left(\sum_{\nu=0}^{n} a_\nu X^\nu \right) = \sum_{\nu=0}^{n} a_\nu$$

im Erzeugnis der a_ν^* enthalten?

b) Beweise die Existenz eines $x^{**} \in V^{**}$, das nicht Bild eines $x \in V$ bei der natürlichen Inklusion i ist.

14. Untersuche, ob $(4.7')$ auch bei unendlich-dimensionalen K-Vektorräumen gilt.

15. Es seien V und W K-Vektorräume und V^* bzw. W^* die zugehörigen Dualräume, $\varphi : V \to W$ sei eine K-lineare Abbildung.

a) Zeige: Zu φ gibt es genau eine duale Abbildung $\varphi^* : W^* \to V^*$.

b) Es seien V und W endlich-dimensional, a^T Basis von V, b^T Basis von W und a^{*T} bzw. b^{*T} die zugehörigen Dualbasen. Zeige: $A_{b^*,a^*}^{\varphi^*} = A^T$, wobei $A = A_{a,b}^\varphi$ ist.

c) Zeige: Kern $\varphi^* = (\text{Bild } \varphi)^\perp$ und beweise

φ injektiv $\Leftrightarrow$ φ^* surjektiv,

φ surjektiv $\Leftrightarrow$ φ^* injektiv.

Kapitel II
K-Endomorphismen, Elementarteiler und Normalformenprobleme

In diesem Kapitel soll die allgemeine Theorie der K-Endomorphismen dargestellt werden und zusammen mit der Elementarteilertheorie zur Lösung der Normalformenprobleme für Matrizen verwendet werden. Auf die Untersuchung spezieller Endomorphismen, die mit zusätzlichen Strukturen verträglich sind, kommen wir in Kapitel III in der Fortsetzung dieses Buches zurück. Dazu führen wir die Überlegungen der Paragraphen 2 und 3 in zwei zunächst verschiedenartig aussehenden Richtungen weiter und zeigen dann, wie durch Zusammenfügung dieser Theorien ein zentrales Problem der linearen Algebra und der Matrizentheorie zu einem inhaltlich durchsichtigen Abschluß gebracht werden kann. Während in §3, aufbauend auf der Theorie der K-Vektorräume, Allgemeines über die Gesamtheit $\mathrm{Hom}_K(V, W)$ K-linearer Abbildungen φ hergeleitet wurde, wollen wir uns hier mehr für ein $\varphi \in \mathrm{Hom}_K(V, W)$ als Einzelobjekt interessieren. Dabei werden wir uns damit beschäftigen, wie eine solche lineare Abbildung, insbesondere ein K-Endomorphismus, auf Teilräume und einzelne Vektoren wirkt; die Untersuchung algebraischer Eigenschaften von φ (als Element einer algebraischen Struktur) gehört hierzu ebenso, wie der Zusammenhang mit der Matrizentheorie und die sich stellenden Normalformenprobleme. Andererseits stellt sich nach §2 die Frage, ob Teile der Vektorraumtheorie auch für R-Linksmoduln über beliebigen Ringen R gelten. Für endlich-erzeugbare Moduln über Hauptidealringen R gibt es eine weitgehend diesen Ansprüchen genügende Theorie, die in dem auch für viele andere mathematischen Belange wichtigen Elementarteilersatz gipfelt. Die Tatsache, daß jeder K-Endomorphismus φ auf einem K-Vektorraum die Struktur eines R-Moduls ($R = K[X]$ Polynomring über K) induziert, liefert dann den Schlüssel zu einer Lösung und zum Verständnis der erwähnten Normalformenprobleme; hiermit werden zugleich wichtige Klassifikationen von Matrizen geliefert.

Die einzelnen Paragraphen dieses Kapitels werden wieder mit Ergänzungen und Aufgaben versehen, wobei die für die eigentliche lineare Algebra wichtigen Gegenstände jeweils in den Hauptteilen der Paragraphen enthalten sind; bei ihrer Behandlung bevorzugen wir rechnerische Verfahren, um insbesondere die Sicherheit in der Matrizenrechnung zu vertiefen. In den Ergänzungen der Paragraphen werden jeweils weiterführende Fragen andiskutiert, die für den mathematisch und insbesondere algebraisch interessierten Leser von Wert sein könnten; sie können gegebenenfalls bei der ersten Lektüre übergangen werden (vgl. auch die «Hinweise für den Leser»).

In dem sehr umfangreichen §5 wird die Theorie der endlich-dimensionalen K-Vektorräume weitergeführt und zunächst festgestellt, wie die einem K-Homomorphismus $\varphi: V \to W$ zugeordneten Matrizen $A^{\varphi}_{a,b}$ von der Auswahl der Basen a bzw. b abhängen; dies führt zur Einteilung der Matrizen in *äquivalente*, $A \sim B$, und die Invarianten bei dieser Klasseneinteilung sind jeweils die Ränge $r(A)$ der Matrizen A. Die entsprechende Fragestellung für die Endomorphismen φ von V und ihre zugeordneten Matrizen A^{φ}_{a} führt zum Begriff der *Ähnlichkeit* $A \approx B$ von Matrizen und der zugehörigen Klasseneinteilung in $K^{n,n}$. Für einen Endomorphismus φ (bzw. die zugeordneten $A = A^{\varphi}_{a}$) werden die Begriffe φ-invariante bzw. φ-zyklische Unterräume, Eigenwerte und Eigenvektoren von φ und charakteristisches Polynom $\chi(X; \varphi)$ eingeführt und diskutiert. Ein $\varphi \in \mathrm{End}_K(V)$ ist ein Element eines Erweiterungsringes von K, das algebraisch über dem Grundkörper K ist; hieran schließt sich die Einführung und Diskussion des Minimalpolynoms $m(X; \varphi)$, sowie der Satz von Cayley-Hamilton an. Durch ein φ wird eine $K[X]$-Linksmodulstruktur von V gegeben; das *Normalformenproblem* für Matrizen (Repräsentanten der Ähnlichkeitsklassen) und seine Spezialfälle der diagonalisierbaren bzw. triagonalisierbaren Matrizen werden andiskutiert. – In den Ergänzungen des Paragraphen wird noch auf den Fahnensatz, auf Spur und Determinante von Endomorphismen und auf die Zerlegung von $\chi(X; \varphi)$ und $m(X; \varphi)$ in irreduzible Faktoren eingegangen.

In §6 führen wir zunächst Hauptidealringe R ein und leiten die Hauptaussagen ihrer Arithmetik her; euklidische Ringe und damit speziell Polynomringe $K[X]$ (K ein Körper) liefern Beispiele für solche Hauptidealringe. Anschließend werden R-Linksmoduln M (insbesondere endlich-erzeugbare) über Hauptidealringen untersucht und die Ergebnisse der Theorie der K-Vektorräume auf diesen Fall sinngemäß übertragen. Nach «Abtrennung» des Torsionsbestandteiles untersuchen wir zunächst freie R-Moduln F von endlichem Rang und charakterisieren ihre Teilmoduln N durch Rang und die zugehörigen Elementarteiler (Satz 6.10). Dabei wird der Elementarteilersatz in der Matrizenvariante (im Hauptteil zunächst für euklidische Ringe) als Aussage der *unimodularen Äquivalenz* $A \sim_R D$ (bzgl. R) hergeleitet, woraus auch die Analogie zur normalen Äquivalenz in §5 ersichtlich wird. Die Charakterisierung der Elementarteiler durch die entsprechenden Determinantenteiler schließt sich an. Mit Hilfe des Homomorphiesatzes, einer endlichen Präsentation und über primäre Zerlegungen folgt dann die Typisierung beliebiger endlich-erzeugter R-Moduln. – In den Ergänzungen dieses Paragraphen werden zunächst einige Beweisteile des Elementarteilersatzes für den allgemeinen Fall nachgetragen; weiter geben wir für den Fall $R = \mathbf{Z}$ die Typisierung endlich-erzeugter abelscher Gruppen (Basissatz) an, womit zugleich eine ausreichende Grundlage für Anwendungen in der algebraischen Zahlentheorie gegeben ist.

Der anschließende §7 enthält zunächst den für die Matrizentheorie wichtigen Satz, daß zwei Matrizen $A, B \in K^{n,n}$ genau dann ähnlich sind ($A \approx B$, gemäß §5), wenn ihre zugehörigen charakteristischen Matrizen (gemäß §6) unimodular äquivalent sind, d.h.: $(A - X \cdot E) \sim_{K[X]} (B - X \cdot E)$. Hieraus folgen genauere Aussagen für die Ähnlichkeitsinvarianten, wie z.B. $\chi(X; A)$ und $m(X; A)$, und dann das allgemeine Diagonalisierungskriterium für Matrizen $A \in K^{n,n}$. Da ein endlich-dimensionaler K-Vektorraum V bzgl. $\varphi \in \mathrm{End}_K(V)$ ein $K[X]$-Torsionsmodul ist, entspricht der zugehörigen Zerlegung in φ-zyklische Teilmoduln eine Matrix in *rationaler Normalform* mit Begleitmatrizen auf der Hauptdiagonalen. Durch Heranziehung primärer Zerlegungen gemäß der Zerlegung von $\chi(X; \varphi)$ läßt sich diese Aussage noch verfeinern. Zerfällt speziell $\chi(X; \varphi)$ vollständig in Linearfaktoren (dies trifft für alle Matrizen zu, falls K algebraisch-abgeschlossen ist, wie z.B. der komplexe Zahlkörper $K = \mathbf{C}$), so kann man eine Matrix A in die *Jordansche Normalform* überführen, d.h. durch Jordan-Matrizen $J_r(\lambda_\nu)$ beschreiben; abkürzende Berechnungsverfahren für die Normalform werden hergeleitet.- In den Ergänzungen zu §7 wird im Hinblick auf die Bedeutung für die Anwendung diskutiert, wie man den Fundamentalsatz der Algebra für $\mathbf{C}$ elementar begründen kann und darüber hinaus auch auf Beispiele aus den Anwendungen

110

eingegangen. Schließlich wird noch geschildert, wie das Analogon der Jordanschen Normalform über **R** aussieht.

§5 Algebraische Eigenschaften von K-Homomorphismen, K-Endomorphismen und zugeordneten Matrizen

Wir werden in diesem Paragraphen algebraische Eigenschaften linearer Abbildungen φ von K-Vektorräumen, insbesondere bei endlicher Dimension, untersuchen. Zugleich wollen wir die Zusammenhänge zwischen K-Homomorphismen φ und zugeordneten Matrizen diskutieren und festellen, wie sich die Eigenschaften der φ bei den zugeordneten Matrizen auswirken.

Dazu bezeichne K einen Körper und wir betrachten K-Vektorräume und K-Homomorphismen gemäß:

$$V \text{ mit } \dim_K(V) = n < \infty \text{ und Basis } a^T = (a^1, \ldots, a^n),$$

$$W \text{ mit } \dim_K(W) = m < \infty \text{ und Basis } b^T = (b^1, \ldots, b^m), \quad (5.1)$$

$$\varphi \in \mathrm{Hom}_K(V, W), \text{ d.h. } \varphi : V \to W \quad (\varphi \text{ } K\text{-Homomorphismus}).$$

Dann ist nach Satz 3.9 (vgl. (3.6)–(3.6e)):

$$x = \tilde{x}^T \cdot a = \sum_{\nu=1}^{n} x_\nu a^\nu \mapsto \varphi(x) = \tilde{y}^T \cdot b = \sum_{\mu=1}^{m} y_\mu b^\mu,$$

$$\tilde{\varphi}_{a,b} = \varphi_b \circ \varphi \circ \varphi_a^{-1} = \tilde{\varphi}_A : K^n \to K^m \quad \text{mit}$$

$$\tilde{y} = \begin{pmatrix} y_1 \\ \vdots \\ y_m \end{pmatrix} = A \cdot \begin{pmatrix} x_1 \\ \vdots \\ x_n \end{pmatrix} = \tilde{\varphi}_A(\tilde{x}) = A \cdot \tilde{x}, \quad \text{wobei} \qquad (5.1a)$$

$$A = \begin{pmatrix} \alpha_{11} & \cdots & \alpha_{1n} \\ \vdots & & \vdots \\ \alpha_{m1} & \cdots & \alpha_{mn} \end{pmatrix} = A_{a,b}^\varphi.$$

Sind nun in V und W jeweils noch andere Basen a' bzw. b' gegeben, so daß also nach (3.8g', h) bei einem Basiswechsel gilt:

$$\text{in } V : a' = S^T \cdot a, \quad x = \tilde{x}^T \cdot a = \tilde{x}'^T \cdot a' \quad \text{mit}$$

$$\tilde{x} = \tilde{\varphi}_S(\tilde{x}') = S \cdot \tilde{x}',$$

$$S = S_a^{a'} = \begin{pmatrix} s_{11} & \cdots & s_{1n} \\ \vdots & & \vdots \\ s_{n1} & \cdots & s_{nn} \end{pmatrix} \in K^{n,n}, \quad |S| \neq 0 \qquad (5.1b)$$

$$\text{und} \quad \tilde{\varphi}_S = \varphi_a \circ \varphi_{a'}^{-1} : K^n \to K^n,$$

bzw.

$$\text{in } W : b' = U^T \cdot b, \quad \varphi(x) = \tilde{y}^T \cdot b = \tilde{y}'^T \cdot b' \quad \text{mit}$$

$$\tilde{y} = \tilde{\varphi}_U(\tilde{y}') = U \cdot \tilde{y}',$$

$$U = U_b^{b'} = \begin{pmatrix} u_{11} & \cdots & u_{1m} \\ \vdots & & \vdots \\ u_{m1} & \cdots & u_{mm} \end{pmatrix} \in K^{m,m}, \quad |U| \neq 0 \qquad (5.1b')$$

$$\text{und} \quad \tilde{\varphi}_U = \varphi_b \circ \varphi_{b'}^{-1} : K^m \to K^m \, ;$$

dann haben wir bzgl. der neuen Basen

$$x = \tilde{x}'^T \cdot a' \longmapsto \varphi(x) = \tilde{y}'^T \cdot b',$$

$$\tilde{\varphi}_{a',b'} = \varphi_{b'} \circ \varphi \circ \varphi_{a'}^{-1} = \tilde{\varphi}_B : K^n \to K^m \quad \text{mit}$$

$$\tilde{y}' = \begin{pmatrix} y'_1 \\ \vdots \\ y'_m \end{pmatrix} = B \cdot \begin{pmatrix} x'_1 \\ \vdots \\ x'_n \end{pmatrix} = \tilde{\varphi}_B(\tilde{x}') = B \cdot \tilde{x}', \quad \text{wobei} \qquad (5.1c)$$

$$B = B_{a',b'}^\varphi = \begin{pmatrix} \beta_{11} & \cdots & \beta_{1n} \\ \vdots & & \vdots \\ \beta_{m1} & \cdots & \beta_{mn} \end{pmatrix} = U^{-1} \cdot A \cdot S,$$

wie aus dem nachfolgenden Diagramm zu entnehmen ist:

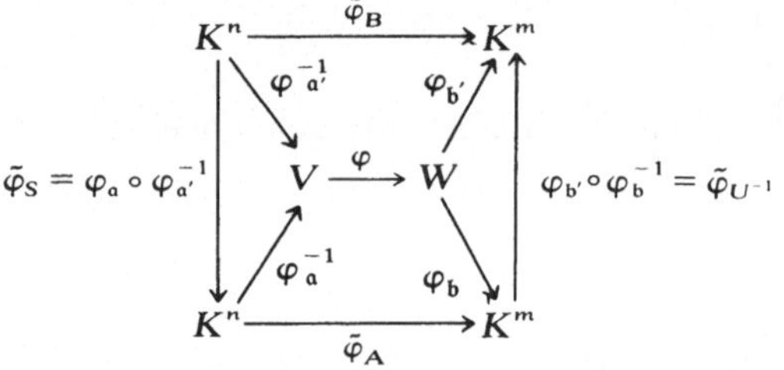

$$\tilde{\varphi}_S = \varphi_a \circ \varphi_{a'}^{-1} \quad\quad \varphi_{b'} \circ \varphi_b^{-1} = \tilde{\varphi}_{U^{-1}} \qquad (5.1c')$$

d.h. $\quad \tilde{\varphi}_B = \tilde{\varphi}_{U^{-1}} \circ \tilde{\varphi}_A \circ \tilde{\varphi}_S$.

Man beachte, daß hierbei U und S jeweils invertierbare Matrizen sind, d.h. daß $|U| \neq 0$ und $|S| \neq 0$.

Lemma 5.1. *Ist $\varphi : V \to W$ eine lineare Abbildung endlich-dimensionaler K-Vektorräume V, W, so gilt für die zugehörigen Matrizen bei einem Basiswechsel in V und W gemäß (5.1), (5.1a, b, c):*

$$\boxed{B = B_{a',b'}^\varphi = U^{-1} \cdot A \cdot S = U^{-1} \cdot A_{a,b}^\varphi \cdot S} \qquad (5.1d)$$

für

$$\tilde{\varphi}_{a,b} = \tilde{\varphi}_A, \quad \tilde{\varphi}_{a',b'} = \tilde{\varphi}_B \quad \textit{mit } a' = S^T \cdot a, \quad b' = U^T \cdot b,$$
$$S \in K^{n,n} \textit{ und } |S| \neq 0, \quad U \in K^{m,m} \textit{ und } |U| \neq 0. \tag{5.1d'}$$

Definition 5A. Zwei Matrizen $A, B \in K^{m,n}$ heißen *äquivalent* (in Zeichen: $A \sim B$), wenn folgendes gilt:

$$\boxed{A \sim B :\Leftrightarrow B = U_1 \cdot A \cdot S_1} \tag{5.1e}$$

mit invertierbarem $U_1 \in K^{m,m}$, d.h. $|U_1| \neq 0$,

mit invertierbarem $S_1 \in K^{n,n}$, d.h. $|S_1| \neq 0$.

Bemerkung 1. (5.1e) liefert eine Äquivalenzrelation in $K^{m,n}$ und somit eine Einteilung der Matrizen von $K^{m,n}$ in Äquivalenzklassen.

Beweis. Man rechnet sofort nach, daß

$$A \sim A \quad (U_1 = E_{m,m}, \ S_1 = E_{n,n})$$
$$A \sim B \Rightarrow B \sim A \quad (A = U_1^{-1} \cdot B \cdot S_1^{-1}) \tag{5.1f}$$
$$A \sim B, B \sim C \Rightarrow A \sim C, \text{ denn}$$

$$B = U_1 \cdot A \cdot S_1, \quad C = U_2 \cdot B \cdot S_2 = (U_2 \cdot U_1) A (S_1 \cdot S_2). \quad \blacksquare$$

Mit dem Ansatz $U_1 = U^{-1}$ und $S_1 = S$ folgt, daß in (5.1d) die Matrizen A und B äquivalent im Sinne der Definition 5A sind.

Bei den weiteren Ausführungen dieses Kapitels verwenden wir oft die folgende abkürzende

Bezeichnung. Ist R ein kommutativer Ring (oder Körper) und sind $A_\rho \in R^{n_\rho, n_\rho}$ ($\rho = 1, \ldots, r$) jeweils quadratische Matrizen

sowie $O_{k,l} \in R^{k,l}$ (zugehörige Nullmatrix), $\tag{5.1g}$

so bezeichne

$$\text{diag}(A_1, \ldots, A_r; O_{k,l})$$

$$= \begin{pmatrix} A_1 & & & 0 & \\ & A_2 & & & 0 \\ & & \ddots & & \\ 0 & & & A_r & \\ & 0 & & & O_{k,l} \end{pmatrix} \in R^{n_1 + \cdots + n_r + k, \, n_1 + \cdots + n_r + l} \tag{5.1h}$$

die Matrix aus $R^{m,n}$ $(m = n_1 + \cdots + n_r + k; n = n_1 + \cdots + n_r + l)$, bei der auf der Hauptdiagonalen zunächst die Kästchen A_ρ und dann $O_{k,l}$ steht und der Rest mit Nullen aufgefüllt ist; sind speziell alle diese Kästchen 1-reihig ($n_\rho = 1$), d.h. $A_\rho = (\alpha_\rho)$, so schreiben wir abkürzend

$$\operatorname{diag}(\alpha_1, \ldots \alpha_r; O_{k,l}). \tag{5.1i}$$

Wir formulieren nun folgendes erste Hauptergebnis:

Satz 5.2. *Ist* $\varphi: V \to W$ *gemäß* (5.1) *und* (5.1a) *eine K-lineare Abbildung endlich-dimensionaler K-Vektorräume, so entsprechen* φ *bzgl. verschiedenen Basisspalten von* V *bzw.* W *gemäß* (5.1d) *äquivalente Matrizen aus* $K^{m,n}$; *bei der Äquivalenzrelation* $A \sim B$ *in* $K^{m,n}$ *nach Definition* 5A *ist ein* A *äquivalent zu genau einer Matrix der Form*

$$D_r = \left.\begin{pmatrix}
\overset{r-\text{mal}}{\begin{matrix}1 & 0 & \cdots & 0\\ 0 & & & \\ & & & 0\\ 0 & \cdots & 0 & 1\end{matrix}} & \vdots & \begin{matrix}0 & \cdots & 0\\ \vdots & & \vdots\\ & & \\ 0 & \cdots & 0\end{matrix}\\
\hline
\begin{matrix}0 & \cdots & 0\\ \vdots & & \vdots\\ 0 & \cdots & 0\end{matrix} & \vdots & \begin{matrix}0 & \cdots & 0\\ \vdots & & \vdots\\ 0 & \cdots & 0\end{matrix}
\end{pmatrix}\right\} r\text{-mal}$$

$$= \operatorname{diag}(1, \ldots, 1; O_{m-r,n-r})$$
$$= U_1 \cdot A \cdot S_1 \sim A \in K^{m,n} \tag{5.2}$$

mit $|U_1| \neq 0$, $|S_1| \neq 0$, $0 \leq r(A) = \operatorname{Rang}(A)$. *Die möglichen Werte des Ranges* $r = r(A)$ *mit*

$$0 \leq r(A) \leq \operatorname{Min}(m, n) \tag{5.2a}$$

liefern gemäß (5.2) *ein vollständiges Repräsentantensystem der Äquivalenzklassen von Matrizen aus* $K^{m,n}$.

Beweis. 1. Daß φ bzgl. verschiedener Basen äquivalente Matrizen aus $K^{m,n}$ entsprechen, wurde bereits gezeigt.
2. Sei nun $A \in K^{m,n}$ eine Matrix mit dem Rang $r = r(A) \leq \operatorname{Min}(m, n)$; wir betrachten die Hilfsabbildung

$$\tilde{\varphi}_A: K^n \to K^m \quad \text{mit} \tag{5.2b}$$

$$\tilde{x} = \begin{pmatrix}x_1\\ \vdots\\ x_n\end{pmatrix} \mapsto \tilde{\varphi}_A(\tilde{x}) = A \cdot \tilde{x} \in K^m.$$

114

Da nun $\tilde{\varphi}_A(K^n) = \text{Bild}(\tilde{\varphi}_A)$ von den Spalten von A erzeugt wird, folgt mit Satz 3.7 und (3.4c)

$$\dim_K(K^n) = \dim_K(\text{Kern } \tilde{\varphi}_A) + r,$$
$$r = r(A) = \dim_K(\tilde{\varphi}_A(K^n)). \tag{5.2b'}$$

Ist nun $(a^{r+1}, a^{r+2}, \ldots, a^n)$ eine Basiszeile von Kern $\tilde{\varphi}_A$, so kann diese etwa durch $a^1, \ldots, a^r$ zu einer Basis von K^n ergänzt werden (Satz 3.3). Dann bilden $b^1 = \tilde{\varphi}_A(a^1), \ldots, b^r = \tilde{\varphi}_A(a^r)$ eine Basis von $\tilde{\varphi}_A(K^n)$, die etwa durch $b^{r+1}, \ldots, b^m$ zu einer Basis von K^m ergänzt werden kann. Bzgl. der Basen $\mathfrak{a}^T = (a^1, \ldots, a^n)$ von K^n und $\mathfrak{b}^T = (b^1, \ldots, b^m)$ von K^m entspricht aber $\tilde{\varphi}_A$ gerade die Matrix D_r gemäß (5.2), d.h. $A \sim D_r$ wegen 1.

3. Ist weiter $B \in K^{m,n}$ mit $A \sim B$, d.h. $A = U_1 \cdot B \cdot S_1$, so kann man Basen von K^n bzw. K^m angeben, bzgl. denen $\tilde{\varphi}_A$ die Matrix B zugeordnet ist. Dann ist' also $r(A) = \dim_K(\tilde{\varphi}_A(K^n)) = r(B)$. Umgekehrt folgt aus $r(A) = r = r(B)$ nach 2. $A \sim D_r$ und $B \sim D_r$, also $A \sim B$; schließlich ist in (5.2) $r(D_\mu) = \mu$ $(\mu = 0, 1, \ldots, \text{Min}(n, m))$, d.h. Matrizen aus $K^{m,n}$ verschiedenen Ranges sind nicht äquivalent; zusammen folgt die Behauptung. ∎

Aus den obigen Überlegungen folgt weiter

Bemerkung 2. Ist $A \in K^{m,n}$ und sind $U_1 \in K^{m,m}$ bzw. $S_1 \in K^{n,n}$ invertierbare Matrizen, so gilt

$$r(A) = r(AS_1), \qquad r(A) = r(U_1 A), \tag{5.2c}$$

d.h. bei der Multiplikation mit invertierbaren Matrizen ändert sich der Rang nicht.

Definition 5B. Ist $\varphi : V \to W$ gemäß (5.1) eine lineare Abbildung endlich-dimensionaler K-Vektorräume, so nennt man

$$\text{Rg}(\varphi) = r(A^{\varphi}_{\mathfrak{a},\mathfrak{b}}) = \dim_K(\varphi(V)) = r \tag{5.2d}$$

den *Rang* der Abbildung φ und

$$\text{Def}(\varphi) = \dim_K(\text{Kern}(\varphi)) = n - r, \qquad r = \text{Rg}(\varphi) \tag{5.2e}$$

den *Defekt* der Abbildung φ; die Worte Rang und Defekt werden sinngemäß auf zugeordnete Matrizen übertragen.

Durch einfache Rechnung bestätigt man

Bemerkung 3. Sind V, W und X endlich-dimensionale K-Vektorräume und $\varphi : V \to W$ bzw. $\psi : W \to X$ lineare Abbildungen,

115

so gilt

$$\mathrm{Rg}\,\varphi + \mathrm{Rg}\,\psi - \dim_K W \le \mathrm{Rg}(\psi \circ \varphi) \le \mathrm{Min}(\mathrm{Rg}\,\psi, \mathrm{Rg}\,\varphi). \quad (5.2f)$$

Hieraus ließe sich erneut Bemerkung 2 folgern.

Bemerkung 4. Die Matrizen U_1 und S_1, die in (5.2) die Äquivalenz $A \sim D_r$ liefern, sind im allgemeinen nicht eindeutig bestimmt; man kann sie mit Hilfe des Gaußschen Algorithmus nach ähnlichem Schema wie bei der Berechnung der inversen Matrix (vgl. EA, §6, S. 132) bestimmen (siehe hierzu auch $\boxed{1}$ und Aufgabe **2**).

$\boxed{1}$ Sei $K = \mathbf{R}$, $V = \mathbf{R}^3$ mit der Standardbasis $\mathbf{e}^T$ und W von der K-Dimension 4 mit Basis $\mathbf{b}^T = (b^1, \ldots, b^4)$. Wir betrachten die lineare Abbildung

$$\varphi : \mathbf{R}^3 \to W \text{ mit } x = \begin{pmatrix} x_1 \\ x_2 \\ x_3 \end{pmatrix} \mapsto \varphi(x) = \sum_{\mu=1}^{4} y_\mu b^\mu,$$

$$\text{wobei} \quad \begin{pmatrix} y_1 \\ \vdots \\ y_4 \end{pmatrix} = A \cdot x = \begin{pmatrix} 0 & 1 & 0 \\ 1 & 0 & 0 \\ -1 & 0 & 1 \\ -1 & 0 & 1 \end{pmatrix} \cdot \begin{pmatrix} x_1 \\ x_2 \\ x_3 \end{pmatrix}.$$

Sei nun $a'^T = (a'^1, a'^2, a'^3)$ Basis von $\mathbf{R}^3$ mit

$$\begin{pmatrix} x_1 \\ x_2 \\ x_3 \end{pmatrix} = S \cdot \begin{pmatrix} x'_1 \\ x'_2 \\ x'_3 \end{pmatrix} \quad \text{und} \quad S = \begin{pmatrix} 1 & 0 & 0 \\ 0 & 1 & 0 \\ 1 & 0 & 1 \end{pmatrix}$$

bzw. $b'^T = (b'^1, \ldots, b'^4)$ Basis von W mit

$$\begin{pmatrix} y'_1 \\ \vdots \\ y'_4 \end{pmatrix} = U^{-1} \begin{pmatrix} y_1 \\ \vdots \\ y_4 \end{pmatrix} \quad \text{und} \quad U^{-1} = \begin{pmatrix} 0 & 1 & 0 & 0 \\ 1 & 0 & 0 & 0 \\ 0 & 0 & 1 & 0 \\ 0 & 0 & 1 & -1 \end{pmatrix}.$$

Also gilt bzgl. a' bzw. b' für $\varphi : \mathbf{R}^3 \to W$:

$$x = \sum_{\nu=1}^{3} x'_\nu a'^\nu \mapsto \varphi(x) = y = \sum_{\mu=1}^{4} y'_\mu b'^\mu \quad \text{mit} \quad \begin{pmatrix} y'_1 \\ \vdots \\ y'_4 \end{pmatrix} = D_3 \begin{pmatrix} x'_1 \\ \vdots \\ x'_3 \end{pmatrix},$$

$$\text{d.h.} \quad B = U^{-1} \cdot A \cdot S = \begin{pmatrix} 1 & 0 & 0 \\ 0 & 1 & 0 \\ 0 & 0 & 1 \\ 0 & 0 & 0 \end{pmatrix} = D_3 \in K^{4,3},$$

womit die Form (5.2) erreicht ist.

Wir betrachten nun den folgenden wichtigen Spezialfall dieser Überlegungen. Es sei (vgl. Satz 2.9):

V ein K-Vektorraum,

$(\text{End}_K(V); +, \circ)$ der Endomorphismenring von V, \hfill (5.3)

der zugleich ein K-Vektorraum ist.

Ist speziell V ein K-Vektorraum mit $\dim_K(V) = n < \infty$, so gilt bzgl. einer festen Basisspalte a von V gemäß Satz 3.9:

$$\text{End}_K(V) \ni \varphi \underset{a}{\leftrightarrow} A = A_a^\varphi = (\alpha_{\mu\nu}) \in K^{n,n},$$

$$\text{wobei} \quad x = \tilde{x}^T \cdot a = \sum_{\nu=1}^{n} x_\nu a^\nu \mapsto \varphi(x) = y = \tilde{y}^T \cdot a \in V \quad (5.3a)$$

$$\text{mit} \quad K^n \ni \tilde{x} = \begin{pmatrix} x_1 \\ \vdots \\ x_n \end{pmatrix} \mapsto \tilde{\varphi}_A(\tilde{x}) = \tilde{y} = \begin{pmatrix} y_1 \\ \vdots \\ y_n \end{pmatrix} = A \cdot \begin{pmatrix} x_1 \\ \vdots \\ x_n \end{pmatrix} \in K^n.$$

Bezeichnung. Wir schreiben fortan kürzer A_a^φ für $A_{a,a}^\varphi$.

Die Zuordnung (5.3a) liefert wegen Satz 3.11 sogar einen Ringisomorphismus

$$\text{End}_K(V) \cong K^{n,n}. \hfill (5.3b)$$

Nach (3.7d') gilt hierbei für die Multiplikation in $\text{End}_K(V)$ bzw. $K^{n,n}$:

$$\varphi \underset{a}{\leftrightarrow} A = A_a^\varphi, \quad \psi \underset{a}{\leftrightarrow} B = B_a^\psi \quad \text{gemäß (5.3a)};$$

$$\Rightarrow \psi \circ \varphi \underset{a}{\leftrightarrow} C = C_a^{\psi \circ \varphi} = B \cdot A \quad \text{gemäß (5.3a)};$$

(5.3b')

für $n \geq 2$ ist somit $\text{End}_K(V)$ nichtkommutativ (vgl. §1). Ist a' eine

117

zweite Basisspalte von V, so lassen sich die Ergebnisse von Lemma 5.1 wie folgt übertragen (vgl. auch Satz 3.12); man beachte (5.1c′) und setze dort $W = V$, $K^m = K^n$, $\mathfrak{b} = \mathfrak{a}$ und $\mathfrak{b}' = \mathfrak{a}'$. Somit erhalten wir

Satz 5.3. *Ist V ein n-dimensionaler K-Vektorraum, so ist gemäß (5.3b, b′) der K-Endomorphismenring $\mathrm{End}_K(V)$ von V zum Matrizenring $K^{n,n}$ isomorph; sind*

$$\mathfrak{a}^T = (a^1, \ldots, a^n) \quad bzw.$$
$$\mathfrak{a}'^T = (a'^1, \ldots, a'^n) \quad Basiszeilen\ von\ V,$$
$$V \ni x = \tilde{x}^T \cdot \mathfrak{a} = \tilde{x}'^T \cdot \mathfrak{a}' \quad mit \quad \tilde{x} = S \cdot \tilde{x}',$$
$$S = (s_{\mu\nu}) = S_{\mathfrak{a}}^{\mathfrak{a}'}, \ |S| \neq 0 \quad gemäß\ (3.8g') \tag{5.3c}$$

die Koordinatendarstellungen von x bzgl. dieser Basen, so gilt für die einem $\varphi \in \mathrm{End}_K(V)$ zugeordneten Matrizen $A = A_{\mathfrak{a}}^{\varphi}$ bzw. $A' = A_{\mathfrak{a}'}^{\varphi}$, d.h.

$$x = \tilde{x}^T \cdot \mathfrak{a} \longmapsto \varphi(x) = y = \tilde{y}^T \cdot \mathfrak{a} \quad mit \quad \begin{pmatrix} y_1 \\ \vdots \\ y_n \end{pmatrix} = A \cdot \begin{pmatrix} x_1 \\ \vdots \\ x_n \end{pmatrix}$$

bzw. $\tag{5.3d}$

$$x = \tilde{x}'^T \cdot \mathfrak{a}' \longmapsto \varphi(x) = y = \tilde{y}'^T \cdot \mathfrak{a}' \quad mit \quad \begin{pmatrix} y'_1 \\ \vdots \\ y'_n \end{pmatrix} = A' \cdot \begin{pmatrix} x'_1 \\ \vdots \\ x'_n \end{pmatrix}$$

beim Basiswechsel die Transformationsformel

$$A_{\mathfrak{a}'}^{\varphi} = A' = \begin{pmatrix} \alpha'_{11} & \cdots & \alpha'_{1n} \\ \vdots & & \vdots \\ \alpha'_{n1} & \cdots & \alpha'_{nn} \end{pmatrix} = S^{-1} \cdot A \cdot S$$
$$\text{mit } A = A_{\mathfrak{a}}^{\varphi} = (\alpha_{\mu\nu}). \tag{5.3e}$$

Definition 5C. Sind $A = (\alpha_{\mu\nu})$ und $A' = (\alpha'_{\mu\nu}) \in K^{n,n}$ und gilt

$$A' = S^{-1} \cdot A \cdot S \text{ mit nichtsingulärem } S = (s_{\mu\nu}) \in K^{n,n},$$
$$\text{d.h. } |S| \neq 0, \tag{5.3f}$$

so heißen A und A' ähnliche Matrizen, in Zeichen

$$A' \approx A \Leftrightarrow A' = S^{-1} \cdot A \cdot S \tag{5.3g}$$

Bemerkung 5. Einem K-Endomorphismus von V, $\dim_K(V) = n$, entsprechen bzgl. verschiedener Basen gemäß Satz 5.3 jeweils ähnliche Matrizen aus $K^{n,n}$ und umgekehrt; bei fester Basis von V entsprechen die Matrizen aus $K^{n,n}$ jedoch umkehrbar eindeutig den Endomorphismen von V. Die Ähnlichkeit der Matrizen liefert eine Äquivalenzrelation in $K^{n,n}$.

Beweis der letzten Aussage. Dies folgt aus

$$A = E^{-1} \cdot A \cdot E, \quad \text{d.h.} \quad A \approx A,$$
$$A' \approx A, \quad \text{d.h.} \quad A' = S^{-1} \cdot A \cdot S$$
$$\Rightarrow A = (S^{-1})^{-1} \cdot A' \cdot S^{-1}, \quad \text{d.h.} \quad A \approx A'$$

und

$$A' \approx A, \quad A'' \approx A', \quad \text{d.h.} \quad A' = S^{-1} \cdot A \cdot S, \quad A'' = S_1^{-1} \cdot A' \cdot S_1$$
$$\Rightarrow A'' = S_1^{-1}(S^{-1}AS)S_1 = (SS_1)^{-1}A(SS_1), \quad \text{d.h.} \quad A'' \approx A. \quad \blacksquare$$

Bemerkung 6. Die Aufgabe in jeder Ähnlichkeitsklasse von Matrizen aus $K^{n,n}$ einen (oder zumindest einen im wesentlichen) eindeutig ausgezeichneten Repräsentanten zu finden, nennt man auch das *Normalformenproblem*. Die Beschäftigung hiermit ist einer der Hauptgegenstände dieses Kapitels. Nach Satz 5.3 kommt es dabei darauf an, geeignete Basen von V zu finden, bzgl. denen diese Normalform erreicht wird; man beachte, daß eine solche Basis nicht eindeutig bestimmt sein muß. – Die Lösung des Normalformenproblems, d.h. das Auffinden eines Repräsentantensystems für die Ähnlichkeitsklassen, ist wesentlich schwieriger als die entsprechende Aufgabe bei der Äquivalenz von Matrizen.

$\boxed{\text{1a}}$ Sei $\dim_K(V) = n$ und $\varphi \in \mathrm{End}_K(V)$ sei bzgl. $\mathfrak{a}^T = (a^1, \ldots, a^n)$ die Matrix A zugeordnet; dann ist φ auch bzgl. $\mathfrak{a}'^T = (\rho a^1, \rho a^2, \ldots, \rho a^n)$, $\rho \in K^*$, die Matrix A zugeordnet. – Ist speziell $A = \lambda \cdot E$ eine Skalarmatrix, so sind alle zu A ähnlichen Matrizen gleich A, d.h. A ist der einzige Repräsentant der Ähnlichkeitsklasse; in diesem Fall ist φ bzgl. jeder Basis die Matrix A zugeordnet.

Es sei nun

$$V \text{ ein } K\text{-Vektorraum}, \neq (\mathbf{0}_V),$$
$$(R; +, \cdot) = (\mathrm{End}_K(V); +, \circ) \text{ sein Endomorphismenring.}$$

$$(5.4)$$

Dann erhält man vermöge

$$K \ni \rho \mapsto \rho \cdot \mathrm{id}_V \in R,$$
$$\mathrm{id}_V = 1 = \text{identischer } K\text{-Automorphismus von } V \qquad (5.4a)$$

eine ringisomorphe Einbettung (Inklusion)

$$K \stackrel{i}{\hookrightarrow} R = \mathrm{End}_K(V), \qquad (5.4a')$$

d.h. einen injektiven Ringisomorphismus von K auf einen *Teilring* von R (wir identifizieren anschließend K mit $i(K)$)

$$K \cong K \cdot \mathrm{id}_V \subseteq \mathrm{End}_K(V), \qquad (5.4a'')$$

denn:

$$\rho_1 \dotplus \rho_2 \mapsto (\rho_1 \dotplus \rho_2) \cdot \mathrm{id}_V = (\rho_1 \cdot \mathrm{id}_V) \dotplus (\rho_2 \cdot \mathrm{id}_V),$$

$$\rho \neq 0 \quad \Rightarrow \rho \cdot \mathrm{id}_V \neq \text{Nullabbildung.}$$

Wir behaupten nun folgende algebraische Strukturaussagen:

Satz 5.4. *Unter den Voraussetzungen und Bezeichnungen* (5.4) *wird V bei der Festsetzung der Multiplikation mit $\varphi \in R$ gemäß*

$$\varphi \cdot x := \varphi(x) \quad \textit{für} \quad x \in V, \quad \varphi \in R = \mathrm{End}_K(V) \qquad (5.4b)$$

ein R-Linksmodul; für den Teilring $K = K \cdot \mathrm{id}_V \subseteq R$ gemäß (5.4a, a') *stimmt die Wirkung der $\rho \in K$ auf V mit der der K-Vektorraumstruktur überein.*

Beweis. 1. $(V; +)$ ist nach Voraussetzung eine abelsche Gruppe. Sei $R = \mathrm{End}_K(V)$, $(x, x' \in V; \varphi_1, \varphi_2 \in R)$, so gilt mit $1 = \mathrm{id}_V$:

$$1 \cdot x = \mathrm{id}_V(x) = x \qquad \Rightarrow (\mathrm{U})$$

$$\varphi \cdot (x + x') = \varphi(x + x') = \varphi(x) + \varphi(x') = \varphi \cdot x + \varphi \cdot x' \qquad \Rightarrow (\mathrm{D}_2)$$

$$(\varphi_1 + \varphi_2) \cdot x = (\varphi_1 + \varphi_2)(x) = \varphi_1(x) + \varphi_2(x) = \varphi_1 \cdot x + \varphi_2 \cdot x \qquad \Rightarrow (\mathrm{D}_1)$$

$$(\varphi_1 \circ \varphi_2) \cdot x = \varphi_1(\varphi_2(x)) = \varphi_1 \cdot (\varphi_2 \cdot x); \qquad \Rightarrow (\mathrm{A}^\times)$$

also ist V ein R-Linksmodul.
2. Für $\rho \in K$ gilt

$$\rho \cdot x = \rho \cdot \mathrm{id}_V(x) = (\rho \cdot \mathrm{id}_V) \cdot x,$$

d.h. die R-Linksmodulstruktur stimmt auf dem Teilring $K = K \cdot \mathrm{id}_V$ mit der K-Struktur überein. ∎

120

Satz 5.4a. *Ist in der Situation von Satz 5.4 speziell* $\dim_K(V) = n <$ *∞ und $\mathfrak{a}^T = (\mathfrak{a}^1, \ldots, \mathfrak{a}^n)$ eine Basis von V, so wird bei der Festsetzung*

$$A \cdot x := \varphi(x), \quad x \in V,$$
$$\text{falls } R \ni \varphi \underset{\mathfrak{a}}{\leftrightarrow} A = A_{\mathfrak{a}}^{\varphi} \in K^{n,n} \quad \text{gemäß (5.3a)} \tag{5.4c}$$

V *ein* $K^{n,n}$*-Linksmodul.*

Dies folgt unmittelbar aus der obigen Festsetzung und Satz 5.4.

Bemerkung 7. Bei der zunächst abstrakten Festsetzung (5.4c) wirken die Matrizen aus $K^{n,n}$ von links auf die Vektoren x aus V, wobei gilt

$$B \cdot (A \cdot x) = (B \cdot A) \cdot x ; \tag{5.4d}$$

falls hierbei speziell $V = K^n$ ist und die Vektoren als Spalten geschrieben werden, so stimmt diese Verknüpfung mit der gewohnten Matrizenmultiplikation überein. – Bildet man jedoch wie in (3.7e)

$$\varphi(\mathfrak{a}) = \begin{pmatrix} \varphi(\mathfrak{a}^1) \\ \vdots \\ \varphi(\mathfrak{a}^n) \end{pmatrix} = A^T \cdot \mathfrak{a} \quad \text{mit} \quad A = A_{\mathfrak{a}}^{\varphi} \text{ bzw.}$$
$$\psi(\mathfrak{a}) = B^T \cdot \mathfrak{a}, \quad B = B_{\mathfrak{a}}^{\psi}, \tag{5.4e}$$

so folgt in dieser Terminologie

$$(\psi \circ \varphi)(\mathfrak{a}) = A^T \cdot B^T \cdot \mathfrak{a} = (B \cdot A)^T \cdot \mathfrak{a} \quad \text{mit} \quad B \cdot A = C_{\mathfrak{a}}^{\psi \circ \varphi} \tag{5.4f}$$

(man beachte die Reihenfolge der Matrixfaktoren).

Wir führen nun einige wichtige Folgebegriffe der R-Linksmodulstruktur von V ein.

Definition 5D. Es sei V ein K-Vektorraum und $\varphi \in \mathrm{End}_K(V)$. Dann heißt ein Unterraum $U \leq V$ φ*-invariant* oder φ*-stabil*, falls

$$\varphi(U) \subseteq U, \quad \text{d.h.} \quad \varphi(u) \in U \text{ für alle } u \in U. \tag{5.5}$$

$U \leq V$ heißt φ*-zyklisch* mit dem φ*-erzeugenden Vektor* $x \in U$, falls

$$[x, \varphi(x), \varphi^2(x), \varphi^3(x), \ldots, \varphi^{\nu}(x), \ldots] = U, \tag{5.5a}$$

d.h. wenn die Potenzen von φ (in R) auf x angewendet ein Erzeugendensystem von U liefern. Ein erzeugender Vektor $x \in U$ eines φ-invarianten (und damit φ-zyklischen) Unterraumes U mit $\dim_K(U) = 1$ heißt ein *Eigenvektor von* φ.

Zunächst einige Beispiele hierzu:

$\boxed{2}$ V sei ein K-Vektorraum $\Rightarrow$ $U = V$ bzw. $U = (\mathbf{0}_V)$ sind φ-invariant, sogar für jedes $\varphi \in \mathrm{End}_K(V)$.

$\boxed{2a}$ Ist φ ein fester Endomorphismus von V und $x \neq \mathbf{0}_V$. Dann sind $\varphi(x)$, $\varphi^2(x) = (\varphi \circ \varphi)(x)$, $\varphi^3(x)$, ... Vektoren aus V und U gemäß (5.5a) ist ein Teilraum von V. Folglich ist U φ-invariant und sogar φ-zyklisch (φ-Erzeugnis von x in V).

$\boxed{2b}$ $V = K$-Vektorraum, $R = \mathrm{End}_K(V)$, so ist jeder R-Teilmodul U von V φ-invariant bzgl. aller $\varphi \in R$.

$\boxed{2c}$ Ist $\lambda \in K$, $\mathrm{id}_V \in \mathrm{End}_K(V)$ die identische Abbildung auf V, so ist auch

$$\lambda \cdot \mathrm{id}_V : V \to V \quad \text{mit} \quad x \mapsto \lambda \cdot x = \lambda \cdot \mathrm{id}_V(x) \tag{5.5b}$$

ein K-Endomorphismus, für den V invariant ist.

Ist nun speziell U φ-invariant mit $\dim_K(U) = 1$, so muß für einen erzeugenden Vektor x von U gelten $x \neq \mathbf{0}_V$ und

$$\varphi(x) = \lambda \cdot x, \quad \lambda \in K \ \text{(eindeutig durch } U \text{ bestimmt)}. \tag{5.5c}$$

Wegen (5.5b) ist für jedes $\lambda \in K$ auch $(\varphi - \lambda \cdot \mathrm{id}_V) \in \mathrm{End}_K(V)$ und man kann bilden

$$EV(\varphi, \lambda) := \mathrm{Kern}(\varphi - \lambda \cdot \mathrm{id}_V) \leq V. \tag{5.5d}$$

Definition 5E. Ist x ein Eigenvektor von φ in V, so heißt $\lambda \in K$ gemäß (5.5c) ein *Eigenwert von* φ, genauer der Eigenwert von φ zum Eigenvektor x. Den Teilraum $EV(\varphi, \lambda)$ gemäß (5.5d) nennen wir den *Eigenvektorraum von* φ *zum Eigenwert* λ.

Bemerkung 8. Die Eindeutigkeit von λ in (5.5c) und die Teilraumeigenschaft von $EV(\varphi, \lambda)$ bestätigt man sofort. λ ist genau dann Eigenwert von φ, wenn der formal gemäß (5.5d) definierte Teilraum $EV(\varphi, \lambda) \neq (\mathbf{0}_V)$ ist; es kann jedoch $\dim_K EV(\varphi, \lambda)) > 1$ sein.

$\boxed{3}$ Es sei $K = \mathbf{R}$ und V der $\mathbf{R}$-Vektorraum der auf $\mathbf{R}$ definierten reellwertigen Funktionen f, die dort durch konvergente Potenzreihen gegeben sind (diese f sind also auf $\mathbf{R}$ beliebig oft differenzierbar). Sei

$$\delta : V \to V \quad \text{mit} \quad f \mapsto \delta(f) := f' \ \text{(Ableitung)}.$$

Da f' wieder durch eine auf $\mathbf{R}$ konvergente Potenzreihe gegeben ist, ist diese Abbildung zulässig und offensichtlich ein $\mathbf{R}$-Endomorphismus von V. Ist nun $\lambda \in \mathbf{R}$ eine beliebige aber feste Zahl, so ist λ Eigenwert von δ, denn es gilt

$$f = \exp(\lambda x) = \sum_{n=0}^{\infty} \frac{(\lambda x)^n}{n!} \in V$$

$$\Rightarrow \delta(f) = f' = \lambda \cdot \exp(\lambda x) = \lambda \cdot f$$

$$\Rightarrow (\delta - \lambda \cdot \mathrm{id}_V)(f) = \mathbf{0}_V \quad (\text{Nullfunktion})$$

$$\Rightarrow f = \exp(\lambda x) \text{ ist Eigenvektor zum Eigenwert } \lambda.$$

Unser $\delta \in \mathrm{End}_K(V)$ hat somit jede reelle Zahl λ als Eigenwert.

Im endlich-dimensionalen Fall ist diese Situation jedoch sehr viel einfacher und das Problem direkt einer rechnerischen Behandlung zugängig, wie die nachfolgenden Überlegungen zeigen. Sei:

$$\dim_K(V) = n < \infty, \qquad \mathfrak{a}^T = (a^1, \ldots, a^n) \quad \text{Basis von } V,$$

$$\varphi \in \mathrm{End}_K(V) \quad \text{mit}$$

$$x = \sum_{\nu=1}^{n} x_\nu a^\nu \mapsto \varphi(x) = y = \sum_{\nu=1}^{n} y_\nu a^\nu, \tag{5.5e}$$

$$\text{wobei} \quad \tilde{y} = \begin{pmatrix} y_1 \\ \vdots \\ y_n \end{pmatrix} = A \cdot \begin{pmatrix} x_1 \\ \vdots \\ x_n \end{pmatrix} = A \cdot \tilde{x} \quad \text{mit}$$

$$A = A_\mathfrak{a}^\varphi = \begin{pmatrix} \alpha_{11} & \cdots & \alpha_{1n} \\ \vdots & & \vdots \\ \alpha_{n1} & \cdots & \alpha_{nn} \end{pmatrix}.$$

Folglich ist

$$\varphi(x) = \lambda \cdot x \quad \text{mit} \quad \lambda \in K \quad \text{für} \quad x \neq \mathbf{0}_V$$

$$\Leftrightarrow A \cdot \tilde{x} = \lambda \cdot \tilde{x}, \quad \tilde{x} \neq \mathbf{0}_{K^n} \tag{5.5f}$$

$$\Leftrightarrow (A - \lambda \cdot E) \cdot \begin{pmatrix} x_1 \\ \vdots \\ x_n \end{pmatrix} = \begin{pmatrix} 0 \\ \vdots \\ 0 \end{pmatrix} \quad \begin{array}{l} \text{nichttrivial lösbar} \\ (E = E_{n.n} \text{ Einheitsmatrix}). \end{array}$$

Bezeichnungen. Bekanntlich (vgl. z.B. EA, §6) heißen $\lambda \in K$ für die $(A - \lambda \cdot E) \cdot \tilde{x} = \mathbf{0}_{K^n}$ nichttrivial lösbar ist, *Eigenwerte von A*

und die zugehörigen nichttrivialen Lösungen $\tilde{x} \in K^n$ die *Eigenvektoren von A.*

Also folgt

Satz 5.5. *Ist V ein n-dimensionaler K-Vektorraum mit der Basis* $\mathfrak{a}$ *und ist* $\varphi \in \text{End}_K(V)$ *bzgl.* $\mathfrak{a}$ *die Matrix* $A = A_\mathfrak{a}^\varphi \in K^{n,n}$ *zugeordnet, so stimmen die Eigenwerte von* φ *mit denen von A überein, und die Eigenvektoren* $x \in V$ *von* φ *zu* λ *erhält man aus denen von A gemäß*

$$\mathbf{0}_V \neq \tilde{x}^T \cdot \mathfrak{a} \ \textit{mit} \ (A - \lambda \cdot E) \cdot \tilde{x} = \mathbf{0}_{K^n}, \ \text{d.h.} \quad \tilde{x} \neq \mathbf{0}_{K^n}; \qquad (5.5\text{g})$$

$\lambda \in K$ *ist genau dann Eigenwert, wenn*

$$r(A - \lambda \cdot E) < n.$$

Ist $A \in K^{n,n}$ und X eine Unbestimmte über K, d.h. $R_1 = K[X]$ der Polynomring in X über K, so kann man zur Matrix $A - X \cdot E \in R_1^{n,n}$ nach den Regeln aus §1, insbesondere (1.6b), die Determinante bilden, d.h.

$$\chi(X; A) := |A - X \cdot E| = \begin{vmatrix} \alpha_{11} - X, & \alpha_{12}, & \ldots, & \alpha_{1n} \\ \alpha_{21}, & \alpha_{22} - X, & \ldots, & \alpha_{2n} \\ \vdots & & & \vdots \\ \alpha_{n1}, & \ldots \ldots \ldots \ldots \ldots, & & \alpha_{nn} - X \end{vmatrix}$$

$$= \sum_{f \in \mathfrak{S}_n} \varepsilon(f) \cdot \left[\prod_{\nu=1}^n (\alpha_{\nu f_\nu} - X \cdot \delta_{\nu f_\nu}) \right] \qquad (5.5\text{h})$$

$$= (-1)^n (X^n + (-1)c_{n-1}X^{n-1} + \cdots + (-1)^n \cdot c_0) \in K[X] = R_1,$$

die also ein Polynom aus $K[X]$ ergibt. Bekanntlich nennt man $\chi(X; A)$ das *charakteristische Polynom* oder *Eigenpolynom der Matrix A.*

Nach (1.6h), (1.6o) gilt

$$\chi(X; A) = \chi(X; A^T) \ \text{und} \ \chi(X; A) = \chi(X; S^{-1} \cdot A \cdot S)$$

für invertierbares S, d.h. $|S| \neq 0$, $\qquad (5.5\text{i})$

d.h. zu A transponierte bzw. zu A ähnliche Matrizen haben das gleiche charakteristische Polynom; werden also einem $\varphi \in \text{End}_K(V)$ bzgl. verschiedener Basen $\mathfrak{a}$ bzw. $\mathfrak{a}'$ von V verschiedene Matrizen $A_\mathfrak{a}^\varphi$ bzw. $A_{\mathfrak{a}'}^\varphi$ zugeordnet, so haben alle diese Matrizen das gleiche charakteristische Polynom. Dies ermöglicht uns die

124

Definition 5F. Ist V ein n-dimensionaler K-Vektorraum, ist $\varphi \in \mathrm{End}_K(V)$ bzgl. einer Basis $\mathfrak{a}$ von V die Matrix $A = A_{\mathfrak{a}}^{\varphi}$ zugeordnet, so heißt das von der Auswahl von $\mathfrak{a}$ unabhängige Polynom n-ten Grades

$$\chi(X;\varphi) := \chi(X; A_{\mathfrak{a}}^{\varphi}) \in K[X] \quad \text{gemäß (5.5h)} \tag{5.6}$$

das *charakteristische Polynom* oder *Eigenpolynom* von φ.

Nach den Rechenregeln für den Einsetzprozess in Polynome (vgl. z.B. EA, §9, Definition 9E bis Satz 9.12) gilt für ein beliebiges $\lambda \in K$

$$\chi(\lambda;\varphi) = \chi(\lambda; A_{\mathfrak{a}}^{\varphi}) = |A_{\mathfrak{a}}^{\varphi} - \lambda \cdot E| \in K, \tag{5.6a}$$

und dieser Wert ist 0 genau dann, wenn $r(A_{\mathfrak{a}}^{\varphi} - \lambda \cdot E) < n$, d.h. wenn λ ein Eigenwert von φ, also von $A_{\mathfrak{a}}^{\varphi}$, ist (vgl. §3, Bemerkung 12). Es gibt aber höchstens n Nullstellen von $\chi(X;\varphi)$ und daraus folgt

Satz 5.6. *Ist* $\dim_K(V) = n < \infty$, $\varphi \in \mathrm{End}_K(V)$ *und* $A = A_{\mathfrak{a}}^{\varphi} \in K^{n,n}$ *die* φ *bzgl. der Basis* $\mathfrak{a}$ *zugeordnete Matrix, so hat* φ *höchstens* n *Eigenwerte in* K, *nämlich die Nullstellen des charakteristischen Polynoms* $\chi(X;\varphi)$ *gemäß* (5.6); *die zu einem Eigenwert* $\lambda \in K$ *gehörigen Eigenvektoren erhält man gemäß Satz 5.5, insbesondere* (5.5g).

Bemerkung 9. Die Bestimmung der $EV(\varphi;\lambda)$ läuft also auf die Lösung homogener linearer Gleichungssysteme hinaus. Gilt bei einem Basiswechsel in V

$$x = \tilde{x}^T \cdot \mathfrak{a} = \tilde{x}'^T \cdot \mathfrak{a}' \quad \text{mit} \quad \tilde{x} = S \cdot \tilde{x}', \quad \text{d.h.} \quad \mathfrak{a}' = S^T \cdot \mathfrak{a}, \tag{5.6b}$$

so ist

$$S^{-1} \cdot A_{\mathfrak{a}}^{\varphi} \cdot S = A_{\mathfrak{a}'}^{\varphi}, \tag{5.6c}$$

und

$$
\begin{aligned}
(S^{-1} \cdot A_{\mathfrak{a}}^{\varphi} \cdot S - \lambda \cdot E) \cdot \tilde{x}' = \mathbf{0}_{K^n} \Rightarrow \tilde{x} = S \cdot \tilde{x}', \\
(A_{\mathfrak{a}}^{\varphi} \cdot S - \lambda \cdot S) \cdot \tilde{x}' = \mathbf{0}_{K^n}.
\end{aligned}
\tag{5.6d}
$$

Bei abweichenden Darstellungen tritt hier auch gelegentlich die transponierte Matrix auf (vgl. §3).

$\boxed{3a}$ $K = \mathbf{Q}$, $\dim_{\mathbf{Q}}(V) = 3$ und bzgl. $\mathfrak{a}^T = (a^1, a^2, a^3)$ gelte

$$A := A_{\mathfrak{a}}^{\varphi} = \begin{pmatrix} 0 & 1 & 0 \\ -1 & 0 & 0 \\ 0 & 0 & 2 \end{pmatrix} \in \mathbf{Q}^{3,3}.$$

Dann ist

$$\chi(X;\varphi) = \chi(X; A_a^\varphi) = \begin{vmatrix} -X & 1 & 0 \\ -1 & -X & 0 \\ 0 & 0 & 2-X \end{vmatrix} = (X^2+1)(2-X),$$

d.h. $\lambda_1 = 2 \in \mathbf{Q}$ ist der einzige Eigenwert von φ in $\mathbf{Q}$. Dann hat das System

$$(A - 2 \cdot E) \cdot \tilde{x} = \begin{pmatrix} -2 & 1 & 0 \\ -1 & -2 & 0 \\ 0 & 0 & 0 \end{pmatrix} \cdot \tilde{x} = \mathbf{0}_{\mathbf{Q}^3}$$

die Lösungen $\tilde{x}^T = (0, 0, x_3)$, $x_3 \in \mathbf{Q}$, d.h.

$$U = EV(\varphi, 2) = \mathbf{Q} \cdot a^3 \quad \text{mit} \quad \dim_{\mathbf{Q}}(U) = 1.$$

Sei weiter $b^1 = a^1 + a^3$, $b^2 = a^2 + a^1$, $b^3 = a^1$ eine zweite Basis von V. Dann ist

$$S = \begin{pmatrix} 1 & 1 & 1 \\ 0 & 1 & 0 \\ 1 & 0 & 0 \end{pmatrix} \quad \text{und}$$

$$(A \cdot S - 2 \cdot S) \cdot \tilde{x}' = \begin{pmatrix} -2 & -1 & -2 \\ -1 & -3 & -1 \\ 0 & 0 & 0 \end{pmatrix} \cdot \begin{pmatrix} x_1' \\ x_2' \\ x_3' \end{pmatrix} = \mathbf{0}_{\mathbf{Q}^3}$$

hat die Lösung $\tilde{x}'^T = (t, 0, -t)$, $t \in \mathbf{Q}$, woraus man $(0, 0, t) = \tilde{x}^T$ zurückgewinnt.

Ist V ein K-Vektorraum, so gilt gemäß (5.4), (5.4a) für seinen Endomorphismenring $(\mathrm{End}_K(V); +, \circ)$

$$\mathrm{End}_K(V) \supseteq K \text{ bei der Identifizierung}$$
$$K = K \cdot \mathrm{id}_V \quad \text{gemäß (5.4a)} \tag{5.7}$$

mit den Multiplikationsvorschriften

$$\varphi \circ \psi \text{ Multiplikation in } \mathrm{End}_K(V),$$
$$\varphi^0 := \mathrm{id}_V, \quad \varphi^\nu := \underbrace{\varphi \circ \cdots \circ \varphi}_{\nu\text{-mal}} \quad (\nu \in \mathbf{N}). \tag{5.7a}$$

Entsprechend gilt bei festem $n \in \mathbf{N}$ für den Matrizenring

$$K^{n,n} \supseteq K \quad \text{bei der Identifizierung}$$
$$K = K \cdot E_{n,n} \quad (E_{n,n} \text{ Einheitsmatrix}), \tag{5.7'}$$

mit den Multiplikationsfestsetzungen

$$A^0 := E_{n,n}, \ A^\nu := \underbrace{A \cdots \cdots A}_{\nu\text{-mal}} \ \text{in} \ K^{n,n}. \qquad (5.7\text{a}')$$

In jedem dieser Fälle haben wir also Ringe, die K als Teilring enthalten.

Daneben betrachten wir den Polynomring in X über K (vgl. §1), d.h.

$$K[X] \ni f(X) = \sum_{\nu=0}^{m} a_\nu X^\nu \quad (\text{bzw. } f = 0). \qquad (5.7\text{b})$$

In ein Polynom f aus $K[X]$ kann analog zu (5.6a) (vgl. auch EA, §9) ein Element eines Erweiterungsringes R von $K \subseteq Z(R)$ eingesetzt werden, d.h. man kann bilden

$$f(\varphi) = \sum_{\nu=0}^{m} a_\nu \varphi^\nu \in \mathrm{End}_K(V) \ \text{für} \ f \in K[X], \ \varphi \in \mathrm{End}_K(V), \quad (5.7\text{c})$$

bzw.

$$f(A) = \sum_{\nu=0}^{m} a_\nu A^\nu \in K^{n,n} \quad \text{für} \quad f \in K[X], \quad A \in K^{n,n}. \qquad (5.7\text{c}')$$

Wir illustrieren diese Einsetzprozesse an folgenden Beispielen:

$\boxed{4}$ $\quad K = \mathbf{Q}, \mathbf{Q}^{2,2} \ni A = \begin{pmatrix} 0 & 2 \\ 1 & 0 \end{pmatrix}, \quad A^2 = \begin{pmatrix} 2 & 0 \\ 0 & 2 \end{pmatrix}, \quad E = \begin{pmatrix} 1 & 0 \\ 0 & 1 \end{pmatrix},$

$$f(X) = 3 + 2X \Rightarrow f(A) = 3 \cdot \begin{pmatrix} 1 & 0 \\ 0 & 1 \end{pmatrix} + 2 \cdot \begin{pmatrix} 0 & 2 \\ 1 & 0 \end{pmatrix} = \begin{pmatrix} 3 & 4 \\ 2 & 3 \end{pmatrix},$$

$$g(X) = 1 - X + X^2 \Rightarrow$$

$$g(A) = \begin{pmatrix} 1 & 0 \\ 0 & 1 \end{pmatrix} - \begin{pmatrix} 0 & 2 \\ 1 & 0 \end{pmatrix} + \begin{pmatrix} 2 & 0 \\ 0 & 2 \end{pmatrix} = \begin{pmatrix} 3 & -2 \\ -1 & 3 \end{pmatrix}.$$

Diese Einsetzprozesse sind jeweils durch φ bzw. A eindeutig bestimmte Ringhomomorphismen

$$H_\varphi : K[X] \xrightarrow{H_\varphi} K[\varphi] \subseteq \mathrm{End}_K(V) \quad \text{mit} \quad f(X) \mapsto f(\varphi) \qquad (5.7\text{d})$$

bzw.

$$H_A : K[X] \xrightarrow{H_A} K[A] \subseteq K^{n,n} \quad \text{mit} \quad f(X) \mapsto f(A). \qquad (5.7\text{d}')$$

127

Bezeichnung. In der Situation von (5.7d) bzw. (5.7d') schreiben wir jeweils

$$\text{Bild}(H_\varphi) = \text{Bild}(K[X] \xrightarrow{H_\varphi} \text{End}_K(V)) =: K[\varphi], \qquad (5.7\text{e})$$

$$\text{Bild}(H_A) = \text{Bild}(K[X] \xrightarrow{H_A} K^{n,n}) =: K[A]. \qquad (5.7\text{e}')$$

Aus diesen Festsetzungen bzw. durch einfache Rechnung folgt nun:

Bemerkung 10. $K[\varphi] \subseteq \text{End}_K(V)$ bzw. $K[A] \subseteq K^{n,n}$ sind jeweils kommutative Teilringe. Darüber hinaus gilt: Ist $\varphi \in \text{End}_K(V)$, so hat V selbst und jeder φ-invariante Unterraum zugleich die Struktur eines $K[\varphi]$-Linksmoduls; ist $\dim_K(V) = n < \infty$, und wird bzgl. $\mathfrak{a}^T$ wie in Satz 5.4a φ die Matrix $A = A_\mathfrak{a}^\varphi$ zugeordnet (vgl. (5.4c)), so ist V auch ein $K[A]$-Linksmodul.

Wir vermerken nun als Hilfsmittel das folgende

Lemma 5.7. *Ist R ein Ring mit 1, der zugleich ein K-Vektorraum der $\dim_K(R) = m < \infty$ ist, so gibt es zu jedem $\alpha \in R$ ein Polynom $f(X) \in K[X]$, $f \neq 0$ mit $d(f) \leq m$, das α als Nullstelle hat, d.h.*

$$f(\alpha) = 0 \quad (in\ R); \qquad (5.7\text{f})$$

dieses Polynom f kann sogar normiert, d.h. mit höchstem Koeffizienten 1, gewählt werden:

$$f(X) = X^d + a_{d-1}X^{d-1} + \cdots + a_1 X + a_0 \in K[X], \quad (d := d(f)). \quad (5.7\text{f}')$$

Beweis. Da $\dim_K(R) = m$ ist, müssen je $m + 1$ Elemente aus R linear abhängig über K sein, d.h. es sind sicher $1, \alpha, \alpha^2, \ldots, \alpha^m$ linear abhängig. Somit existieren $a_0, a_1, \ldots, a_m \in K$, nicht alle $a_i = 0$, mit

$$a_0 \cdot 1 + a_1 \alpha + a_2 \alpha^2 + \cdots + a_m \alpha^m = 0 \quad (\text{in } R).$$

Wird $f(X) = a_0 + a_1 X + \cdots + a_m X^m \in K[X]$ formal gebildet, so ist $f \neq 0$ und $f(\alpha) = 0$.

Ist nun $d := d(f)$ der genaue Grad von f, d.h. $a_d \neq 0$, $d \leq m$, so können wir im Körper K und somit auch $f(X)$ in $K[X]$ durch a_d dividieren und erhalten (5.7f'), q.e.d. ∎

Ist speziell $\dim_K(V) = n < \infty$, d.h. $\dim_K(\text{End}_K(V)) = n^2 < \infty$, so genügt jedes $\varphi \in \text{End}_K(V)$ mindestens einem Polynom $f \neq 0$ vom Grade $\leq n^2$ aus $K[X]$ (nach Lemma 5.7). Betrachten wir das Ideal

$$\mathfrak{a}_\varphi := \text{Kern}(H_\varphi) = \text{Kern}(K[X] \xrightarrow{H_\varphi} \text{End}_K(V)) \leq K[X], \quad (5.7\text{g})$$

so ist $\mathfrak{a}_\varphi \neq (0)$ und besteht aus all den Polynomen aus $K[X]$, die φ als Nullstelle haben. Mit dem euklidischen Algorithmus sieht man (vgl. auch Division mit Rest für Polynome, (1.7b'', c), sowie EA §9, §10), daß es ein eindeutig bestimmtes normiertes Polynom kleinsten Grades

$$m(X; \varphi) =: m(X) \in K[X] \quad \text{mit} \quad \mathfrak{a}_\varphi = m(X) \cdot K[X] \quad (5.7h)$$

gibt.

Für $A \in K^{n,n}$ folgt entweder vermöge der Isomorphie $K^{n,n} \cong \mathrm{End}_K(V)$ oder direkt mit

$$\mathfrak{a}_A := \mathrm{Kern}\,(H_A) = \mathrm{Kern}\,(K[X] \xrightarrow{H_A} K^{n,n}) \leq K[X], \quad (5.7g')$$

daß $\mathfrak{a}_A \neq (0)$ und

$$\mathfrak{a}_A = m(X) \cdot K[X] \quad \text{mit} \quad m(X; A) =: m(X) \in K[X] \quad (5.7h')$$

ist; $m(X; A)$ ist wieder normiert und eindeutig als Polynom kleinsten Grades in $\mathfrak{a}_A$ bestimmt. Also folgt:

Satz 5.8. *Ist* $\dim_K(V) = n < \infty$, *so gibt es zu jedem* $\varphi \in \mathrm{End}_K(V) \cong K^{n,n}$ *bzw. zu jedem* $A \in K^{n,n}$ *ein eindeutig bestimmtes normiertes Polynom* $m(X) = m(X; \varphi)$ *(bzw.* $m(X) = m(X; A)$*) aus* $K[X]$ *von minimalem Grad* $d(m) \leq n^2$ *(m nichtkonstant) mit*

$$m(\varphi; \varphi) = 0 \ \textit{(Nullendomorphismus)}$$

bzw. $\hspace{8cm}$ (5.7i)

$$m(A; A) = O_{n,n} \ \textit{(Nullmatrix)};$$

jedes andere $f(X) \in K[X]$ *mit* $f(\varphi) = 0$ *bzw.* $f(A) = O_{n,n}$ *ist Vielfaches von* $m(X)$; *beim Ringisomorphismus* (5.3b, b')*gilt:*

$$m(X) = m(X; \varphi) = m(X; A) \quad \textit{für} \quad \varphi \leftrightarrow A = A_\mathfrak{a}^\varphi. \quad (5.7i')$$

Definition 5G. Ist $\dim_K(V) = n < \infty$ und $\varphi \in \mathrm{End}_K(V)$ bzw. $A \in K^{n,n}$, so heißt das gemäß Satz 5.8 eindeutig bestimmte normierte Polynom $m(X) = m(X; \varphi)$ (bzw. $m(X) = m(X; A)$) aus $K[X]$ das *Minimalpolynom von* φ *(bzw. von* A) *über* K.

Wegen der Ringisomorphie von $K^{n,n}$ und $\mathrm{End}_K(V)$ beschränken wir uns im folgenden auf die Untersuchung von Matrizen. Dabei beachten wir, daß wir die folgenden Ringe und Ringinklusionen haben:

$$\begin{array}{ll}
K & \text{Körper,} \\
R = K[X] & \text{Polynomring in } X \text{ über } K, \\
K^{n,n} & \text{voller } n\text{-reihiger Matrizenring über } K, \\
R^{n,n} & \text{voller } n\text{-reihiger Matrizenring über } R
\end{array} \quad (5.8)$$

mit

$$
\begin{array}{ccc}
K & \xrightarrow{\ i\ } & R = K[X] \\
\downarrow{\scriptstyle i} & & \downarrow{\scriptstyle i} \\
K^{n,n} & \xrightarrow{\ i\ } & R^{n,n}
\end{array}
\qquad , \qquad (5.8a)
$$

wobei die Einbettung von K in $K[X]$ über die konstanten Polynome, die von K in den Matrizenring über die Skalarmatrizen (vgl. (5.7′)), geschieht. Ist nun

$$
O \neq C = C(X) = (c_{\mu\nu}(X)) \in R^{n,n} \quad \text{mit}
$$
$$
c_{\mu\nu}(X) \in K[X] = R \quad (\mu, \nu = 1, \ldots, n), \qquad (5.8b)
$$

so sind die Matrizenelemente also Polynome, die nicht alle gleich dem Nullpolynom sind; also existiert das Maximum der Grade

$$
d = d(C) = \operatorname*{Max}_{c_{\mu\nu}(X) \neq 0} d(c_{\mu\nu}(X)) \in \mathbf{N}_0 \qquad (5.8c)
$$

und ist eindeutig bestimmt; wir nennen $d(C)$ den «Grad» von C. Dann gilt

$$
c_{\mu\nu}(X) = \sum_{\lambda=0}^{d} c_{\mu\nu;\lambda} X^{\lambda} \quad (\mu, \nu = 1, \ldots, n) \text{ mit } c_{\mu\nu;\lambda} \in K, \qquad (5.8d)
$$

und folglich nach den Rechenregeln für Matrizen auch

$$
C(X) = \sum_{\lambda=0}^{d} C_{\lambda} \cdot X^{\lambda} \quad \text{mit} \quad C_{\lambda} = (c_{\mu\nu;\lambda}) \in K^{n,n}, \qquad (5.8e)
$$

$$
(\lambda = 0, 1, \ldots, d),
$$

wobei

$$
X^{\lambda} \leftrightarrow X^{\lambda} \cdot E_{n,n} = \begin{pmatrix} X^{\lambda} & 0 & \cdots & 0 \\ 0 & \ddots & & \vdots \\ \vdots & & \ddots & 0 \\ 0 & \cdots & 0 & X^{\lambda} \end{pmatrix} = E_{n,n} \cdot X^{\lambda}, \qquad (5.8e')
$$

d.h. daß die Multiplikation mit X-Potenzen gleichwertig mit der Multiplikation mit den entsprechenden Skalarmatrizen ist. Wir behaupten nun das folgende

130

Lemma 5.9. *Ist*

$$f(X) = a_r X^r + a_{r-1} X^{r-1} + \cdots + a_1 X + a_0 \in K[X]$$
$$\textit{mit} \quad d(f) = r \geq 1, \quad \textit{d.h.} \quad a_r \neq 0, \in K \tag{5.8f}$$

und gilt in $R^{n,n} = (K[X])^{n,n}$

$$C(X) \cdot (A - X \cdot E_{n,n}) = f(X) \cdot E_{n,n} \quad \textit{mit}$$
$$A, E_{n,n} \in K^{n,n}, \quad C(X) \in R^{n,n}, \quad \textit{wobei} \tag{5.8g}$$

$C(X)$ *in der Darstellung* (5.8e) *vom*

Grad $d(C) \leq r - 1$ *gegeben ist,*

so folgt

$$f(A) = a_r \cdot A^r + a_{r-1} \cdot A^{r-1} + \cdots + a_1 \cdot A + a_0 \cdot E_{n,n} = O_{n,n}. \tag{5.8h}$$

Beweis. Wir schreiben $C(X)$ in der Form (5.8e):

$$C(X) = X^{r-1} \cdot C_{r-1} + X^{r-2} \cdot C_{r-2} + \cdots + X \cdot C_1 + C_0,$$
$$C_\rho \in K^{n,n} \quad (\rho = 0, \ldots, r-1).$$

Multiplizieren wir $C(X) \cdot (A - X \cdot E)$ aus und sortieren dies nach X-Potenzen, so folgt beim «Koeffizientenvergleich»:

$$
\begin{array}{llll}
r: & -C_{r-1} & = a_r \cdot E & \mid \cdot A^r \\
r-1: & -C_{r-2} + C_{r-1} \cdot A = a_{r-1} \cdot E & \mid \cdot A^{r-1} \\
r-2: & -C_{r-3} + C_{r-2} \cdot A = a_{r-2} \cdot E & \mid \cdot A^{r-2} \\
\vdots & & \vdots \\
1: & -C_0 + C_1 \cdot A = a_1 \cdot E & \mid \cdot A^1 \\
0: & C_0 \cdot A = a_0 \cdot E & \mid \cdot A^0 = E.
\end{array}
$$

Multipliziert man diese Matrizengleichungen wie angegeben mit A-Potenzen und addiert sie, so erhält man

$$a_r \cdot A^r + a_{r-1} \cdot A^{r-1} + \cdots + a_1 \cdot A^1 + a_0 \cdot E = f(A) = O_{n,n},$$

wie behauptet wurde. ∎

Wir wenden nun die in §1, insbesondere (1.6l), gegebene Formel

$$B \cdot ad(B) = ad(B) \cdot B = |B| \cdot E$$

auf die Matrix $B = A - X \cdot E \in R^{n,n}$ an und erhalten

$$(A - X \cdot E) \cdot ad(A - X \cdot E)$$
$$= ad(A - X \cdot E) \cdot (A - X \cdot E) = |A - X \cdot E| \cdot E \qquad (5.8i)$$
$$= \chi(X; A) \cdot E.$$

Dabei ist nach der Formel (1.6k) $ad(A - X \cdot E)$ eine Matrix, deren Elemente $(n - 1)$-reihige Unterdeterminanten von $A - X \cdot E$ sind, d.h. Polynome vom Grad $\leq n - 1$ in X. $\chi(X; A)$ ist vom genauen Grad n. Aus Lemma 5.9 folgt somit

Satz 5.10. *(Satz von Cayley–Hamilton). Ist $A \in K^{n,n}$ bzw. $\varphi \in \mathrm{End}_K(V)$, wobei $\dim_K(V) = n$ ist, so genügt A bzw. φ der Cayley–Hamiltonschen Gleichung*

$$\chi(A; A) = (-1)^n(A^n + (-1)c_{n-1}A^{n-1} + \cdots + (-1)^n c_0 \cdot E) = O_{n,n},$$
$$\chi(\varphi; \varphi) = (-1)^n(\varphi^n + (-1)c_{n-1}\varphi^{n-1} + \cdots + (-1)^n c_0 \cdot \mathrm{id}_V) = 0,$$

$$(5.9)$$

d.h. ist Nullstelle des zugehörigen charakteristischen Polynoms, wobei χ gemäß (5.5h) und (5.6) erklärt ist. Insbesondere gilt für die gemäß Definition 5G erklärten Minimalpolynome von A bzw. φ:

$$\left.\begin{array}{l} \chi(X; A) = m(X; A) \cdot d(X; A) \\[1ex] bzw. \\[1ex] \chi(X; \varphi) = m(X; \varphi) \cdot d(X; \varphi) \end{array}\right\} in\ K[X], \qquad (5.9a)$$

d.h. m ist stets ein Teiler von χ, und $m(X; A)$ bzw. $m(X; \varphi)$ sind somit vom Grad $d(m) \leq n$.

Beweis. Wir beschränken uns dabei auf den Fall der Matrizen A; dann folgt (5.9) bereits aus den vorangehenden Überlegungen. Da nun das Minimalpolynom $m(X; A)$ das Polynom kleinsten Grades mit $m(A; A) = 0$ ist, muß (5.9a) und somit auch die Gradabschätzung $d(m) \leq n$ gelten. ∎

Bemerkung 11. Ist $A \in K^{n,n}$ und $\chi(X; A) = |A - X \cdot E|$, so bedeutet (5.9), daß zunächst das Polynom $\chi(X; A) \in K[X]$ gebildet wird und dann für X die Matrix A eingesetzt wird; dies ist nicht zu verwechseln mit der trivialen Identität $|A - A \cdot E| = 0$. Die Beziehung (5.9) gilt immer, auch wenn A in K keine Eigenwerte hat. Die Polynome $\chi(X; A)$ und $m(X; A)$ können je nach Wahl von A gleich oder verschieden sein; auf jeden Fall gilt jedoch (5.9a).

132

$\boxed{4a}$ Sei $K = \mathbf{R}$ und $A = \begin{pmatrix} 0 & 1 \\ -1 & 0 \end{pmatrix} \in \mathbf{R}^{2.2}$. Dann ist $\chi(X; A) =$
$\begin{vmatrix} -X & 1 \\ -1 & -X \end{vmatrix} = X^2 + 1 \in \mathbf{R}[X]$ und hat keinen Eigenwert in $\mathbf{R}$.
Dagegen ist

$$\chi(A, A) = A^2 + E = \begin{pmatrix} -1 & 0 \\ 0 & -1 \end{pmatrix} + \begin{pmatrix} 1 & 0 \\ 0 & 1 \end{pmatrix} = \begin{pmatrix} 0 & 0 \\ 0 & 0 \end{pmatrix},$$

d.h. (5.9) bestätigt. Ferner ist hier $m(X; A) = \chi(X; A)$, da ein Polynom 1-ten Grades A nicht als Nullstelle besitzen kann.

$\boxed{4b}$ K sei ein beliebiger Körper und $A = E = E_{n,n} \in K^{n,n}$. Da $E - 1 \cdot E = O_{n,n}$ folgt $m(X; E) = X - 1 \in K[X]$. Dagegen ist $\chi(X; E) = |E - X \cdot E| = (1 - X)^n \neq m(X; E)$ falls $n > 1$.

Diese Beispiele belegen, daß die beiden in Bemerkung 11 erwähnten Fälle (für $\chi(X)$ und $m(X)$) möglich sind. Weiter zeigen wir für diese Polynome zunächst

Korollar 5.11. *Unter den Voraussetzungen von Satz 5.10 haben ähnliche Matrizen $A \approx A'$ jeweils das gleiche Minimalpolynom und das gleiche charakteristische Polynom, und diese stimmen mit dem Minimalpolynom bzw. charakteristischen Polynom des zugehörigen Endomorphismus überein. Jede Nullstelle in K von $\chi(X; A)$ ist zugleich eine Nullstelle von $m(X; A)$.*

Beweis. 1. Die Aussage für $\chi(X; A)$ wurde bereits gezeigt. Sei nun $A \approx A'$, d.h. $A' = S^{-1} \cdot A \cdot S$ mit $|S| \neq 0$, und

$$m(X; A) = X^d + a_{d-1}X^{d-1} + \cdots + a_1 X + a_0 \quad \text{(vgl. (5.7f'))}.$$

Also ist

$$\begin{aligned}
m(A; A) &= A^d + a_{d-1}A^{d-1} + \cdots + a_1 A + a_0 E = O_{n,n} \\
&= S^{-1} \cdot (A^d + a_{d-1}A^{d-1} + \cdots + a_1 A + a_0 E) \cdot S \\
&= m(A'; A)
\end{aligned}$$

und analog $m(A; A') = O_{n,n}$, woraus aus Gradgründen $m(X; A') \mid m(X; A)$ folgt, und umgekehrt gilt $m(X; A) \mid m(X; A')$; somit ist

$$m(X; A) = m(X; A') = m(X; \varphi). \tag{5.9b}$$

2. Sei nun $\lambda_1 \in K$ eine Nullstelle von $\chi(X; A)$, d.h. $\chi(\lambda_1; A) = 0$ (in K). Da nun nach Division mit Rest (vgl. auch EA, (III. 9.5c)):

$$m(X; A) = q(X) \cdot (X - \lambda_1) + m(\lambda_1; A)$$

und da $m(A; A) = O$, so erhalten wir

$$q(A) \cdot (A - \lambda_1 \cdot E) = -m(\lambda_1; A) \cdot E. \tag{5.9c}$$

Bildet man hiervon die Determinante, so folgt

$$(-m(\lambda_1; A))^n = |q(A)| \cdot |A - \lambda_1 \cdot E| = 0, \tag{5.9c'}$$

also ist $m(\lambda_1; A) = 0$, wie behauptet wurde. ∎

$\boxed{4c}$ Sind $\lambda_1, \lambda_2, \ldots, \lambda_n \in K$ paarweise voneinander verschieden und ist

$$A = \begin{pmatrix} \lambda_1 & * \cdots\cdots * \\ 0 & \lambda_2 & \vdots \\ \vdots & \ddots & * \\ 0 \cdots\cdots 0 & \lambda_n \end{pmatrix} \in K^{n,n} \tag{5.9d}$$

eine obere Dreiecksmatrix mit $\lambda_1, \ldots, \lambda_n$ auf der Hauptdiagonalen (z.B. eine Diagonalmatrix), so folgt sofort

$$\chi(X; A) = |A - X \cdot E| = (-1)^n \cdot \prod_{\nu=1}^{n} (X - \lambda_\nu) \tag{5.9e}$$

$$= (-1)^n \cdot m(X; A),$$

denn jede der Nullstellen von $\chi(X; A)$ ist auch eine Nullstelle von $m(X; A)$, d.h. $\prod_{\nu=1}^{n} (X - \lambda_\nu) \mid m(X; A)$, und aus Gradgründen gilt also (5.9e).

Zu dem in (5.9a) auftretenden Ergänzungsfaktor $d(X; A)$ folgt analog zu Lemma 5.9 (vgl. auch (5.8i)) nach einer einfachen Rechnung: Es gibt ein $C(X)$ mit

$$C(X) \cdot (A - X \cdot E) = -m(X; A) \cdot E,$$

$C(X) \in K[X]^{n,n}$, und alle Matrizenelemente sind $\qquad$ (5.9f)

Polynome vom Grad $\leq d - 1$;

da ferner

$$ad(A - X \cdot E) \cdot (A - X \cdot E) = \chi(X; A) \cdot E \tag{5.9f'}$$

ist, folgt weiter

$$d(X; A) \cdot C(X) = -ad(A - X \cdot E) \tag{5.9g}$$

134

und damit, daß $d(X;A)$ ein gemeinsamer Teiler aller $(n-1)$-reihigen Unterdeterminanten von $A - X \cdot E_{n,n}$ ist; hieraus erhält man (vgl. Aufgabe **10**)

Bemerkung 12. Unter den Voraussetzungen von Satz 5.10 ist $d(X;A)$ bis auf das Vorzeichen das normierte Polynom größten Grades aus $K[X]$, das alle $(n-1)$-reihigen Unterdeterminanten von $A - X \cdot E$ teilt: der sogenannte $(n-1)$-te *Determinantenteiler von* $A - X \cdot E$ (in §7 erhalten wir noch eine andere Begründung hierfür).

Weiter behaupten wir

Satz 5.12. *Ist*

$$f(X) = X^n + a_{n-1}X^{n-1} + \cdots + a_1 X + a_0 \in K[X] \tag{5.9h}$$

ein beliebiges normiertes Polynom n-ten Grades, so gibt es stets eine Matrix $A \in K^{n,n}$ *mit*

$$m(X;A) = (-1)^n \cdot \chi(X;A) = f(X) \tag{5.9i}$$

(d.h. f ist gleichzeitig Minimalpolynom und eventuell bis auf das Vorzeichen das charakteristische Polynom), nämlich die Begleitmatrix

$$A = A_f = \begin{pmatrix} 0 & 1 & 0 \cdots\cdots 0 \\ \cdot & 0 & 1 & \cdot \\ \cdot & \vdots & & 0 \\ 0 & 0 \cdots\cdots 0 & 1 \\ -a_0, & -a_1, & \cdots\cdots, & -a_{n-1} \end{pmatrix} \in K^{n,n}. \tag{5.9j}$$

Beweis. Wir bilden $|A - X \cdot E|$ und multiplizieren dazu für $\nu = 2, \ldots, n$ jeweils die ν-te Spalte von $A - X \cdot E$ mit $X^{\nu-1}$, addieren sie jeweils zur 1-ten Spalte und entwickeln nach dieser; dann folgt

$$|A - X \cdot E| = (-1)^n \cdot f(X) = \chi(X;A).$$

Da es eine $(n-1)$-reihige Unterdeterminante von $A - X \cdot E$ gibt, die den Wert 1 hat (streiche 1. Spalte und letzte Zeile), folgt nach (5.9a) und Bemerkung 12 $d(X;A) = \pm 1$ und somit (5.9i). ∎

Wir können nun einem K-Vektorraum V (bzw. K^n) im Anschluß an (5.7) bis (5.7e′) noch ganz neue Linksmodulstrukturen aufprägen:

Definition 5H. Ist V ein K-Vektorraum und $\varphi \in \mathrm{End}_K(V)$, so wird die durch die Festsetzung

$$K[X] \times V \xrightarrow[bzgl.\ \varphi]{} V \quad \text{mit}$$

$$f(X) \underset{\dot{\varphi}}{\cdot} x = f(\varphi)(x) \quad \text{für} \quad x \in V. \tag{5.10}$$

$$\text{wobei} \quad f(X) \in K[X], f(\varphi) = H_\varphi(f(X)) \in K[\varphi] \subseteq \mathrm{End}_K(V)$$

definierte Linksmodulstruktur die $K[X]$-*Linksmodulstruktur von V bzgl. φ* genannt. – Ist speziell $V = K^n$ und $A \in K^{n,n}$, so wird durch

$$K[X] \times K^n \xrightarrow[bzgl.\ A]{} K^n \quad \text{mit}$$

$$f(X) \underset{A}{\cdot} \tilde{x} = f(A) \cdot \tilde{x} \quad \text{für} \quad \tilde{x} \in K^n, \tag{5.10'}$$

$$\text{wobei} \quad f(X) \in K[X], f(A) = H_A(f(X)) \in K[A] \subseteq K^{n,n}$$

die $K[X]$-*Linksmodulstruktur von K^n bzgl.* A definiert.

Die angegebenen Linksmodulstrukturen sind nach Bemerkung 10 jeweils klar, da V bzw. K^n bereits $K[\varphi]$- bzw. $K[A]$-Linksmoduln sind und da die Abbildungen H_φ bzw. H_A von $K[X]$ in $K[\varphi]$ bzw. $K[A]$ Ringhomomorphismen sind (vgl. (5.7d, d')). Explizit bedeutet die Wirkung eines Polynoms auf $x \in V$ (bzw. $\tilde{x} \in K^n$):

$$f(X) = a_0 + a_1 X + \cdots + a_n X^n \in K[X]$$

$$\Rightarrow f(X) \underset{\dot{\varphi}}{\cdot} x = f(\varphi)(x) = \sum_{\nu=0}^{n} a_\nu \varphi^\nu(x) \in V \tag{5.10a}$$

$$(\text{bzw.} \quad f(X) \underset{A}{\cdot} \tilde{x} = f(A) \cdot \tilde{x} = \sum_{\nu=0}^{n} a_\nu \cdot A^\nu \cdot \tilde{x} \in K^n).$$

Bemerkung 13. Es gibt somit auf V bzw. K^n sehr viele verschiedene $K[X]$-Linksmodulstrukturen, je nachdem welches φ bzw. A in (5.10) bzw. (5.10') ausgewählt wurde.

Wir illustrieren diesen Prozeß noch an einem Beispiel:

$\boxed{\text{4d}}$ Vgl. $\boxed{4}$ mit

$$K = \mathbf{Q}, \qquad A = \begin{pmatrix} 0 & 2 \\ 1 & 0 \end{pmatrix} \in \mathbf{Q}^{2,2} \quad \text{und} \quad \tilde{x} = \begin{pmatrix} x_1 \\ x_2 \end{pmatrix} \in \mathbf{Q}^2.$$

136

Für $f(X) = 3 + 2X \in \mathbf{Q}[X]$ folgt dann

$$f(X) \mathop{.}_A \tilde{x} = f(A) \cdot \tilde{x} = \begin{pmatrix} 3 & 4 \\ 2 & 3 \end{pmatrix}\begin{pmatrix} x_1 \\ x_2 \end{pmatrix};$$

für $g(X) = 1 - X + X^2 \in \mathbf{Q}[X]$ ist analog

$$g(X) \mathop{.}_A \tilde{x} = g(A) \cdot \tilde{x} = \begin{pmatrix} 3 & -2 \\ -1 & 3 \end{pmatrix}\begin{pmatrix} x_1 \\ x_2 \end{pmatrix}.$$

Analog erhielte man für $B = \begin{pmatrix} 1 & 0 \\ 0 & 2 \end{pmatrix}$:

$$f(X) \mathop{.}_B \tilde{x} = f(B) \cdot \tilde{x} = \begin{pmatrix} 5 & 0 \\ 0 & 7 \end{pmatrix} \cdot \tilde{x} \quad \text{und}$$

$$g(X) \mathop{.}_B \tilde{x} = g(B) \cdot \tilde{x} = \begin{pmatrix} 1 & 0 \\ 0 & 3 \end{pmatrix} \cdot \tilde{x}.$$

Im Hinblick auf das in Bemerkung 6 erwähnte Normalformenproblem von Matrizen führen wir nun die folgenden Begriffe ein.

Definition 5I. Ist K ein Körper, so heißt eine Matrix $A \in K^{n,n}$ *diagonalisierbar*, wenn sie ähnlich zu einer Diagonalmatrix ist, d.h.

$$S^{-1} \cdot A \cdot S = \begin{pmatrix} \lambda_1 & 0 & \cdots & 0 \\ 0 & \lambda_2 & & 0 \\ \vdots & & \ddots & \\ 0 & \cdots & 0 & \lambda_n \end{pmatrix} = \operatorname{diag}(\lambda_1, \ldots, \lambda_n) \qquad (5.10\text{b})$$

mit $|S| \neq 0$, $\lambda_1, \ldots, \lambda_n \in K$, nicht notwendig verschieden; eine Matrix $B \in K^{n,n}$ heißt *trigonalisierbar* oder *triangulierbar*, falls B ähnlich zu einer oberen Dreiecksmatrix ist, d. h.

$$S_1^{-1} \cdot B \cdot S_1 = \begin{pmatrix} \lambda_1 & * & \cdots & * \\ 0 & \lambda_2 & & \vdots \\ \vdots & & \ddots & * \\ 0 & \cdots & 0 & \lambda_n \end{pmatrix} \quad \text{mit} \quad |S_1| \neq 0, \qquad (5.10\text{c})$$

$\lambda_1, \ldots, \lambda_n \in K$ (vgl. auch $\boxed{4\text{c}}$).

Triviale Beispiele für diese Definition erhält man in

$\boxed{5}$ $D \in K^{n,n}$ Diagonalmatrix (bzw. Skalarmatrix)
$\Rightarrow D$ diagonalisierbar mit $S = E$.
B obere Dreiecksmatrix $\Rightarrow B$ trigonalisierbar mit $S_1 = E$.

Weitere Aussagen hierzu werden sich aus den Untersuchungen dieses Kapitels ergeben. Wir stellen nun den Zusammenhang mit einigen Begriffen über lineare Abbildungen her. Dazu zunächst

Definition 5J. Es sei V ein K-Vektorraum mit $\dim_K(V) = n < \infty$. Dann heißt eine Familie $\{U_1, U_2, \ldots, U_n\}$ von Unterräumen $U_\nu \le V$ eine *Fahne in V*, falls gilt:

(i) $U_1 \lneqq U_2 \lneqq U_3 \lneqq \cdots \lneqq U_n = V$,   d.h. $U_\nu \lneqq U_{\nu+1}$,

$$\nu = 1, \ldots, n - 1, \quad (5.10d)$$

(ii) $\dim_K(U_\nu) = \nu \quad (\nu = 1, \ldots, n);$

eine Vektorraumbasis $(u^1, \ldots, u^n)$ von V heißt eine *Fahnenbasis zu* $\{U_1, \ldots, U_n\}$, falls gilt:

$$[u^1, \ldots, u^\nu] = U_\nu. \qquad (5.10e)$$

Ist φ ein K-Endomorphismus von V, so heißt $\{U_1, \ldots, U_n\}$ eine φ-*stabile* oder φ-*invariante Fahne*, falls gilt

$$\varphi(U_\nu) \subseteq U_\nu \quad (\nu = 1, \ldots, n). \qquad (5.10f)$$

Zu jeder Fahne gibt es offensichtlich eine Fahnenbasis. Ist nun $u^T = (u^1, \ldots, u^n)$ die Fahnenbasis einer φ-stabilen Fahne $\{U_1, \ldots, U_n\}$, so gilt:

$$\varphi(u^1) = c_{11} \cdot u^1,$$
$$\varphi(u^2) = c_{21} \cdot u^1 + c_{22} \cdot u^2,$$
$$\cdots\cdots\cdots\cdots\cdots\cdots\cdots\cdots\cdots,$$
$$\varphi(u^n) = c_{n1} \cdot u^1 + \cdots + c_{nn} \cdot u^n,$$

$$(5.10g)$$

d.h. $\begin{pmatrix} c_{11} & 0 & \cdots & 0 \\ c_{21} & c_{22} & & \vdots \\ \vdots & & \ddots & 0 \\ c_{n1} & \cdots & \cdots & c_{nn} \end{pmatrix} \cdot \begin{pmatrix} u^1 \\ u^2 \\ \vdots \\ u^n \end{pmatrix} = \varphi \begin{pmatrix} u^1 \\ u^2 \\ \vdots \\ u^n \end{pmatrix}.$

Somit gilt für die dem Endomorphismus φ von V gemäß §3

138

zugeordnete Matrix:

$$
C_u^\varphi = \begin{pmatrix} c_{11} & c_{21} & \cdots\cdots & c_{n1} \\ 0 & c_{22} & & \vdots \\ \vdots & & \ddots & \vdots \\ 0 & \cdots\cdots & 0 & c_{nn} \end{pmatrix} = \begin{pmatrix} c_{11} & 0\cdots\cdots & 0 \\ \vdots & \ddots & \vdots \\ & & 0 \\ c_{n1} & \cdots\cdots & c_{nn} \end{pmatrix}^{\mathrm{T}} \in K^{n,n}, \quad (5.10h)
$$

d.h. sie ist eine obere Dreiecksmatrix. Wir formulieren nun

Satz 5.13. *(Fahnensatz). Es sei φ ein K-Endomorphismus des endlich-dimensionalen K-Vektorraumes V und A_a^φ die φ bzgl. einer Basis a zugeordnete Matrix. Dann sind die folgenden drei Aussagen zueinander gleichwertig:*
(a) *Zu φ existiert eine φ-stabile Fahne in V.*
(b) *$A = A_a^\varphi$ ist eine trigonalisierbare Matrix.*
(c) *Das charakteristische Polynom $\chi(X;\varphi) = \chi(X;A_a^\varphi)$ zerfällt in $K[X]$ vollständig in Linearfaktoren.*

Beweis. 1. Die obigen Rechnungen zeigen, daß aus (a) die Aussage (b) folgt.
2. Ist $A_a^\varphi \approx C_u^\varphi$ trigonalisierbar, so ist $\chi(X;\varphi) = \chi(X;A_a^\varphi) = \chi(X;C_u^\varphi) = \prod_{\nu=1}^n (c_{\nu\nu} - X)$; d.h. das charakteristische Polynom zerfällt in $K[X]$ in Linearfaktoren.
3. Für die verbleibende Richtung «(c)$\Rightarrow$(a)» vergleiche die Ergänzungen zu §5, sowie die späteren Ausführungen in §7, Satz 7.9.

Ergänzungen zu §5

Wir erwähnen nun einige in diesen Zusammenhang gehörende Begriffe, die allerdings erst sehr viel später Verwendung finden.

Definition 5K. Ist V ein n-dimensionaler K-Vektorraum, a eine feste Basis von V, $\varphi \in \mathrm{End}_K(V)$ und $A_a^\varphi = (\alpha_{\mu\nu}) \in K^{n,n}$ die φ bzgl. a zugeordnete Matrix, so nennt man

$$
\mathrm{Sp}_K(\varphi) = \mathrm{Sp}(A_a^\varphi) = \sum_{\nu=1}^n \alpha_{\nu\nu} \in K \quad \text{(vgl. Def. 4D)} \tag{5.11}
$$

die *Spur dieses Endomorphismus* φ und

$$
\det_K(\varphi) = \det(A_a^\varphi) = |A_a^\varphi| \quad \text{vgl. ((1.6b))} \tag{5.11a}
$$

die *Determinante des Endomorphismus* φ.

Wegen (4.4d) bzw. wegen des Determinantenmultiplikationssatzes gilt, wie man sofort sieht,

Lemma 5.14. *Der Wert der Spur und der Determinante eines Endomorphismus φ sind unabhängig von der Auswahl der Basis $\mathfrak{a}$ des K-Vektorraumes, d.h. hängen nur von φ ab; ist $\chi(X;\varphi)$ das charakteristische Polynom von φ, so sind bei den Festsetzungen (5.6) und (5.5h)*

$$\mathrm{Sp}_K(\varphi) = c_{n-1} \quad und \quad \det_K(\varphi) = c_0 \tag{5.11b}$$

die angegebenen Koeffizienten von $\chi(X;\varphi)$; die Spurabbildung

$$\mathrm{Sp}_K : \mathrm{End}_K(V) \to K \tag{5.11'}$$

ist K-linear und erfüllt die (4.4c, d, e) entsprechenden Regeln; die Determinantenabbildung

$$\det_K : \mathrm{End}_K(V) \to K \tag{5.11a'}$$

ist ein multiplikativer Homomorphismus mit den Eigenschaften:

$$\det_K(\varphi \circ \psi) = \det_K(\varphi) \cdot \det_K(\psi), \quad \varphi, \psi \in \mathrm{End}_K(V),$$
$$\det_K(\lambda \cdot \mathrm{id}_V) = \lambda^n \quad (\lambda \in K). \tag{5.11c}$$

Die im letzten Satz von Korollar 5.11 enthaltene Tatsache, daß jeder Linearfaktor des charakteristischen Polynoms $\chi(X;A)$ auch das Minimalpolynom teilt, läßt sich nun, wie folgt, auch im allgemeinen Fall verschärfen:

Bemerkung 14. Hat das charakteristische Polynom $\chi(X;A) = \chi(X;\varphi)$ in $K[X]$ die folgende Zerlegung

$$\chi(X;A) = \chi(X;\varphi) = (-1)^n \cdot \prod_{\sigma=1}^{s} p_\sigma(X)^{e_\sigma}, \quad e_\sigma \in \mathbf{N}, \tag{5.12}$$

mit paarweise verschiedenen normierten irreduziblen Polynomen $p_\sigma(X)$, so lautet die Primfaktorzerlegung des zugehörigen Minimalpolynoms

$$m(X;A) = m(X;\varphi) = \prod_{\sigma=1}^{s} p_\sigma(X)^{e_\sigma'} \quad \text{mit} \quad 1 \le e_\sigma' \le e_\sigma, \quad 1 \le \sigma \le s, \tag{5.12a}$$

d.h. jeder irreduzible Faktor von $\chi(X;A)$ kommt auch in der Zerlegung von $m(X;A)$ vor.

Man kann dies durch Zurückführen auf Korollar 5.11 beweisen, indem man einen Erweiterungskörper von K konstruiert, in dem $\chi(X;A)$ in Linearfaktoren zerfällt (vgl. auch EA, §10, Satz 10.7 und Aufgabe **8**); eine elementare Beweisvariante schließt sich an ein Ergebnis aus §7 an (vgl. Aufgabe **3**).

Bemerkung 15. Der verbleibende Schritt «(c) $\Rightarrow$ (a)» aus Satz 5.13 läßt sich durch Induktion nach der Dimension n von V beweisen:
Für $n = 1$ ist die Aussage trivial; wir nehmen an, bis zur Dimension $n-1$ sei die Folgerung richtig.

140

Sei jetzt $\dim_K(V) = n$ und φ ein Endomorphismus, dessen charakteristisches Polynom vollständig in Linearfaktoren zerfällt ($n > 1$). Dann besitzt φ einen Eigenwert λ_1 und einen zugehörigen Eigenvektor u^1; wir ergänzen u^1 durch $u^2, \ldots, u^n$ zu einer Basis von V und beachten

$$V = U_1 \oplus U_2 \quad \text{mit} \quad U_1 = [u^1], \quad \varphi(U_1) = U_1,$$

$$U_2 = [u^2, \ldots, u^n] \quad \text{mit} \quad \dim_K(U_2) = n - 1, \tag{5.12b}$$

$$V \ni x = a_1 u^1 + b \quad \text{mit} \quad b \in U_2.$$

Die Hilfsabbildung

$$\psi_2 : V \to V \quad \text{mit} \quad \psi_2(x) = b \quad \text{für} \quad x = a_1 u^1 + b \tag{5.12c}$$

ist linear und

$$\psi_2 \circ \varphi|_{U_2} : U_2 \to U_2 \tag{5.12d}$$

bildet also U_2 in sich ab und erfüllt die Voraussetzungen, so daß die Induktionsannahme anwendbar wird. Durch einfache Rechnung folgt dann die Behauptung (vgl. Aufgabe **17**).

Aufgaben zu §5

1. Es sei V der **R**-Vektorraum der Polynome vom Grad ≤ 2 mit der Basis $\mathfrak{a}^T = (1, X, X^2)$ und W der **R**-Vektorraum der Polynome vom Grad ≤ 3 mit der Basis $\mathfrak{b}^T = (1, X, X^2, X^3)$.
   a) Zeige, daß auch $\mathfrak{a}'^T = (1 + X, 1 - X^2, 1 + X + X^2)$ eine Basis von V und $\mathfrak{b}'^T = (1 - 2X^2, X + \frac{1}{3}X^3, 1, 1 - X^2 + X^3)$ eine Basis von W bildet und bestimme $S = S_{\mathfrak{a}}^{\mathfrak{a}'} \in \mathbf{R}^{3,3}$ mit $\mathfrak{a}' = S^T \cdot \mathfrak{a}$ bzw. $U = U_{\mathfrak{b}}^{\mathfrak{b}'} \in \mathbf{R}^{4,4}$ mit $\mathfrak{b}' = U^T \cdot \mathfrak{b}$.
   b) Sei $\varphi : V \to W$ gegeben durch $\varphi(a_0 + a_1 X + a_2 X^2) = a_0 X + \frac{1}{2}a_1 X^2 + \frac{1}{3}a_2 X^3$ ($a_i \in \mathbf{R}$). Zeige, daß φ **R**-linear ist und bestimme $A_{\mathfrak{a},\mathfrak{b}}^{\varphi}, A_{\mathfrak{a}',\mathfrak{b}'}^{\varphi}$.

2. Es sei
$$A = \begin{pmatrix} 1 & 2 & -1 & 0 \\ 3 & 5 & 2 & 2 \\ 4 & 7 & 1 & 2 \end{pmatrix} \in \mathbf{Q}^{3,4}.$$

   a) Bestimme invertierbare Matrizen $U_1 \in \mathbf{Q}^{3,3}$ und $S_1 \in \mathbf{Q}^{4,4}$, so daß $U_1 \cdot A \cdot S_1 = D_r$ mit $r = r(A)$. Bringe dazu A mittels elementarer Zeilen- bzw. Spaltenoperationen (d.h. durch Multiplikation mit $S_1^{(i,k)}, S_2(\lambda \cdot i), S_3(i, k; \lambda)$ vgl. Lemma 1.2) auf die Form D_r und führe alle an A vorgenommenen Zeilenumformungen gleichzeitig an $E_{3,3}$ und alle an A vorgenommenen Spaltenumformungen gleichzeitig an $E_{4,4}$ aus.
   b) Bestimme Basen $\mathfrak{a}^T = (a^1, a^2, a^3, a^4)$ von $\mathbf{Q}^4$ und $\mathfrak{b}^T = (b^1, b^2, b^3)$ von $\mathbf{Q}^3$, so daß $D_r = A_{\mathfrak{a},\mathfrak{b}}^{\tilde{\varphi}_A}$ ($\tilde{\varphi}_A$ gemäß (5.2b)) gilt. Sind $\mathfrak{a}$ bzw. $\mathfrak{b}$ eindeutig bestimmt?

3. a) Begründe Bemerkung 2.
   b) Beweise die Aussagen von Bemerkung 3.

c) Folgere die Aussage von Bemerkung 2 aus Bemerkung 3.
d) Führe die Überlegung zu Bemerkung 4 aus.

4. Es sei $K = \mathbf{F}_2$ der Körper von 2 Elementen. Bestimme für $\mathbf{F}_2^{2,2}$ die Äquivalenzklassen
a) bzgl. $\sim$ (Äquivalenz nach (5.1e)).
b) bzgl. $\approx$ (Ähnlichkeit nach (5.3f)).

5. Es sei e die Standardbasis von $\mathbf{R}^4$ und $\varphi \in \mathrm{End}_{\mathbf{R}}(\mathbf{R}^4)$ durch

$$A = A_e^\varphi = \begin{pmatrix} 2 & 0 & 0 & 0 \\ 0 & 2 & 0 & 0 \\ 1 & -2 & 0 & -1 \\ 2 & -4 & 1 & 0 \end{pmatrix} \in \mathbf{R}^{4,4} \quad \text{gegeben.}$$

a) Zeige, daß

$$S = S_e^{a'} = \begin{pmatrix} -1 & -2 & -1 & -1 \\ 1 & 3 & 2 & 2 \\ -1 & -4 & -2 & -3 \\ 0 & 3 & 0 & 4 \end{pmatrix} \in \mathbf{R}^{4,4}$$

die Matrix eines Basiswechsels $a' = S^T \cdot e$ ist. Bestimme $A_{a'}^\varphi$, die φ bzgl. a' zugeordnete Matrix.
b) Bestimme alle reellen Eigenwerte λ von φ und die zugehörigen $EV(\varphi, \lambda)$ durch Angabe der $\tilde{x}$ bzgl. e und durch Angabe der $\tilde{x}'$ bzgl. a'.
c) Fasse A als Matrix aus $\mathbf{C}^{4,4}$ auf und φ als zugehörigen Endomorphismus von $\mathbf{C}^4$. Bestimme alle Eigenwerte von φ in $\mathbf{C}$ und die zugehörigen $EV(\varphi, \lambda)$ in $\mathbf{C}^4$.

6. Es sei $e^T = (e^1, e^2, e^3, e^4)$ die Standardbasis von $\mathbf{R}^4$ und

$$\tilde{\varphi}_A : \mathbf{R}^4 \to \mathbf{R}^4 \quad \text{mit} \quad \tilde{\varphi}_A(\tilde{x}) = A \cdot \tilde{x}$$

$$\text{und} \quad A = \begin{pmatrix} 1 & 0 & 0 & 0 \\ 2 & -1 & 1 & 0 \\ -3 & 2 & 4 & 0 \\ 1 & 0 & 0 & 5 \end{pmatrix} \in \mathbf{R}^{4,4}.$$

a) Welcher der Unterräume $[e^\nu]$, $[e^\nu, e^\mu]$ $(\nu, \mu = 1, \ldots, 4)$ von $\mathbf{R}^4$ ist $\tilde{\varphi}_A$-invariant bzw. $\tilde{\varphi}_A$-zyklisch? Ist $[e^2, e^3, e^4]$ $\tilde{\varphi}_A$-invariant bzw. $\tilde{\varphi}_A$-zyklisch?
b) Bestimme das charakteristische Polynom $\chi(X; \tilde{\varphi}_A)$, die zugehörigen Eigenwerte und Eigenvektorräume.

7. Es sei K ein Körper, $n > 1$ aus $\mathbf{N}$, X eine Unbestimmte über K und $A, B, E = E_{n,n} \in K^{n,n}$.
a) Zeige: Ist $|B| \neq 0$, so gilt $|A \cdot B - X \cdot E| = |B \cdot A - X \cdot E|$.

b) Sei $\chi(X) := \chi(X, A)$ das charakteristische Polynom. Zeige: Für

$$|A| \neq 0 \text{ ist } |A^{-1} - X \cdot E| = (-1)^n \cdot \frac{X^n}{|A|} \cdot \chi\left(\frac{1}{X}\right).$$

c) Was läßt sich über $|ad(A) - X \cdot E|$ aussagen?

8. a) Beweise Bemerkung 8.
b) Begründe Bemerkung 10.

9. a) Es sei $g(X) = X^2 - 5X + 7 \in \mathbf{R}[X]$ und $A = \begin{pmatrix} \dfrac{18}{7} & -\dfrac{2}{7} \\ -\dfrac{6}{7} & \dfrac{17}{7} \end{pmatrix} \in \mathbf{R}^{2,2}$.

Berechne $g(A) \in \mathbf{R}^{2,2}$ und bestimme die Eigenwerte, sowie die zugehörigen Eigenvektorräume von $A, A^2, 3A, g(A)$.

b) Es sei $A \in K^{n,n}$ eine Matrix mit paarweise verschiedenen Eigenwerten $\lambda_1, \lambda_2, \ldots, \lambda_n \in K$.

(i) Zeige, daß K^n eine Basis aus Eigenvektoren von A besitzt.

(ii) Zeige: Für $r \in \mathbf{N}$ sind die λ_ν^r ($\nu = 1, \ldots, n$) Eigenwerte von A^r und die $g(\lambda_\nu)$ ($\nu = 1, \ldots, n$) Eigenwerte von $g(A)$ für $g(X) \in K[X]$. Sind dies auch alle Eigenwerte von $g(A)$?

10. Es sei $A \in K^{n,n}$, K ein Körper und $m(X, A) \in K[X] = R$ das Minimalpolynom von A vom Grade $d = d(m)$.

a) Zeige: Es existiert ein $C(X) \in R^{n,n}$ mit (5.9f).

b) Begründe: Für $d(X) = d(X; A)$ gemäß (5.9a) gilt (5.9g) und $d(X)$ ist ein gemeinsamer Teiler aller $(n-1)$-reihigen Unterdeterminanten von $A - X \cdot E_{n,n}$.

c) Zeige: Ist $g(X)$ der ggT aller $(n-1)$-reihigen Unterdeterminanten von $A - X \cdot E_{n,n}$, so gilt

$$g(X) \cdot H(X) = -ad(A - X \cdot E_{n,n}) \quad \text{mit} \quad H(X) \in R^{n,n}$$

und $g(X) \,|\, \chi(X; A)$, d.h. $g(X) \cdot m^*(X) = \chi(X; A)$ mit $m^*(X) \in K[X]$. Folgere hieraus Bemerkung 12.

11. a) Es sei K ein Körper. Berechne mit Hilfe von Bemerkung 12 das Minimalpolynom der Matrizen

$$A = \begin{pmatrix} 1 & 0 & -1 \\ -1 & 0 & 1 \\ 1 & 1 & 0 \end{pmatrix} \quad \text{bzw.} \quad B = \begin{pmatrix} 0 & 1 & 1 \\ 0 & 0 & 1 \\ 0 & 0 & 0 \end{pmatrix} \in K^{3,3}.$$

b) Es seien $p_\sigma(X) \in K[X]$ normierte Polynome der Grade $d(p_\sigma) = n_\sigma \geq 1$ ($\sigma = 1, \ldots, s$) und $A_{p_\sigma} \in K^{n_\sigma, n_\sigma}$ jeweils die zugehörigen Begleitmatrizen; sei weiter

$$A = \text{diag}(A_{p_1}, A_{p_2}, \ldots, A_{p_s}) \in K^{n,n} \quad \text{mit} \quad n = \sum_{\sigma = 1}^{s} n_\sigma.$$

Bestimme $\chi(X; A)$ und untersuche, wann $\chi(X; A) = m(X; A)$ ist.

12. Es sei $a^T = (a^1, \ldots, a^n)$ eine Basiszeile des n-dimensionalen K-Vektorraumes V, und $\varphi \in \mathrm{End}_K(V)$ sei durch $\varphi(a^\nu) = a^{\nu+1}$ $(\nu = 1, \ldots, n-1)$, $\varphi(a^n) = a^1$ gegeben.
   a) Bestimme $A = A_a^\varphi$.
   b) Bestimme $\chi(X; \varphi)$ und $m(X; \varphi)$.
   c) Zeige, daß $1 \in K$ ein Eigenwert von φ ist und bestimme einen zugehörigen Eigenvektor.

13. Es seien: V ein endlich-dimensionaler K-Vektorraum, $\varphi \in \mathrm{End}_K(V)$, U und U_1 Unterräume von V und U_1 sei φ-invariant.
   a) Zeige mit Hilfe der Division mit Rest in $K[X]$:
      (i) $\mathfrak{f} := \{f \in K[X] \mid f(\varphi)(U) \subseteq U_1\}$ enthält ein Polynom $\neq 0$.
      (ii) In $\mathfrak{f}$ gibt es genau ein normiertes Polynom g von minimalem Grade und es gilt $g \mid f$ für alle $f \in \mathfrak{f}$.
   b) Begründe mit a) die Existenz und Eindeutigkeit des Minimalpolynoms $m(X; \varphi)$.

14. Es seien $e^T = (e^1, e^2, e^3, e^4)$ die Standardbasis von $V = \mathbf{Q}^4$, $a^1 = (-1, 0, 0, 0)^T$, $a^2 = (1, 1, -1, -1)^T$, $a^3 = (0, 0, 1, 0)^T$, $a^4 = (-\frac{1}{2}, 0, 0, \frac{1}{2})^T \in V$ und

$$A = \begin{pmatrix} 1 & -2 & -1 & \frac{3}{2} \\ 0 & -4 & 0 & \frac{3}{2} \\ 0 & -5 & 2 & 1 \\ 0 & -4 & 0 & 1 \end{pmatrix} \in \mathbf{Q}^{4,4}.$$

   a) Zeige, daß $a^T = (a^1, a^2, a^3, a^4)$ eine $\mathbf{Q}$-Basis von V ist.
   b) Sei $\varphi: V \to V$ mit $A_a^\varphi = A$. Zeige, daß $\{U_1 = [e^1], U_2 = [e^1 + e^2, e^2], U_3 = [e^1 + e^3, e^2 - e^1 - e^3, e^3], U_4 = V = \mathbf{Q}^4\}$ eine φ-stabile Fahne von V ist.
   c) Bestimme $S_1 \in \mathbf{Q}^{4,4}$ mit $|S_1| \neq 0$ derart, daß $S_1^{-1} \cdot A \cdot S_1$ eine obere Dreiecksmatrix ist und zerlege $\chi(X; \varphi)$ in Linearfaktoren.

15. Es sei K ein Körper und $V \subseteq K[X]$ der K-Vektorraum der Polynome vom Grad $d(f) \leq n$; $\varphi: V \to V$ sei die formale Ableitung

$$\varphi(f) = \varphi\left(\sum_{\nu=0}^{n} a_\nu X^\nu\right) = \sum_{\nu=1}^{n} \nu a_\nu X^{\nu-1} = f'(X).$$

   a) Ist V φ-zyklisch?
   b) Es sei $f(X) \in V$ ein festes Polynom. Bestimme den von f erzeugten φ-zyklischen Unterraum.
   c) Bestimme eine φ-stabile Fahne und eine Fahnenbasis in V.

16. a) Es sei K ein Körper, $L \supseteq K$ ein Erweiterungskörper und $p_1(X)$, $p_2(X) \in K[X]$. Zeige: p_1 und p_2 sind in $K[X]$ genau dann teilerfremd, wenn sie in $L[X]$ teilerfremd sind.
   b) Begründe mit a) und Korollar 5.11 die Bemerkung 14.

17. a) Begründe Lemma 5.14.
   b) Führe die in Bemerkung 15 genannten Beweisschritte zu Satz 5.13 aus.

§6 Moduln über Hauptidealringen, Elementarteilersatz

Wir wollen in diesem Paragraphen Moduln über einem besonders wichtigen Typ kommutativer Ringe untersuchen; diese Moduln werden noch weitgehende Analogien zu K-Vektorräumen aufweisen. Dazu einige generelle Voraussetzungen und Bezeichnungen; es sei stets

$$(R; +, \cdot) \tag{6.1}$$

ein *kommutativer Ring* mit *Einselement* 1. Gemäß (1.3e) bzw. (1.3g) ist dann ein zweiseitiges *Ideal* $\mathfrak{a}$ von R durch

$$\alpha, \beta \in \mathfrak{a}, r \in R \Rightarrow$$
$$\alpha \pm \beta \in \mathfrak{a}, r \cdot \alpha = \alpha \cdot r \in \mathfrak{a} \tag{6.1a}$$

charakterisiert, und ein Hauptideal ist ein Ideal der Form

$$\mathfrak{a} = \alpha \cdot R = \{x = \alpha \cdot r \mid r \in R\}. \tag{6.1b}$$

Definition 6A. Ein Integritätsring R heißt ein *Hauptidealring*, falls zusätzlich gilt:

$$\text{Jedes Ideal } \mathfrak{a} \text{ von } R \text{ ist ein Hauptideal.} \tag{6.1c}$$

Bemerkung 1. Gemäß §1, Bemerkung 11 ist jeder euklidische Ring R zugleich ein Hauptidealring; dies gilt insbesondere für die Ringe $R = \mathbf{Z}$ und $R = K[X]$ (K ein Körper).

Es sei R ein Integritätsring; wir erinnern an folgende Bezeichnungen:

$a \mid b$ (a *teilt* b) für $a, b \in R \Leftrightarrow b = g \cdot a$ mit $g \in R$;

die Verneinung hiervon: $a \nmid b$ (a *teilt nicht* b);

$\varepsilon \in R$ *Einheit* $\Leftrightarrow \varepsilon \mid 1$; $E(R) := \{\varepsilon \mid \varepsilon$ Einheit von $R\}$;

a und b *assoziiert* (in Zeichen: $a \doteqdot b$)

$$\Leftrightarrow a = \varepsilon \cdot b \ (\varepsilon \text{ Einheit}); \tag{6.1d}$$

assoziierte Teiler von a und Einheiten werden *triviale Teiler* von a genannt, sonst spricht man von *echten Teilern*;

$p \in R$ mit $p \neq 0$, $p \notin E(R)$ heißt *unzerlegbar* $\Leftrightarrow$ ist $q \in R$ mit $q \mid p \Rightarrow q$ ist Einheit oder $q \doteqdot p$.

145

Weiter sagt man:

$$p \ (p \neq 0, \ p \notin E(R)) \ \text{heißt ein } \textit{Primelement} \text{ von } R \Leftrightarrow$$

$$p \mid a \cdot b \Rightarrow p \mid a \text{ oder } p \mid b; \quad (6.1\text{e})$$

jedes Primelement ist auch unzerlegbar;

$d \in R$ heißt ein *größter gemeinsamer Teiler* (ggT)

von $a_1, a_2, \ldots, a_n \in R$ (d.h. $d \doteqdot (a_1, a_2, \ldots, a_n)$), falls gilt

(ggT$_1$): $d \mid a_1, d \mid a_2, \ldots, d \mid a_n$; $\hspace{3cm}$ (6.1f)

(ggT$_2$): $b \in R$ mit $b \mid a_1, b \mid a_2, \ldots, b \mid a_n \Rightarrow b \mid d$.

Wir stellen nun einige wichtige Eigenschaften von Hauptidealringen zusammen, auf die wir später zurückgreifen werden.

Satz 6.1. *Es sei* R *ein Hauptidealring. Dann gelten die folgenden Aussagen:*

a) *Sind* $a_1, a_2, \ldots, a_n \in R$, *so existiert stets ein* ggT $d \in R$ *von* $a_1, \ldots, a_n$ *und für dieses Element gilt:*

$$d \cdot R = (d) = a_1 \cdot R + \cdots + a_n \cdot R =: (a_1, a_2, \ldots, a_n)$$
$$\text{mit} \quad d = x_1 \cdot a_1 + x_2 \cdot a_2 + \cdots + x_n \cdot a_n, \quad x_\nu \in R. \qquad (6.2)$$

b) *Jedes unzerlegbare Element* $p \in R$ *ist zugleich ein Primelement, d.h. erfüllt (6.1e).*

c) *Sind* $\mathfrak{a}_\nu$ ($\nu \in \mathbf{N}$) *Ideale von* R *mit*

$$\mathfrak{a}_1 \subseteq \mathfrak{a}_2 \subseteq \cdots \subseteq \mathfrak{a}_\nu \subseteq \cdots$$
$$\text{(d.h. eine aufsteigende Kette oder Teilerkette),} \qquad (6.2\text{a})$$

so gibt es ein $n \in \mathbf{N}$ *mit* $\mathfrak{a}_\nu = \mathfrak{a}_n$ *für* $\nu \geq n$, *d.h. (6.2a) ist ab* n *stationär.*

d) *(ZPE-Satz): Jedes* $a \in R$, $a \neq 0$, $a \notin E(R)$, *besitzt eine Darstellung*

$$a = p_1 \cdot p_2 \cdots \cdots p_r \qquad (6.2\text{b})$$

als Produkt von endlich vielen Primelementen (d.h. unzerlegbaren Elementen), und diese Darstellung ist bis auf die Reihenfolge der Primfaktoren p_ρ *bzw. den Übergang zu assoziierten Elementen eindeutig.*

146

Bemerkung 2. Für die wichtigen euklidischen Ringe $R = \mathbf{Z}$ bzw. $R = K[X]$ lassen sich die Aussagen a), b), d) direkt mit dem euklidischen Algorithmus begründen (vgl. EA, §9 und §10). Die nachfolgenden Ausführungen enthalten teilweise neue Beweisvarianten, womit der Satz ohne Einschränkungen auch für beliebige euklidische Ringe bewiesen ist.

Beweis von Satz 6.1. Ad a): Es seien $a_1, a_2, \ldots, a_n$ endlich viele Elemente aus R. Dann ist nach Voraussetzung das von ihnen erzeugte Ideal $\mathfrak{a}$ gemäß (6.2) ein Hauptideal, d.h. $\mathfrak{a} = a_1 \cdot R + \cdots + a_n \cdot R = d \cdot R$ mit einem $d \in R$. Somit ist $a_\nu \in d \cdot R$, d.h. $a_\nu = d \cdot r_\nu$ mit $r_\nu \in R$ $(\nu = 1, \ldots, n)$, also folgt $d \mid a_\nu$ und $(\mathrm{ggT_1})$ ist für d erfüllt. Gilt $b \mid a_\nu$ $(\nu = 1, \ldots, n)$, d.h. $a_\nu = b \cdot r'_\nu$ $(r'_\nu \in R)$, so folgt $a_\nu \in b \cdot R$, d.h. $\mathfrak{a} = a_1 \cdot R + \cdots + a_n \cdot R \subseteq b \cdot R$. Somit ist auch $d \in b \cdot R$, d.h. $b \mid d$ und es gilt $(\mathrm{ggT_2})$ und (6.2) für d, woraus a) folgt.

Ad b): Ist p ein unzerlegbares Element von R, so sind Einheiten und assoziierte Elemente von p die einzigen Teiler von p. Falls weiter $p \nmid a$, so ist der ggT von a und p eine Einheit, also

$$1 = x_0 \cdot p + y_0 \cdot a \quad \text{mit} \quad x_0, y_0 \in R. \tag{6.2c}$$

Aus (6.2c) folgt $b = x_0 \cdot p \cdot b + y_0 \cdot (a \cdot b)$. Ist weiter $p \mid (a \cdot b)$, so folgt $p \mid b$; dies ist aber (6.1e) und b) ist bewiesen.

Ad c): Sind $\mathfrak{a}_\nu$ Ideale von R mit (6.2a), dann bilden wir

$$\mathfrak{a} := \bigcup_{\nu \in \mathbf{N}} \mathfrak{a}_\nu = \mathfrak{a}_1 \cup \mathfrak{a}_2 \cup \mathfrak{a}_3 \cup \cdots .$$

Sind nun $\alpha, \beta \in \mathfrak{a}$ und $r \in R$, so existiert ein $m \in \mathbf{N}$ mit $\alpha, \beta \in \mathfrak{a}_m$; da $\mathfrak{a}_m$ Ideal ist, folgt

$$\alpha \pm \beta, \, r \cdot \alpha \in \mathfrak{a}_m \subseteq \mathfrak{a},$$

d.h. auch $\mathfrak{a}$ ist ein Ideal von R. Folglich ist $\mathfrak{a}$ ein Hauptideal, also von der Form $\mathfrak{a} = d \cdot R$.

Da nun $d \in \mathfrak{a}$, folgt $d \in \mathfrak{a}_n$ für ein geeignetes $n \in \mathbf{N}$. Somit ist

$$d \cdot R = \mathfrak{a} \subseteq \mathfrak{a}_n \subseteq \cdots \subseteq \mathfrak{a}_{n+\rho} \subseteq \cdots \subseteq \mathfrak{a} = d \cdot R; \quad \rho \in \mathbf{N},$$

also muß $\mathfrak{a}_n = \mathfrak{a}_{n+\rho} = \mathfrak{a} = d \cdot R$ sein für jedes $\rho \in \mathbf{N}$, d.h. die aufsteigende Kette ist ab n stationär.

Ad d): Zunächst beweisen wir die *Existenz* einer Zerlegung (6.2b). Falls a ein unzerlegbares Element ist, so existiert eine solche Zerlegung.

Wir führen jetzt einen indirekten Beweis und nehmen an, daß es ein zerlegbares Element $a \in R$ ($a \neq 0$, $a \notin E(R)$) gibt, das keine Zerlegung (6.2b) besitzt. Dann hat aber a eine Zerlegung

$$a = a_1 \cdot a'$$

in zwei echte Teiler a_1 und a' von a, von denen mindestens ein Faktor, etwa a_1, seinerseits zerlegbar ist und keine Zerlegung (6.2b) besitzt (sonst hätte ja bereits a eine Zerlegung (6.2b)). Dann hat a_1 eine Zerlegung

$$a_1 = a_2 \cdot a''$$

in echte Teiler, wobei wieder o.B.d.A. a_2 entsprechende Eigenschaften hat. Dieses Verfahren ist fortsetzbar. Da für echte Teiler $a_{\nu+1}$ von a_ν gilt: $a_\nu \cdot R \subsetneq a_{\nu+1} \cdot R$, erhalten wir eine Teilerkette

$$a_1 \cdot R \subsetneq a_2 \cdot R \subsetneq a_3 \cdot R \subsetneq \cdots \subsetneq a_n \cdot R \subsetneq \cdots,$$

die nicht stationär ist. Dies ist ein Widerspruch zu c), und somit ist der Existenzbeweis erbracht.

Zur Begründung der *Eindeutigkeitsaussage* machen wir die Annahme es seien

$$p_1 \cdot p_2 \cdot \cdots \cdot p_r = a = q_1 \cdot q_2 \cdot \cdots \cdot q_s \qquad (6.2b')$$

zwei Zerlegungen von a in unzerlegbare Elemente, d.h. Primelemente p_ρ bzw. q_σ. Dann folgt

$$p_1 \,|\, (q_1 \cdot (q_2 \cdot \cdots \cdot q_s)), \quad \text{d.h. o.B.d.A.} \quad p_1 \,|\, q_1;$$

da p_1 und q_1 Primelemente sind, gilt somit:

$$q_1 = p_1 \cdot \varepsilon_1, \quad \varepsilon_1 = \text{Einheit, d.h.} \quad q_1 \approxeq p_1.$$

Nach Kürzen von p_1 ist $p_2 \cdot \cdots \cdot p_r = \varepsilon_1 \cdot q_2 \cdot \cdots \cdot q_s$, und mit einem einfachen Induktionsargument folgt, daß $r = s$ und daß die Primelemente jeweils bei geeigneter Numerierung assoziiert sind, d.h. $q_\sigma = \varepsilon_\sigma \cdot p_\sigma$ ($\varepsilon_\sigma = $ Einheit), womit Satz 6.1 bewiesen ist. ∎

Bemerkung 3. Es gibt Integritätsringe R, die keine Hauptidealringe sind, in denen aber trotzdem der ZPE-Satz gilt (und eventuell auch andere Aussagen aus Satz 6.1).

Der Zusammenhang zwischen diesen Hauptidealringen und dem allgemeinen Thema dieses Kapitels ergibt sich aus der in §5,

148

insbesondere in Definition 5H, festgestellten Tatsache, daß jeder (endlich-dimensionale) K-Vektorraum bei vorgegebenem Endomorphismus φ (bzw. Matrix A für $V = K^n$) die Struktur eines $K[X]$-Linksmoduls bzgl. φ (bzw. A) hat, also Modul über einem Hauptidealring ist. Wir wollen deshalb Moduln über Hauptidealringen zunächst aus prinzipiellem Interesse untersuchen und dabei sehen, daß sie noch Eigenschaften besitzen, die denen der K-Vektorräume sehr ähnlich sind, bzw. als geringfügige Abschwächungen anzusehen sind. Später werden wir sehen, daß diese generell wichtigen Resultate es ermöglichen werden, die Eigenschaften von K-Endomorphismen bzw. Matrizen aus $K^{n,n}$ genau zu beschreiben.

Es sei deshalb im folgenden

$$R \text{ ein Hauptidealring (Definition 6A),}$$
$$M \text{ ein } R\text{-Linksmodul;} \tag{6.3}$$

einige Teilaussagen werden auch noch bei beliebigen Integritätsringen gelten. Weiter bezeichne gemäß Definition 2J und den anschließenden Bemerkungen

$$\mathfrak{a} = \mathrm{Ann}_R(u) = \{a \in R \mid a \cdot u = \mathbf{0}_M\} \le R, \quad u \in M \text{ (fest)}$$
$$\text{(Annullator von } u \text{ in } R, \text{ Ideal von } R), \tag{6.3a}$$

sowie:

$$u \text{ heißt } Torsionselement \text{ von } M \Leftrightarrow \mathrm{Ann}_R(u) \ne (0),$$
$$T_R(M) = \{u \in M \mid u \text{ Torsionselement von } M\} \tag{6.3b}$$
$$= Torsions\text{-}R\text{-}Untermodul \text{ } von \text{ } M.$$

Definition 6B. Ein R-Linksmodul M heißt

$$Torsions\text{-}R\text{-}Modul \Leftrightarrow T_R(M) = M,$$
$$R\text{-}torsionsfrei \Leftrightarrow T_R(M) = (\mathbf{0}_M); \tag{6.3c}$$

hierbei kann R ein beliebiger Integritätsring sein.
In Weiterführung der Ergänzungen zu §2 vermerken wir

Lemma 6.2. $T_R(M)$ *ist stets ein Torsions-R-Linksmodul und der Faktormodul $M/T_R(M)$ ist ein R-torsionsfreier Modul; dies gilt bei beliebigem Integritätsring R.*

Beweis. Die R-Linksmoduleigenschaft von $T_R(M)$ wird bereits in §2 (nach (2.9f)) erwähnt und dort in Aufgabe **11**.a begründet; die Torsions-R-Moduleigenschaft von $T_R(M)$ ist trivial.

Sei nun $\bar{x} \neq \overline{\mathbf{0}_M}$ aus $M/T_R(M)$ ein R-Torsionselement, so existiert ein $r \in R$ mit $r \neq 0$ und $r \cdot \bar{x} = \overline{\mathbf{0}_M}$. Ist $x \in M$ ein Repräsentant von $\bar{x}$, so folgt also

$$r \cdot x = x_1 \in T_R(M), \quad \text{wobei} \quad x \notin T_R(M) \text{ ist};$$

dann existiert ein $r_1 \neq 0$, $r_1 \in R$ mit $r_1 \cdot x_1 = \mathbf{0}_M$; da R ein Integritätsring ist, folgt $(r_1 \cdot r) \cdot x = \mathbf{0}_M$ mit $(r_1 \cdot r) \neq 0$; dies ist ein Widerspruch zu $x \notin T_R(M)$, woraus die Behauptung folgt. ∎

Einige Beispiele hierzu:

[1]   Sei K ein Körper und $V = M$ ein K-Vektorraum. Dann ist M auch ein K-Linksmodul und $\mathbf{0}_V = \mathbf{0}_M$ das einzige K-Torsionselement von V. Also ist $T_K(V) = (\mathbf{0}_V)$, d.h. der Nullraum (vgl. §2, [7b]).

[1a]   Sei $(M; +)$ eine beliebige additiv geschriebene abelsche Gruppe. Dann ist M zugleich in natürlicher Weise ein $\mathbf{Z}$-Modul (vgl. auch §2, [7]). Die Torsionselemente von M sind dann die Elemente endlicher Ordnung (Exponent) von M, und $T_{\mathbf{Z}}(M)$ ist die eindeutig bestimmte Untergruppe aus allen Elementen endlicher Ordnung. Nach Lemma 6.2 sind dann in $M/T_{\mathbf{Z}}(M)$ alle Elemente $\neq \bar{\mathbf{0}}$ von unendlicher Ordnung.

In §2 hatten wir bereits den Begriff des *Erzeugendensystems E* eines R-Linksmoduls M eingeführt und schrieben

$$M = [E]; \tag{6.3d}$$

wir nannten M *endlich-erzeugter R-Linksmodul*, wenn endlich viele $x^1, \ldots, x^n \in M$ existieren mit

$$M = [x^1, \ldots, x^n], \tag{6.3e}$$

d.h. daß M die Gesamtheit der Linearkombinationen dieser Elemente ist. Mit der gemäß Definition 3A und 3A′ eingeführten *linearen Unabhängigkeit* erklärten wir in Definition 3B den Begriff der *R-Basis* und nannten dann M einen *freien R-Linksmodul*, wenn M eine R-Basis B besitzt, d.h. wenn $B \subseteq M$ existiert mit

$$\boxed{\begin{array}{l} \text{(i)} \quad B \text{ ist linear unabhängig über } R, \\ \text{(ii)} \ [B] = M \ (B \text{ ist Erzeugendensystem}). \end{array}} \tag{6.3f}$$

Wir wollen nun die folgende Sprechweise einführen:

Definition 6C. Ist M ein endlich-erzeugter R-Linksmodul über dem kommutativen Ring R mit Einselement, und besitzt M eine R-Basis aus n Elementen, wobei $n \in \mathbf{N}$ bzw. $n = 0$ für $M = (\mathbf{0})$, so heißt

$$\boxed{\ n = \mathrm{Rang}_R\,(M) = \dim_R\,(M)\ }\tag{6.3g}$$

der R-*Rang* oder die R-*Dimension von M.*

Bemerkung 4. Diese Definition ist natürlich nur dann berechtigt, wenn die Zahl n unabhängig von der speziellen Auswahl der Basis ist. Falls $R = K$ ein Körper ist, so wurde dies in Satz 3.4 gezeigt, und (6.3g) liefert die übliche Vektorraumdimension. Für den Spezialfall $R = $ Hauptidealring (oder Integritätsbereich) wird dies aus dem nachfolgenden Satz 6.3 folgen. Die Zulässigkeit der Definition (6.3g) bei beliebigem kommutativen R mit 1 läßt sich mit Matrizenrechnung zeigen (vgl. hierzu Aufgabe **7**).

$\boxed{1b}$ Sei R ein kommutativer Ring mit 1 und $n \in \mathbf{N}$. Betrachte $F = R^n = \{x = (x_1, \ldots, x_n) \mid x_\nu \in R\}$ die Menge der n-tupel über R (vgl. §3, $\boxed{1a}$), so liefern die Elemente $e^1 = (1, 0, \ldots, 0)$, $e^2 = (0, 1, 0, \ldots, 0), \ldots, e^n = (0, \ldots, 0, 1)$ offensichtlich eine R-Basis von R^n, also ist F ein freier R-Modul mit $\dim_R (F) = n$, d.h. *zu jedem n gibt es freie R-Moduln der Dimension n*; für $n = 0$ wählt man den Nullmodul.

Bemerkung 5. Man rechnet übrigens sofort nach, daß für $n \in \mathbf{N}$ ein freier R-Linksmodul M mit $\dim_R (M) = n$ stets zu R^n isomorph ist.

Satz 6.3. *Ist F ein freier R-Modul über einem Hauptidealring (oder allgemeiner: Integritätsring) R, und besitzt F eine n-gliedrige Basis, so hat jede Basis von F die gleiche Länge n.*

Beweis. Sei $m > n$ und $\mathfrak{x}^T = (x^1, \ldots, x^n)$ eine Zeile von Elementen aus F, z.B. eine Basiszeile, und gilt für $\mathfrak{y}^T = (y^1, \ldots, y^m)$ $(y^\mu \in F)$ die Relation

$$\mathfrak{y} = \Lambda \cdot \mathfrak{x} \quad \text{mit} \quad \Lambda = (\lambda_{\mu\nu}) \in R^{m,n},\tag{6.3h}$$

so gibt es ein m-tupel von Elementen aus R, z.B.

$$\tilde{y}^T = (\eta_1, \ldots, \eta_m) \neq \mathbf{0}, \quad \text{mit}$$
$$\tilde{y}^T \cdot \Lambda = (0, \ldots, 0) \in R^n.\tag{6.3i}$$

Ist nämlich K der Quotientenkörper von R, dann hat das homogene lineare Gleichungssystem (6.3i) zumindest in K^m eine nichttriviale Lösung $\tilde{y}'^T$; multipliziert man alle Elemente in $\tilde{y}'^T$ mit ihrem Hauptnenner (bzw. einem gemeinsamen Nenner), so erhält man eine Lösung von (6.3i). Hiermit gilt nun

$$\sum_{\mu=1}^{m} \eta_\mu y^\mu = \tilde{y}^T \cdot \eta = (\tilde{y}^T \cdot \Lambda) \cdot x = 0_F,\tag{6.3j}$$

d.h. die Elemente $y^1, \ldots, y^m$ aus F sind linear abhängig. Ist hierbei x^T eine Basis minimaler Länge von F, so folgt, daß keine Basis größerer Länge in F existieren kann. ∎

Bemerkung 6. Ein Beweis mit einem Analogon zum Austauschsatz von Steinitz ist hier nicht möglich. Sind im Beweis von Satz 6.3 die Elemente in x bzw. η aus einem beliebigen Modul M über R, so erhält man Elemente $y^1, \ldots, y^m$, die auf jeden Fall linear abhängig sind.

$\boxed{2}$ Seien $R = \mathbf{Z}$ und $M = \mathbf{Z}/5 \cdot \mathbf{Z}$ als $\mathbf{Z}$-Linksmodul, so ist $5 \cdot \bar{a} = \bar{0}$ für alle $\bar{a} \in M$, d.h. M ist ein Torsions-$\mathbf{Z}$-Modul (da endlich) und somit nicht $\mathbf{Z}$-frei.

Nun noch zwei Beispiele, die zugleich die Unterschiede zu K-Vektorräumen aufzeigen.

$\boxed{2a}$ Sei R ein Hauptidealring (wie z.B. $\mathbf{Z}$ oder $K[X]$) und $M = R$, so sind die R-Teilmoduln von M gerade die Ideale von R, d.h. Hauptideale der Form $\mathfrak{a} = R \cdot a$; dabei gilt für $a \neq 0$, $a \in R$ als R-Modul $R \cdot a \cong R$, d.h. jeder Teilmodul $\neq (0)$ ist frei vom R-Rang 1. – Im Unterschied zum Fall der K-Vektorräume gibt es hier echte Teilmoduln der gleichen Dimension.

$\boxed{2b}$ Ist R ein Integritätsring, der *kein* Hauptidealring ist (wie z.B. $R = \mathbf{Z}[X]$), so ist der R-Modul $M = R$ wieder frei vom Rang 1. Ist $\mathfrak{a}$ ein Ideal von R, das kein Hauptideal ist, so hat $\mathfrak{a}$ als R-Teilmodul von M mindestens zwei Erzeugende, also mehr als der Gesamtmodul M.

Wir behaupten den folgenden wichtigen

Satz 6.4. *Ist R ein Hauptidealring und F ein freier R-Linksmodul vom R-Rang $n \in \mathbf{N}_0$, d.h. mit n-gliedriger Basis, so ist jeder R-Teilmodul $N \leq F$ ebenfalls ein freier R-Linksmodul vom Rang*

$$\operatorname{Rang}_R(N) = m \leq n = \operatorname{Rang}_R(F).\tag{6.4}$$

Beweis. (durch Induktion nach $\mathrm{Rang}_R(F) = n$):

1. *Falls* $n = 0$, so ist die Behauptung offensichtlich richtig (auch für $n = 1$ gilt dies wegen $\boxed{1b}$, Bemerkung 5 und $\boxed{2a}$).

2. *Induktionsannahme:* Für freie R-Moduln vom Rang $\leq n - 1$ sei die Aussage des Satzes richtig.

3. *Beweis für* n: Sei dazu $F = R \cdot x^1 + R \cdot x^2 + \cdots + R \cdot x^n$ ein freier R-Modul vom Rang n mit der Basis $x^1, x^2, \ldots, x^n$ und $N \leq F$ ein Teilmodul. Weiter betrachten wir den von $x^1, \ldots, x^{n-1}$ erzeugten Teilmodul

$$F' = R \cdot x^1 + \cdots + R \cdot x^{n-1}. \tag{6.4a}$$

Dann folgt: F' ist frei vom $\mathrm{Rang}_R(F') = n - 1$.

3a. Falls speziell $N \leq F'$, so ist die Behauptung nach der Induktionsannahme richtig.

3b. Es verbleibt somit die Untersuchung des Restfalles

$$N \leq F \quad \text{aber} \quad N \nleq F'. \tag{6.4b}$$

Dann existiert

$$N \ni x = \lambda_1 x^1 + \cdots + \lambda_{n-1} x^{n-1} + \lambda_n x^n \quad \text{mit } \lambda_n \neq 0, \in R. \tag{6.4b'}$$

Es bezeichne nun

$$\mathfrak{a} := \{\lambda = \lambda_n \in R \mid \lambda_n \ \text{Koeffizient von } x^n \text{ für ein } x \in N\} \subseteq R.$$

$$\tag{6.4c}$$

Diese Teilmenge $\mathfrak{a}$ enthält ein Element $\neq 0$ von R (wegen (6.4b')). Falls $x, y \in N$, $\rho \in R$, so folgt $x \pm y \in N$ und $\rho \cdot x \in N$, und nach Definition von $\mathfrak{a}$ besagt dies, daß $\mathfrak{a}$ ein Ideal in R ist. Da R als Hauptidealring vorausgesetzt war, folgt also

$$\mathfrak{a} = \alpha \cdot R \quad \text{mit} \quad \alpha \neq 0, \quad \alpha \in R \text{ (fest)}. \tag{6.4d}$$

Folglich existiert

$$a \in N \quad \text{mit} \quad a = \lambda_1 x^1 + \cdots + \lambda_{n-1} x^{n-1} + \alpha \cdot x^n. \tag{6.4d'}$$

Ist nun

$$y = \mu_1 x^1 + \cdots + \mu_{n-1} x^{n-1} + \mu_n x^n \in N \tag{6.4e}$$

ein beliebiges Element dieses Teilmoduls, so folgt zunächst $\mu_n = \alpha \cdot \gamma$ mit $\gamma \in R$ und somit

$$y - \gamma \cdot a = \sum_{\nu=1}^{n-1} (\mu_\nu - \gamma \cdot \lambda_\nu) \cdot x^\nu \in N \cap F' \leq F'. \tag{6.4e'}$$

Nach Induktionsannahme gibt es eine Basis

$$y^1, \ldots, y^{m'} \quad (\text{mit } m' \leq n-1) \quad \text{von} \quad N \cap F'. \tag{6.4f}$$

Zum Abschluß des Beweises unseres Satzes genügt somit die Bestätigung von

4. Zwischenbehauptung.

$$y^1, \ldots, y^{m'}, \ a = y^m \in N \quad \text{mit} \quad m = m' + 1 \leq n$$

$$\text{bilden eine } R\text{-Basis von } N. \tag{6.4g}$$

Wegen (6.4e′, f) läßt sich jedes Element von N als Linearkombination von $y^1, \ldots, y^m$ darstellen, d.h. diese Elemente bilden ein *Erzeugendensystem* von N.

Gibt es nun eine R-Linearabhängigkeitsbeziehung

$$\rho_1 y^1 + \cdots + \rho_m \cdot y^{m'} + \lambda \cdot a = 0 \quad \text{mit} \quad \rho_\mu, \lambda \in R, \tag{6.4h}$$

so setzen wir hierin für a die Darstellung (6.4d′) und für die y^μ

$$y^\mu = \lambda_{\mu,1} x^1 + \cdots + \lambda_{\mu,n-1} x^{n-1}, \quad (\mu = 1, \ldots, m') \tag{6.4h′}$$

ein (wegen (6.4a) und (6.4f) existieren solche Darstellungen). Wir erhalten somit den Ausdruck

$$\rho_1' \cdot x^1 + \cdots + \rho_{n-1}' \cdot x^{n-1} + \lambda \cdot \alpha \cdot x^n = 0 \quad (\text{in } M), \tag{6.4i}$$

wobei

$$\rho_\nu' = \sum_{\mu=1}^{m'} \rho_\mu \cdot \lambda_{\mu,\nu} + \lambda \cdot \lambda_\nu \in R \quad (\nu = 1, \ldots, n-1). \tag{6.4i′}$$

Da die x^ν linear unabhängig sind und $\alpha \neq 0$ ist, muß $\lambda = 0$ sein, und aus (6.4h) folgt

$$\rho_1 y^1 + \cdots + \rho_m \cdot y^{m'} = 0; \tag{6.4i″}$$

da $y^1, \ldots, y^{m'}$ eine R-Basis von $N \cap F'$ bilden, folgt $\rho_1 = \cdots = \rho_{m'} = 0$, d.h. die Elemente in (6.4g) sind linear unabhängig über R, insgesamt also eine Basis von N. Da $m' \leq n-1$ (6.4f), muß auch $m = m' + 1 \leq n$ sein, womit (6.4g) und der Satz vollständig bewiesen sind. ∎

Bemerkung 7. Unter den Voraussetzungen und Bezeichnungen von Satz 6.4 und seinem Beweis besteht zwischen $\mathfrak{x}^T = (x^1, \ldots, x^n)$ und $\mathfrak{y}^T = (y^1, \ldots, y^m)$, den R-Modulbasen von F bzw. N, die folgende Übergangsformel in Matrizenschreibweise:

$$\eta = \Lambda \cdot x \quad \text{mit} \quad \Lambda = \begin{pmatrix} \lambda_{11} & \lambda_{12} & \cdots & \lambda_{1n} \\ \lambda_{21} & \lambda_{22} & \cdots & \lambda_{2n} \\ \vdots & \vdots & & \vdots \\ \lambda_{m1} & \lambda_{m2} & \cdots & \lambda_{mn} \end{pmatrix} \in R^{m,n}, \quad (6.4\text{j})$$

d.h. $y^{\mu} = \sum_{\nu=1}^{n} \lambda_{\mu\nu} x^{\nu} \quad (\mu = 1, \ldots, m),$

wobei gemäß (6.4h', d') des obigen Beweises speziell gilt

$$\lambda_{1n} = \lambda_{2n} = \cdots = \lambda_{m-1,n} = 0,$$
$$\lambda_{m1} = \lambda_1, \lambda_{m2} = \lambda_2, \ldots, \lambda_{m,n-1} = \lambda_{n-1}, \quad \lambda_{mn} = \alpha. \qquad (6.4\text{j}')$$

Wir wollen nun noch einige weitere Eigenschaften von Matrizen über Integritätsringen R betrachten.

Lemma 6.5. *Ist R ein Hauptidealring (oder Integritätsring), so besitzt eine Matrix $A \in R^{n,n}$ genau dann eine inverse Matrix A^{-1} in $R^{n,n}$, wenn $|A| = \det(A) = \varepsilon$ eine Einheit (invertierbares Element) in R ist.*

Beweis. 1. Falls $A^{-1} \in R^{n,n}$ existiert, so ist $|A| \cdot |A^{-1}| = |A \cdot A^{-1}| = 1$ in R, d.h. $|A|$ muß eine Einheit in R sein.
2. Ist umgekehrt $|A| = \varepsilon$ Einheit in R, so ist gemäß §1, (1.6k) $\varepsilon^{-1} \cdot ad(A)$ in $R^{n,n}$ bildbar und zu A invers, was die Behauptung ergibt. ∎

Definition 6D. Es sei R ein Hauptidealring und n bzw. m aus **N**. Dann heißt eine Matrix

$$S = (s_{\mu\nu}) \in R^{n,n} \quad \text{mit} \quad |S| = \varepsilon \quad \text{Einheit in } R \qquad (6.5)$$

eine *unimodulare Matrix* aus $R^{n,n}$. – Zwei Matrizen

$A, B \in R^{m,n} \quad \text{mit}$

$B = U \cdot A \cdot S, \quad \text{wobei}$ $\qquad\qquad\qquad (6.5\text{a})$

$U \in R^{m,m} \quad \text{und} \quad S \in R^{n,n} \text{ unimodular sind,}$

heißen *unimodular äquivalent* über R, in Zeichen:

$$\boxed{A \sim_R B \Leftrightarrow B = U \cdot A \cdot S}. \qquad (6.5\text{b})$$

Zur Illustration dieser Begriffe zunächst einige Beispiele:

$\boxed{3}$ Ist $R = K$ ein Körper, so sind (0) und $(1) = K$ die einzigen Ideale von K, d.h. K ist ein Hauptidealring und jedes $a \neq 0$ aus K ist Einheit. Hieraus folgt in diesem Fall für $A, B \in K^{m,n}$

$$A \sim_R B \Leftrightarrow A \sim B \quad \text{gemäß Definition 5A.}$$

$\boxed{3a}$ $R = \mathbf{Z}, \ \mathbf{Z}^{2.2} \ni A = \begin{pmatrix} 2 & 1 \\ 5 & 3 \end{pmatrix}$ mit $|A| = 1 \in \mathbf{Z}$,

d.h. A ist eine unimodulare Matrix. Dann existiert A^{-1}, und es gilt $A^{-1} = \begin{pmatrix} 3 & -1 \\ -5 & 2 \end{pmatrix} \in \mathbf{Z}^{2,2}$.

$\boxed{3b}$ Sei $R = \mathbf{R}[X]$ der Polynomring in X über $\mathbf{R}$, so sind $E(R) = \mathbf{R} \backslash \{0\}$ seine Einheiten. Folglich ist

$$R^{2,2} \ni A = \begin{pmatrix} 2 & X^2 \\ 0 & 1 \end{pmatrix} \quad \text{mit} \quad |A| = 2 \in E(R) \text{ eine}$$

$$\text{unimodulare Matrix und } A^{-1} = \begin{pmatrix} \dfrac{1}{2} & -\dfrac{X^2}{2} \\ 0 & 1 \end{pmatrix} \in R^{2,2}.$$

Wir vermerken nun die folgenden ersten einfachen Eigenschaften der unimodularen Äquivalenz:

Lemma 6.6. *Ist R ein Hauptidealring, so sind unimodulare Matrizen stets invertierbar und bilden eine multiplikative Gruppe in $R^{n,n}$ (bzw. $R^{m,m}$), und die unimodulare Äquivalenz (6.5b) liefert eine Äquivalenzrelation in $R^{m,n}$. – Die in den Ergänzungen zu §1 eingeführten Matrizen in $R^{n,n}$ (bzw. in $R^{m,m}$), nämlich $S_1^{(i,k)}$ gemäß (1.8), $S_2(\varepsilon \cdot i)$ mit ε Einheit aus R gemäß (1.8a) und $S_3(i, k; \lambda)$ gemäß (1.8b) mit $\lambda \in R$ sind jeweils unimodular.*

Beweis 1. Die Invertierbarkeit unimodularer Matrizen ist nach Lemma 6.5 klar, ferner ist das Inverse einer unimodularen Matrix wieder unimodular; das Produkt unimodularer Matrizen gehört wieder zu $R^{n,n}$ (bzw. $R^{m,m}$) und ist nach dem Determinantenmultiplikationssatz wieder unimodular, d.h. diese Matrizen bilden eine multiplikative Gruppe.

2. Wegen der Gruppeneigenschaft der unimodularen Matrizen in $R^{n,n}$ (bzw. $R^{m,m}$) folgt wie beim Beweis von Bemerkung 1 aus §5, daß $\sim_R$ eine Äquivalenzrelation ist.

156

3. Die Matrizen $S_1^{(i,k)}$, $S_2(\varepsilon \cdot i)$, $S_3(i, k; \lambda)$ sind offensichtlich aus $R^{n,n}$ (bzw. $R^{m,m}$) und unimodular, q.e.d. $\blacksquare$

Bemerkung 8. Man kann somit eine Matrix $A \in R^{m,n}$ in eine unimodular äquivalente z.B. dadurch überführen, daß man von rechts bzw. links jeweils mit endlich vielen Matrizen vom Typ $S_1^{(i,k)}$, $S_2(\varepsilon \cdot i)$ bzw. $S_3(i, k; \lambda)$ multipliziert ($\varepsilon \in E(R)$, $\lambda \in R$).

Bemerkung 9. Unimodulare Matrizen treten bei einem Basiswechsel gemäß Bemerkung 7, insbesondere (6.4j), in einem freien R-Modul F mit $F = N$ und $n = m$ auf, d.h. $\Lambda \in R^{m,m}$ ist unimodular.

Wir wollen die in Satz 6.4 beschriebene Aussage anschließend verschärfen, indem wir für geeignete Basen von F bzw. N die Übergangsmatrix genau beschreiben. Dazu leiten wir zunächst noch einige Ergebnisse zur unimodularen Äquivalenz von Matrizen her.

Lemma 6.7. *Ist R ein Hauptidealring, sind m, $n \in \mathbf{N}$ und >1, und ist $A = (a_{\mu\nu}) \neq O_{m,n}$, $\in R^{m,n}$, so ist A unimodular äquivalent zu einer Matrix A' mit*

$$A \sim_R A' = \begin{pmatrix} \delta_1\, 0 \cdots 0 \\ 0 \\ \vdots \quad \boxed{A_1} \\ 0 \end{pmatrix} \quad mit \qquad (6.5c)$$

$$A_1 = (a_{\mu\nu}^{(1)}) \in R^{m-1,n-1},$$

wobei gilt

$$\delta_1 \mid a_{\mu\nu}^{(1)} \quad \textit{für alle} \quad 1 \le \mu \le m-1, \quad 1 \le \nu \le n-1. \qquad (6.5d)$$

Beweis. (hier für *euklidische Ringe*, da dies für die Anwendungen ausreicht; für allgemeine Hauptidealringe vgl. die Ergänzungen zu §6, insbesondere Lemma 6.14, ff.).

1. Sei R ein euklidischer Ring mit der zugehörigen Abbildung $\psi : R \setminus \{0\} \to \mathbf{N}_0$ gemäß Definition 1G. Da $A \in R^{m,n}$ und $A \neq O_{m,n}$, gibt es ein $a_{\mu\nu} \neq 0$ mit minimalem Wert $\psi(a_{\mu\nu})$; wir machen o.B.d.A. die Annahme, dies sei a_{11}, d.h. $\psi(a_{11})$ sei minimal (sonst **können wir dies durch Zeilen- und Spaltenvertauschungen erreichen**; vgl. Lemma 1.2, Lemma 6.6).

2. Nach dem in (1.7d, e, f) geschilderten Euklidisch-Gaußschen Algorithmus erhält man gemäß Lemma 1.1 eine Matrix $A' \in R^{m,n}$

157

von der Form (1.7g), bei der also in der ersten Spalte außer a'_{11} nur Nullen stehen; dabei ist a'_{11} ein ggT der Elemente der ersten Spalte der ursprünglichen Matrix A. Falls auch $a'_{11} \doteqdot (a'_{11}, \ldots, a'_{1n})$, so subtrahiert man geeignete Vielfache der ersten Spalte von den anderen Spalten und erhält eine Matrix der Form (6.5c). Ist jedoch a'_{11} kein Teiler der Elemente der ersten Zeile, und wendet man Lemma 1.1 auf diese Zeile an, so entsteht eine Matrix mit der ersten Zeile $(a''_{11}, 0, \ldots, 0)$ mit

$$0 \le \psi(a''_{11}) < \psi(a'_{11}) < \psi(a_{11}), \tag{6.5d'}$$

die aber eventuell außer a''_{11} in der ersten Spalte wieder Elemente $\ne 0$ hat. Wiederholt man dieses Verfahren mit Zeilen und Spalten, so erhält man wegen (6.5d') nach endlich vielen Schritten eine Matrix A' der Form (6.5c) (bei Wahl der dortigen Bezeichnungen). Falls auch (6.5d) erfüllt ist, sind wir fertig.

3. Trifft (6.5d) nicht zu, so gibt es eine Spalte niedrigster Nummer in A_1, in der ein Element steht, das nicht von δ_1 geteilt wird. Wir addieren die zugehörige Spalte von A' zur ersten Spalte von A' und wiederholen das Verfahren aus 2.. Dann entsteht eine Matrix A'' der Form (6.5c) mit einem Element δ'_1 mit

$$0 \le \psi(\delta'_1) < \psi(\delta_1), \tag{6.5d''}$$

da es Rest bei einer echten Division mit Rest ist. Wenn man dieses gegebenenfalls endlich oft wiederholt, so muß wegen (6.5d'') die Bedingung (6.5d) bei dortiger Bezeichnung erfüllt sein. ∎

Bemerkung 10. Man kann aus dem Beweis von Lemma 6.7 folgern, daß δ_1 in (6.5c, d) ein ggT aller Elemente $a_{\mu\nu}$ aus A ist (vgl. auch Lemma 6.8).

Hieran schließt die folgende Begriffsbildung an:

Definition 6E. Ist R ein Hauptidealring, ist $A = (a_{\mu\nu}) \in R^{m,n}$ $(m, n \in \mathbf{N})$ und

$$1 \le i \le \mathrm{Min}(m, n), \tag{6.5e}$$

so heißt

$$\Delta_i(A) \doteqdot ggT \text{ von } (\ldots, A^{\mu_1, \ldots, \mu_i}_{\nu_1, \ldots, \nu_i}, \ldots)$$
$$\text{mit } 1 \le \mu_1 < \mu_2 < \cdots < \mu_i \le m, \tag{6.5f}$$
$$1 \le \nu_1 < \nu_2 < \cdots < \nu_i \le n,$$

158

wobei

$$A^{\mu_1,\ldots,\mu_i}_{\nu_1,\ldots,\nu_i} := \begin{vmatrix} a_{\mu_1\nu_1} & \cdots & a_{\mu_1\nu_i} \\ \vdots & & \vdots \\ a_{\mu_i\nu_1} & \cdots & a_{\mu_i\nu_i} \end{vmatrix} \tag{6.5g}$$

alle i-reihigen Unterdeterminanten von A durchläuft, der $i-te$ *Determinantenteiler* von A. Man setzt weiter

$$\Delta_0(A) = 1. \tag{6.5f'}$$

In diesem Sinne ist gemäß Bemerkung 10

$$\delta_1 = \Delta_1(A) \quad \text{(erster Determinantenteiler)}. \tag{6.5f''}$$

Wir behaupten nun

Lemma 6.8. *Ist R ein Hauptidealring, $A \in R^{m,n}$, so gilt stets*

$$\Delta_{i-1}(A) \,|\, \Delta_i(A) \quad (i = 1, \ldots, r = \text{Min}(m, n)), \tag{6.5h}$$

und weiter gilt für jedes $i = 1, 2, \ldots, \text{Min}(m, n)$ für die Hauptideale

$$\Delta_i(A) \cdot R = \Delta_i(A \cdot S) \cdot R, \qquad S \text{ unimodular}, \in R^{n,n},$$

$$\Delta_i(A) \cdot R = \Delta_i(U \cdot A) \cdot R, \qquad U \text{ unimodular}, \in R^{m,m}, \tag{6.5i}$$

sowie $\Delta_i(U \cdot A \cdot S) \doteq \Delta_i(A)$ *(assoziiert)*,

d.h. die i-ten Determinantenteiler von A sind bis auf einen Ein-heitsfaktor Invarianten bei unimodularer Äquivalenz.

Beweis. 1. Da jede i-reihige Unterdeterminante von A nach dem Entwicklungssatz (vgl. z.B. (1.6m, n)) Linearkombination von $(i-1)$-reihigen Unterdeterminanten ist, so folgt nach Satz 6.1, insbesondere (6.2), unmittelbar $\Delta_i(A) \in \Delta_{i-1}(A) \cdot R$, d.h. (6.5h).
2. Wir begründen von (6.5i) die erste Formel; der Beweis der zweiten folgt analog und die letzte durch Zusammenfügen beider Aussagen.
Ist also $S \in R^{n,n}$ unimodular, so sind die Spalten der Produkt-matrix $A \cdot S$ Linearkombinationen der Spalten von A mit Koeffizienten aus R; also sind die i-reihigen Unterdeterminanten von $A \cdot S$ Mehrfachsummen von i-reihigen Unterdeterminanten von A mit Koeffizienten aus R, und somit gilt

$$\Delta_i(A) \,|\, \Delta_i(A \cdot S). \tag{6.5j}$$

Da auch S^{-1} existiert und unimodular ist, erhalten wir analog

$\Delta_i(AS) \mid \Delta_i(ASS^{-1})$ und somit

$$\Delta_i(A \cdot S) \mid \Delta_i(A),$$

und daraus folgt die Assoziiertheit von $\Delta_i(A)$ und $\Delta_i(A \cdot S)$ und somit die Behauptung. ∎

Unser zentrales Ergebnis ist nun

Satz 6.9. *Es sei R ein Hauptidealring und $m, n \in \mathbf{N}$. Dann ist eine (m, n)-Matrix $A = (a_{\mu\nu}) \in R^{m,n}$ unimodular äquivalent zu einer Matrix D' (die sogenannte Elementarteilerform von A), d.h.:*

$$A \sim_R \begin{pmatrix} \delta_1 & & & 0 & \vdots & 0 \\ & \delta_2 & \ddots & & \vdots & \vdots \\ 0 & & & \ddots\, \delta_r & \vdots & 0 \\ \hline 0 & \cdots & & 0 & \vdots & O_{m-r,n-r} \end{pmatrix} = D' \tag{6.6}$$

$$= \mathrm{diag}(\delta_1, \delta_2, \ldots, \delta_r\,;\, O_{m-r,n-r}) \in R^{m,n}, \quad r \leq \mathrm{Min}(m, n),$$

wobei für die Elemente $\delta_\rho \in R$ gilt

$$\delta_1 \mid \delta_2, \quad \delta_2 \mid \delta_3, \ldots, \delta_{r-1} \mid \delta_r, \tag{6.6a}$$

und diese Elemente sind bis auf Einheitsfaktoren aus R durch A eindeutig bestimmt; genauer gilt

$$\Delta_i(A) \doteq \delta_1 \cdot \delta_2 \cdots \delta_i \quad (i = 1, \ldots, r), \tag{6.6b}$$

und für die zugehörigen Hauptideale

$$(\Delta_1) = (\delta_1), \quad \left(\frac{\Delta_2}{\Delta_1}\right) = (\delta_2), \ldots, \left(\frac{\Delta_r}{\Delta_{r-1}}\right) = (\delta_r)\,; \tag{6.6c}$$

die Matrizen $D' \in R^{m,n}$ mit (6.6) und (6.6a) liefern ein Repräsentantensystem der Klassen unimodularer Äquivalenz in $R^{m,n}$ (bis auf die Einheitsfaktoren bei den δ_i).

Bemerkung 11. Falls speziell $R = K$ ein Körper ist, so folgt aus Satz 6.9 erneut der frühere Satz 5.2 für die gewöhnliche Äquivalenz von Matrizen; die in (6.6) bis (6.6c) auftretende Zahl r läßt sich als Rang von A, aufgefaßt als Matrix über dem Quotientenkörper von R, interpretieren.

Beweis von Satz 6.9. 1. Existenz einer Darstellung (6.6) mit (6.6a): Wir führen diesen Nachweis durch eine Induktion nach $q = \mathrm{Min}(m, n)$. Für $q = 1$ ist die Aussage klar (vgl. z.B. Lemma 6.7

160

und seine Begründung). Wir machen die Annahme, daß $q > 1$ sei, und daß die Existenzaussage für Matrizen mit $\text{Min}(m, n) \leq q - 1$ richtig sei. Wir betrachten nun folgendes Reduktionsverfahren (vgl. auch EA, §11): Nach Lemma 6.7 gibt es unimodulare Matrizen $U' \in R^{m,m}$ und $S' \in R^{n,n}$ mit

$$A \sim_R A', \text{ d.h. } A' = U' \cdot A \cdot S', \quad \text{wobei} \tag{6.6d}$$

$$A' = \begin{pmatrix} \delta_1 & 0 & \cdots & 0 \\ 0 & & & \\ \vdots & & A_1 & \\ 0 & & & \end{pmatrix} \quad \text{und} \quad \begin{array}{l} A_1 = (a_{\mu\nu}^{(1)}) \in R^{m-1,n-1} \\ (\mu = 2, \ldots, m; \ \nu = 2, \ldots, n), \\ \text{sowie } \delta_1 \mid a_{\mu\nu}^{(1)}. \end{array}$$

Für $A_1 \in R^{m-1,n-1}$ ist nun die Induktionsannahme zutreffend, d.h. es gibt unimodulare Matrizen $U_1 \in R^{m-1,m-1}$ und $S_1 \in R^{n-1,n-1}$, so daß

$$U_1 \cdot A_1 \cdot S_1 = \begin{pmatrix} \delta_2 & & 0 & \vdots & 0 \\ & \ddots & & \vdots & \vdots \\ 0 & & \delta_r & \vdots & 0 \\ \hline 0 & \cdots & 0 & \vdots & O \end{pmatrix} \tag{6.6e}$$

$$= \text{diag}(\delta_2, \ldots, \delta_r; O_{m-r,n-r})$$

$$\text{in} \quad R^{m-1,n-1}, r \leq \text{Min}(m, n), \quad \text{mit} \quad \delta_2 \mid \delta_3, \ldots, \delta_{r-1} \mid \delta_r.$$

Dann folgt aber

$$\begin{pmatrix} 1 & 0 & \cdots & 0 \\ 0 & & & \\ \vdots & & U_1 & \\ 0 & & & \end{pmatrix} \cdot \begin{pmatrix} \delta_1 & 0 & \cdots & 0 \\ 0 & & & \\ \vdots & & A_1 & \\ 0 & & & \end{pmatrix} \cdot \begin{pmatrix} 1 & 0 & \cdots & 0 \\ 0 & & & \\ \vdots & & S_1 & \\ 0 & & & \end{pmatrix}$$

$$= \begin{pmatrix} \delta_1 & & & & 0 & \vdots & 0 \\ & \delta_2 & & & & \vdots & \vdots \\ & & \ddots & & & \vdots & \vdots \\ 0 & & & \delta_r & \vdots & 0 \\ \hline 0 & & \cdots & & 0 & \vdots & O \end{pmatrix}, \tag{6.6f}$$

wobei die erste Matrix aus $R^{m,m}$ bzw. die letzte aus $R^{n,n}$ im Produkt jeweils unimodular sind. Da δ_2 als erster Determinantenteiler von A_1 nach Lemma 6.8 ein ggT der $a_{\mu\nu}^{(1)}$ ist und $\delta_1 \mid a_{\mu\nu}^{(1)}$, folgt sofort $\delta_1 \mid \delta_2$, und damit ist die Existenzaussage (6.6) begründet.

2. *Eindeutigkeitsbeweis*: Sei (6.6) erfüllt und es gelte (6.6a), so folgt für jedes $i \in \mathbf{N}$

$$\Delta_i(A) \simeq \Delta_i(D') \doteq \delta_1 \cdot \delta_2 \cdot \cdots \cdot \delta_i \quad (i = 1, \ldots, r), \qquad (6.6g)$$

da jeweils die Unterdeterminante in der linken oberen Ecke einen ggT $\Delta_i(D')$ ergibt. Beachtet man nun, daß die Determinantenteiler unimodulare Invarianten sind, so ist wegen (6.5h) auch der Ergänzungsfaktor $\delta_i \doteq \Delta_i/\Delta_{i-1}$ eine bis auf einen Einheitsfaktor eindeutig bestimmte unimodulare Invariante von A. Hieraus folgen die restlichen Aussagen des Satzes; hierbei ist r der Rang von A. ∎

Definition 6F. Unter den Voraussetzungen und Bezeichnungen von Satz 6.9 nennt man die in (6.6) auftretenden (bis auf einen Einheitsfaktor eindeutig bestimmten) Elemente $\delta_1, \delta_2, \ldots, \delta_r$ (in dieser Reihenfolge) die *Elementarteiler der Matrix* $A \in R^{m,n}$.

Bemerkung 12. Unter Beachtung von Lemma 6.8 und Satz 6.9 kann man die Elementarteiler direkt durch Berechnung der i-ten Determinantenteiler bestimmen, ohne die unimodulare Äquivalenz direkt auszuführen; umgekehrt kann man die Elementarteilerform leichter finden, wenn man die Determinantenteiler bestimmen kann.

Zu unserem Ausgangsproblem der Modultheorie formulieren wir nun das Hauptergebnis, aus dem auch die Bezeichnungen stammen.

Satz 6.10 (*Elementarteilersatz*). *Ist R ein Hauptidealring, F ein freier R-Linksmodul vom* $\mathrm{Rang}_R(F) = n < \infty$ *und N ein R-Teilmodul von F, der gemäß Satz 6.4 R-frei vom* $\mathrm{Rang}_R(N) = m \le n$ *ist, so gibt es eine R-Basis* $t^T = (t^1, \ldots, t^n)$ *von F und eine R-Basis* $v^T = (v^1, \ldots, v^m)$ *von N mit:*

$$v^\mu = \delta_\mu \cdot t^\mu \quad (\mu = 1, \ldots, m), \quad wobei$$
$$\delta_{\mu-1} \mid \delta_\mu \quad (\mu = 1, \ldots, m; \quad \delta_0 = 1); \qquad (6.7)$$

dabei sind die Elemente $\delta_1, \ldots, \delta_m \in R$ *bis auf Einheitsfaktoren eindeutig bestimmt.*

In formaler Matrizenschreibweise analog zu (6.4j) besagt diese

Behauptung

$$
\begin{pmatrix} v^1 \\ v^2 \\ \vdots \\ v^m \end{pmatrix} = \begin{pmatrix} \delta_1 & 0 & \cdots & 0 & 0 & \cdots & 0 \\ 0 & \delta_2 & \ddots & \vdots & \vdots & & \vdots \\ \vdots & \ddots & \ddots & 0 & \vdots & & \vdots \\ 0 & \cdots & 0 & \delta_m & 0 & \cdots & 0 \end{pmatrix} \cdot \begin{pmatrix} t^1 \\ t^2 \\ \vdots \\ t^n \end{pmatrix}, \qquad (6.7a)
$$

d.h., daß es zu diesen Basen eine Matrix der angegebenen Form gibt.

Beweis von Satz 6.10. Nach Satz 6.4 und Bemerkung 7 gibt es gemäß (6.4j) zur ursprünglichen Basis x von F eine Übergangsformel zu einer Basis η von N mit

$$
\eta = \Lambda \cdot x \quad \text{mit} \quad \Lambda = \begin{pmatrix} \lambda_{11} & \cdots & \lambda_{1n} \\ \vdots & & \vdots \\ \lambda_{m1} & \cdots & \lambda_{mn} \end{pmatrix} \in R^{m,n}, \qquad (6.7b)
$$

wobei (6.4j') gilt und $r(\Lambda) = m$ (Rang) ist.

Setzen wir nun $\Lambda = (\lambda_{\mu\nu}) =: A = (a_{\mu\nu})$ und wenden Satz 6.9 an, so gibt es unimodulare Matrizen $U \in R^{m,m}$, $S \in R^{n,n}$ mit

$$
U \cdot \Lambda \cdot S = U \cdot A \cdot S = \begin{pmatrix} \delta_1 & 0 & \cdots & 0 & 0 & \cdots & 0 \\ 0 & \delta_2 & \ddots & \vdots & \vdots & & \vdots \\ \vdots & & \ddots & 0 & \vdots & & \vdots \\ 0 & \cdots & 0 & \delta_m & 0 & \cdots & 0 \end{pmatrix} \qquad (6.7c)
$$

(Elementarteilerform mit $r = m$).

Mit den Basiswechseln

$$
\begin{aligned}
&x = S \cdot t, \quad t^T = (t^1, \ldots, t^n) \text{ in } F \\
&\text{und} \quad U \cdot \eta = v, \quad v^T = (v^1, \ldots, v^m) \text{ in } N
\end{aligned} \qquad (6.7d)
$$

folgt dann

$$
v = U \cdot \eta = U \cdot \Lambda \cdot S \cdot t, \qquad (6.7d')
$$

d.h. die Behauptung (6.7a), wobei sich die Aussagen über die Elementarteiler $\delta_1, \ldots, \delta_m$ aus Satz 6.9 ergeben (beachte, daß hier $r = m$). ∎

Definition 6F'. Unter den Voraussetzungen von Satz 6.10 nennt man die Elemente $\delta_1, \ldots, \delta_m$ auch die *Elementarteiler von N in F*.

Wir illustrieren die Ergebnisse an einigen Beispielen:

$\boxed{4}$ $\quad R = \mathbf{Z}$, $F = (\mathbf{Z}, \mathbf{Z})$, d.h. F ist $\mathbf{Z}$-frei mit $\mathrm{Rang}_{\mathbf{Z}}(F) = 2$. Für $N = (2 \cdot \mathbf{Z}, 3 \cdot \mathbf{Z}) \leq F$ folgt für die Ausgangsbasen

$$A = \begin{pmatrix} 2 & 0 \\ 0 & 3 \end{pmatrix} \in \mathbf{Z}^{2,2} \quad \text{und} \quad \Delta_1(A) = \mathrm{ggT}(2, 3) = 1, \Delta_2(A) = 6.$$

Durch die angegebenen Spalten- bzw. Zeilenumformungen erhält man dann aus A die Elementarteilerform

$$\begin{pmatrix} 2 & 0 \\ 0 & 3 \end{pmatrix} \xrightarrow{\text{(iii)S}} \begin{pmatrix} 2 & 0 \\ 3 & 3 \end{pmatrix} \xrightarrow{\text{(iii)Z}} \begin{pmatrix} 2 & 0 \\ 1 & 3 \end{pmatrix}$$

$$\xrightarrow{\text{(i)Z}} \begin{pmatrix} 1 & 3 \\ 2 & 0 \end{pmatrix} \xrightarrow[\text{(ii)Z}]{\text{(iii)Z}} \begin{pmatrix} 1 & 3 \\ 0 & 6 \end{pmatrix} \xrightarrow{\text{(iii)S}} \begin{pmatrix} 1 & 0 \\ 0 & 6 \end{pmatrix}.$$

Also ist $\delta_1 = 1$, $\delta_2 = 6$ und $\dot{F}/N \cong \mathbf{Z}^2/(\mathbf{Z}, 6 \cdot \mathbf{Z})$.

$\boxed{4a}$ $\quad R = K[X]$ Polynomring in X über K und $A = \begin{pmatrix} 1-X & 0 \\ 0 & X \end{pmatrix} \in$ $R^{2,2}$. Dann ist $\Delta_1(A) \doteq \mathrm{ggT}(1-X, X) \doteq 1$,

$\Delta_2(A) \doteq |A| = X - X^2 = X \cdot (1-X)$. Somit folgt

$$A \sim_R \begin{pmatrix} 1 & 0 \\ 0 & X \cdot (1-X) \end{pmatrix}.$$

Für ein weiteres Beispiel vgl. auch die Ergänzungen. Zunächst geben wir noch einige Folgerungen und Weiterführungen der Theorie an.

Definition 6G. Ist R ein beliebiger Ring mit Einselement, so heißt ein R-Linksmodul M mit einem erzeugenden Element $m \in M$, so daß

$$M = R \cdot m = \{\rho \cdot m \mid \rho \in R\} \tag{6.7e}$$

gilt, ein *zyklischer R-Modul*.

Hierbei gilt

Bemerkung 13.

$$\mathfrak{a} := \mathrm{Ann}_R(m) = \{\rho \in R \mid \rho \cdot m = \mathbf{0}_M\}$$

$$= \begin{cases} (0), & \text{falls } m \text{ kein Torsionselement,} \quad (6.7e') \\ \\ \neq (0), & \text{sonst,} \end{cases}$$

164

ist in jedem Fall ein R-Linksideal. In einem Hauptidealring R ist $\mathfrak{a}$ stets ein zweiseitiges Hauptideal; ein freier R-Modul mit endlicher Basis ist somit die direkte Summe von freien zyklischen R-Moduln.

Wir betrachten nun die folgende Situation: Es sei

$\quad R$ ein Hauptidealring,

$\quad M$ ein endlich-erzeugter R-Linksmodul mit $\qquad\qquad$ (6.8)
$\qquad$ den Erzeugenden $x^1, \ldots, x^n$;

dann ist also gemäß §2:

$$M = [x^1, x^2, \ldots, x^n], \qquad\qquad (6.8')$$

wobei natürlich das Erzeugendensystem und seine Länge zunächst nicht eindeutig bestimmt sind. Wir betrachten weiter

$$F := R^n = \{(\rho_1, \ldots, \rho_n) = \sum_{\nu=1}^{n} \rho_\nu e^\nu \mid \rho_\nu \in R\,(\nu = 1, \ldots, n)\}, \quad (6.8a)$$

$$e^T = (e^1, \ldots, e^n),$$

d.h. den freien R-Modul vom Rang n und die Abbildung

$$\theta : F = R^n \to M \quad \text{mit}$$

$$y = \sum_{\nu=1}^{n} \rho_\nu e^\nu \mapsto \theta(y) = x := \sum_{\nu=1}^{n} \rho_\nu \cdot x^\nu. \qquad (6.8b)$$

Dies ist offensichtlich ein R-Homomorphismus, der wegen

$$\theta(e^\nu) = x^\nu \quad (\nu = 1, \ldots, n) \qquad\qquad (6.8b')$$

sogar surjektiv ist. Dann ist

$$N := \operatorname{Kern} \theta = \{y \in F \mid \theta(y) = \mathbf{0}_M\} \leq F = R^n \qquad (6.8c)$$

ein Teilmodul des freien Moduls $F = R^n$ und nach dem Homomorphiesatz gilt

$$M \cong F/N. \qquad\qquad (6.8c')$$

Also ist nach Satz 6.4 N wieder R-frei von einem $\operatorname{Rang}_R(N) = m \leq n$. Man nennt die zugehörige exakte Sequenz

$$(\mathbf{0}) \hookrightarrow N \hookrightarrow F \xrightarrow{\ \theta\ } M \to (\mathbf{0}),$$

$$\qquad\qquad\qquad\qquad\qquad\qquad\qquad (6.8c'')$$

$\quad F, N \quad R\text{-frei mit } \operatorname{Rang}_R(N) = m \leq n = \operatorname{Rang}_R(F)$
eine *endliche Präsentation von M.*

Nach dem Elementarteilersatz gibt es

> eine R-Basis $t^T = (t^1, \ldots, t^n)$ von F und
>
> eine R-Basis $v^T = (v^1, \ldots, v^m)$ von N
>
> mit $v^\mu = \delta_\mu \cdot t^\mu$ $(\mu = 1, \ldots, m)$,
>
> wobei $\delta_\mu \in R$ mit $\delta_\mu \mid \delta_{\mu+1}$ $(\mu = 1, \ldots, m-1)$;

$\hfill$ (6.8d)

diese δ_μ sind dabei durch N bis auf Einheitsfaktoren eindeutig bestimmt.

Weiter gilt gemäß (6.7b)

$$t = \Lambda \cdot e \quad \text{mit unimodularem } \Lambda = (\lambda_{\mu\nu}) \in R^{n,n}, \tag{6.8e}$$

$$\theta(t^\mu) = \theta\left(\sum_{\nu=1}^n \lambda_{\mu\nu} e^\nu \right) = \sum_{\nu=1}^n \lambda_{\mu\nu} x^\nu =: y^\mu \quad (\mu = 1, \ldots, n),$$

d.h. die y^μ bilden ein neues n-gliedriges Erzeugendensystem von M.

Offensichtlich ist dabei (vgl. auch (6.3a))

$$\mathfrak{a}_\mu := \operatorname{Ann}_R(y^\mu) = \delta_\mu \cdot R \quad (\mu = 1, \ldots, m), \tag{6.8e$'$}$$

denn für $\alpha_\mu \in \mathfrak{a}_\mu$ ist $\theta(\alpha_\mu \cdot t^\mu) = \alpha_\mu \cdot y^\mu = \mathbf{0}_M$, d.h. $\alpha_\mu \cdot t^\mu \in N$, also gilt nach (6.8d) $\alpha_\mu \in \delta_\mu \cdot R$ und somit $\mathfrak{a}_\mu \subseteq \delta_\mu \cdot R$; umgekehrt ist

$$\delta_\mu \cdot y^\mu = \theta(\delta_\mu \cdot t^\mu) = \theta(v^\mu) = \mathbf{0}_M, \text{ d.h. } \delta_\mu \in \mathfrak{a}_\mu, \text{ also } \delta_\mu \cdot R \subseteq \mathfrak{a}_\mu.$$

Da die $v^1, \ldots, v^m$ aus (6.8d) eine Basis von Kern θ bilden, gilt wegen (6.8d,e) für Elemente $y \in M$

$$y = \sum_{\nu=1}^n \alpha_\nu y^\nu = \sum_{\nu=1}^n \beta_\nu y^\nu \quad (\alpha_\nu, \beta_\nu \in R)$$

$$\Leftrightarrow \begin{cases} \delta_\mu \mid (\alpha_\mu - \beta_\mu) & (\mu = 1, \ldots, m), \\ \text{und} \quad \alpha_\mu = \beta_\mu \quad \text{für} \quad \mu = m+1, \ldots, n \quad (\text{falls } m < n), \end{cases} \tag{6.8f}$$

wie man sofort aus der Diskussion von Darstellungen von $\mathbf{0}_M$ aus M entnimmt (falls eventuell $\mu > m$, ist die Aussage unmittelbar klar).

Für $\mu = 1, \ldots, m$ treten die Elementarteiler δ_μ in (6.8d) auf, von denen einige Einheiten in R sein können; wegen $\delta_\mu \mid \delta_{\mu+1}$ $(\mu = 1, \ldots, m-1)$ müssen dies dann die in der Numerierung ersten

166

Exemplare sein, etwa $\delta_1, \ldots, \delta_k$ mit $k \le m$; somit ist

$$\delta_\kappa \not\approx 1 \quad \text{in } R \quad \text{(Einheit)},$$

$$\text{also } a_\kappa = \delta_\kappa \cdot R = R \quad \text{und} \quad R/a_\kappa \cong (0) \quad \text{Nullmodul,}$$

$$\text{d.h. } \rho \cdot y^\kappa = \mathbf{0}_M \quad \text{für alle} \quad \rho \in R$$

$$\text{und folglich } y^\kappa = \mathbf{0}_M \quad (\kappa = 1, \ldots, k). \tag{6.8g}$$

Weiter gilt

$$\delta_\mu \mid (\alpha_\mu - \beta_\mu) \quad \text{in (6.8f)} \quad \Leftrightarrow \quad \alpha_\mu \equiv \beta_\mu \bmod a_\mu,$$

$$\text{und } R \cdot y^\mu \cong R/a_\mu \text{ als } R\text{-Modul} \quad (\mu = k+1, \ldots, m). \tag{6.8h}$$

Beachten wir nun noch, daß alle Bestandteile $R \cdot y^\mu$ mit ($\mu = k+1$, $\ldots, n$) R-zyklisch sind, und beachten wir (6.8f), so erhalten wir zunächst:

Satz 6.11. *Ist R ein Hauptidealring, M ein endlich-erzeugter R-Linksmodul mit einem n-gliedrigen Erzeugendensystem, der gemäß (6.8b, b′, c, c′, c″) in einer festen endlichen Präsentation beschrieben sei, so ist M direkte Summe von endlich vielen R-zyklischen Moduln, d.h.*

$$M \cong R^{n-m} \oplus R/a_{k+1} \oplus \cdots \oplus R/a_m \tag{6.9}$$

bzw.

$$M = R \cdot y^{k+1} \oplus \cdots \oplus R \cdot y^m \oplus R \cdot y^{m+1} \oplus \cdots \oplus R \cdot y^n$$

$$\textit{mit} \quad a_\nu = \mathrm{Ann}_R (y^\nu) = \begin{cases} (0) & \textit{für} \quad \nu = m+1, \ldots, n, \\ \delta_\nu \cdot R \neq (0), \neq R, & \nu = k+1, \ldots, m, \end{cases} \tag{6.9a}$$

wobei $\quad \delta_\mu \mid \delta_{\mu+1} \quad$ *für* $\quad \mu = k+1, \ldots, m-1$;

also ist jedes $y \in M$ in der Form

$$y = \sum_{\nu=k+1}^{n} \rho_\nu \cdot y^\nu, \quad \textit{mit } \rho_\nu \bmod a_\nu \textit{ bestimmt,} \tag{6.9b}$$

eindeutig darstellbar. Hierbei ist gemäß (6.8d) $m = \mathrm{Rang}_R(N)$, d.h. m ist der Rang des Kernes der Präsentation, k die Zahl der Elementarteiler von N in F, welche Einheiten sind, und die δ_μ sind nach dem Elementarteilersatz bestimmt; der Typus der Zerlegung (6.9) bzw. (6.9a) ist durch die Präsentation von M eindeutig festgelegt.

Bemerkung 14. In dem vorangehenden Satz können eine oder mehrere der Zahlen k, $m-k$ bzw. $n-m$ gleich Null sein, d.h. die möglichen Phänomene bei obiger Konstruktion können alle eintreten. Das obige Ergebnis hängt nach seiner Herleitung zunächst von der Auswahl der benutzten Präsentation von M ab, und man kann sich zumindest Zerlegungen von M in eine direkte Summe R-zyklischer Moduln konstruieren, die von anderem Typus ist; ob dies auch mit den Zusatzvoraussetzungen des Elementarteilersatzes in (6.9a) geht, werden wir in Kürze (vgl. auch die Ergänzungen) überprüfen.

Zunächst gilt in der Situation von Satz 6.11:

$$M = M_1 \oplus M_2 \tag{6.9c}$$

mit

$$M_1 = R \cdot y^{k+1} \oplus \cdots \oplus R \cdot y^m \text{ und } \mathrm{Ann}_R(y^\varkappa) \neq (0), \tag{6.9c'}$$

$$M_2 = R \cdot y^{m+1} \oplus \cdots \oplus R \cdot y^n, \quad R\text{-frei}. \tag{6.9c''}$$

Für den R-freien Modul M_2 gilt $\mathrm{Rang}_R(M_2) = n - m$, und er enthält sicher keine R-Torsionselemente $\neq \mathbf{0}_M$ (wegen Satz 6.4). Dagegen wird M_1 von Torsionselementen erzeugt, und dabei haben wir nach (6.9a) sicher

$$\delta_m \cdot y = \mathbf{0}_M \quad \text{für alle} \quad y \in M_1, \quad \delta_m \neq 0, \tag{6.9d}$$

d.h. M_1 ist ein Teilmodul von M, der nur aus Torsionselementen besteht, und es ist sogar

$$M_1 = T_R(M), \tag{6.9e}$$

denn wegen der direkten Summenzerlegung (6.9c) kann es in M keine weiteren Torsionselemente geben. Schließlich gilt (vgl. auch Lemma 6.2):

$$M/M_1 = M/T_R(M) \cong M_2. \tag{6.9f}$$

Dann haben wir

Satz 6.11a. *Unter den Voraussetzungen und Bezeichnungen von Satz 6.11 und (6.9c, c', c'') ist M_1 gemäß (6.9e) der Torsions-R-Untermodul von M und damit eindeutig bestimmt, der $\mathrm{Rang}_R(M_2)$ ist durch M eindeutig und invariant bestimmt. Ein endlich-erzeugbarer R-Modul ist genau dann R-frei, wenn er R-torsionsfrei ist.*

Bemerkung 15. Zur Klärung weiterer Eindeutigkeits- bzw. Invarianzfragen genügt es somit, endlich-erzeugbare R-Torsionsmoduln zu untersuchen (vgl. hierzu auch Satz 6.13, Ergänzungen und §7).

Man sieht ergänzend zu (6.9d) weiter:

$$\text{Ist } \mathfrak{a} := \{\alpha \in R \mid \alpha \cdot y = \mathbf{0}_M \text{ für alle } y \in M_1\} = \operatorname{Ann}_R(M_1),$$

$$\text{dann gilt } \mathfrak{a} = \delta \cdot R = \delta_m \cdot R \quad \text{mit} \quad \delta \eqsim \delta_m \neq 0 \text{ in } R. \tag{6.9d'}$$

Wir formulieren nun

Bemerkung 16. Ist M ein R-Torsionsmodul, R Hauptidealring, $\delta \in R$, $\delta \neq 0$ mit

$$\delta \cdot y = \mathbf{0}_M \quad \text{für alle} \quad y \in M, \tag{6.9g}$$

und haben wir eine Produktzerlegung

$$\delta = \delta' \cdot \delta'' \quad \text{mit} \quad (\delta', \delta'') \eqsim 1, \tag{6.9g'}$$

so gibt es eine eindeutig bestimmte direkte Summenzerlegung

$$M = M_{\delta'} \oplus M_{\delta''} \quad \text{mit}$$
$$M_{\delta'} := \{x' \in M \mid \delta' \cdot x' = \mathbf{0}_M\}, \tag{6.9g''}$$
$$M_{\delta''} := \{x'' \in M \mid \delta'' \cdot x'' = \mathbf{0}_M\}.$$

Beweis. 1. Wegen $(\delta', \delta'') \eqsim 1$ ist nach Satz 6.1, insbesondere (6.2),

$$1 = \alpha' \cdot \delta' + \alpha'' \cdot \delta'' \quad \text{mit} \quad \alpha', \alpha'' \in R. \tag{6.9h}$$

Somit haben wir für $x \in M$

$$x = 1 \cdot x = x'' + x' \quad \text{mit}$$
$$x'' = (\alpha' \cdot \delta') \cdot x \quad \text{und} \quad x' = (\alpha'' \cdot \delta'') \cdot x, \tag{6.9h'}$$

wobei

$$\delta' \cdot x' = (\alpha'' \cdot \delta'' \cdot \delta') \cdot x = \mathbf{0}_M,$$
$$\delta'' \cdot x'' = (\alpha' \cdot \delta' \cdot \delta'') \cdot x = \mathbf{0}_M, \tag{6.9h''}$$

d.h. $x' \in M_{\delta'}$ und $x'' \in M_{\delta''}$,

also ist

$$M = M_{\delta'} + M_{\delta''}. \tag{6.9i}$$

2. Wir zeigen nun, daß diese Zerlegung sogar direkt ist, d.h.

$$M_{\delta'} \cap M_{\delta''} = \{\mathbf{0}_M\}. \tag{6.9i'}$$

Ist nämlich $M \ni y \neq 0_M$ und wäre $\delta' \cdot y = \delta'' \cdot y = 0_M$, so folgte der Widerspruch $0_M \neq y = 1 \cdot y = \alpha' \cdot \delta' \cdot y + \alpha'' \cdot \delta'' \cdot y = 0_M$. ∎

Aus dieser Bemerkung 16 folgt durch einen einfachen Induktionsschluß

Satz 6.12. *Ist R ein Hauptidealring und M ein endlich-erzeugter R-Torsionsmodul und gilt für das erzeugende Element des gemäß (6.9d') erklärten Ideals $\mathfrak{a} = \mathrm{Ann}_R(M) = \delta \cdot R$ die Primfaktorzerlegung*

$$\delta = \varepsilon \cdot \prod_{\sigma=1}^{s} p_\sigma^{e_\sigma} \quad \textit{mit Primelementen} \quad p_\sigma \in R, \quad e_\sigma \in \mathbf{N},$$

$$\varepsilon \textit{ Einheit und } (p_\sigma, p_{\sigma'}) \doteq 1 \quad \textit{für} \quad \sigma \neq \sigma', \tag{6.10}$$

so existiert eine eindeutig bestimmte direkte Summenzerlegung

$$M = M_{p_1} \oplus \cdots \oplus M_{p_s} \tag{6.10a}$$

in R-Teilmoduln M_{p_σ} von M, wobei

$$M_{p_\sigma} := \{x_\sigma \in M \mid p_\sigma^{e_\sigma} \cdot x_\sigma = 0_M\}$$

$$= \left\{x_\sigma = \left(\prod_{\tau \neq \sigma} p_\tau^{e_\tau}\right) \cdot x \quad \textit{für} \quad x \in M\right\} \quad (\sigma = 1, \ldots, s). \tag{6.10b}$$

Definition 6H. Ein R-Torsionsmodul M heißt ein *p-primärer Modul*, falls ein Primelement $p \in R$ existiert mit der Eigenschaft:

$$\text{zu} \quad x \in M \quad \text{gibt es ein} \quad n \in \mathbf{N} \quad \text{mit} \quad p^n \cdot x = 0_M; \tag{6.10c}$$

eine Zerlegung der Form (6.10a, b) heißt die *Primärzerlegung von M*.

Wir zitieren hier noch

Satz 6.13. *Ist R ein Hauptidealring, M ein endlich-erzeugter R-Modul, so sind die in Satz 6.11 durch M erklärten Größen δ_μ ($\mu = k+1, \ldots, m$), unabhängig von der Präsentation, durch M bis auf Einheiten eindeutig festgelegt, die Invarianten $\delta_\mu \cdot R$ von M.*

Für den Beweis und die Diskussion dieses Satzes mit primären Zerlegungen sowie Beispiele vergleiche die Ergänzungen; der in der linearen Algebra wichtige Spezialfall wird in §7 auf anderem Wege direkt bewiesen.

Ergänzungen zu §6

Um den Beweis des Elementarteilersatzes für allgemeine Hauptidealringe nachtragen zu können, ist zunächst eine Ergänzung zum Beweis von Lemma 6.7 erforderlich und dazu zeigen wir

Lemma 6.14. *Ist R ein Hauptidealring, sind $s_{11}, s_{12}, \ldots, s_{1n} \in R$, nicht alle $= 0$, und ist*

$$R \ni d \ \text{ein ggT der Elemente } s_{11}, \ldots, s_{1n} \ \text{(bis auf den} \tag{6.11}$$
$$\text{Übergang zu assoziierten Elementen eindeutig)},$$

so gibt es Elemente $x_1, \ldots, x_n \in R$ mit

$$s_{11}x_1 + s_{12}x_2 + \cdots + s_{1n}x_n = b, \quad b \in R, \tag{6.11a}$$

genau dann, wenn $d \mid b$; insbesondere gibt es unter dieser Voraussetzung stets eine Matrix

$$S = \begin{pmatrix} s_{11} & s_{12} & \cdots & s_{1n} \\ s_{21} & s_{22} & \cdots & s_{2n} \\ \vdots & \vdots & & \vdots \\ s_{n1} & s_{n2} & \cdots & s_{nn} \end{pmatrix} \in R^{n,n} \quad \text{mit} \quad |S| = d; \tag{6.11b}$$

falls dabei $d = \varepsilon$ eine Einheit ist, so ist S sogar unimodular.

Beweis. 1. Falls $d \mid b$, so ist $b \in d \cdot R$, also ist nach Satz 6.1 (6.11a) in R lösbar; ist (6.11a) lösbar, so muß b in dem von $s_{11}, \ldots, s_{1n}$ erzeugten Ideal liegen, also folgt $d \mid b$.
2. Die Existenz einer Matrix S mit (6.11b) zeigen wir durch Induktion nach n. Für $n = 1$ ist die Aussage trivial, und wir nehmen an, daß sie bis zu $n - 1$ richtig sei. Seien jetzt zu $n \in \mathbf{N}$, $n > 1$, $s_{11}, s_{12}, \ldots, s_{1n}$ gegeben mit den ggT gemäß

$$d' \doteq (s_{12}, \ldots, s_{1n}) \quad \text{und} \quad d \doteq (s_{11}, d'). \tag{6.11c}$$

Nach der Induktionsannahme existiert dann ein

$$S' = \begin{pmatrix} s_{12} & \cdots & s_{1n} \\ s_{22} & \cdots & s_{2n} \\ \vdots & & \vdots \\ s_{n-1,2} & \cdots & s_{n-1,n} \end{pmatrix} \in R^{n-1,n-1} \quad \text{mit} \quad |S'| = d'. \tag{6.11c'}$$

Sind nun $\alpha_{12}, \ldots, \alpha_{1n}$ die gemäß (1.6j, 1.6m) bei der Entwicklung von $|S'|$ nach der 1-ten Zeile auftretenden Größen

$$|S'| = s_{12} \cdot \alpha_{12} + \cdots + s_{1n} \cdot \alpha_{1n},$$
$$\alpha_{1v} = (-1)^v \cdot |S'_{1v}|, \quad (v = 2, \ldots, n), \tag{6.11d}$$

wobei $|S'_{1v}|$ die Streichungsdeterminanten aus S' zum dortigen Spaltenindex v sind, so ist

$$|S'| = s_{12} \cdot \alpha_{12} + \cdots + s_{1n} \cdot \alpha_{1n} = d'. \tag{6.11d'}$$

171

Hieraus folgt für einen ggT

$$(\alpha_{12}, \ldots, \alpha_{1n}) \eqsim 1, \tag{6.11d''}$$

denn sonst könnte man aus allen Summanden in (6.11d) einen Faktor herausziehen, der d' als echten Teiler hätte. Da nun

$$d \eqsim (d', s_{11}) \eqsim (d', s_{11}\alpha_{12}, \ldots, s_{11}\alpha_{1n}), \tag{6.11e}$$

gibt es Elemente $x_1, x_2, \ldots, x_n \in R$ mit

$$(-1)^{n+1} \cdot (d' \cdot x_1 - s_{11} \cdot \alpha_{12} \cdot x_2 - s_{11} \cdot \alpha_{13} \cdot x_3$$
$$- \cdots - s_{11} \cdot \alpha_{1n} \cdot x_n) = d. \tag{6.11e'}$$

Dann hat die Matrix

$$S = \begin{pmatrix} s_{11} & s_{12} & \cdots & s_{1n} \\ 0 & s_{22} & \cdots & s_{2n} \\ \vdots & \vdots & & \vdots \\ 0 & s_{n-1,2} & \cdots & s_{n-1,n} \\ x_1 & x_2 & \cdots & x_n \end{pmatrix} \in R^{n,n} \tag{6.11e''}$$

alle in Lemma 6.14 geforderten Eigenschaften. ∎

Ist nun eine beliebige Matrix

$$A = (a_{\mu\nu}) = \begin{pmatrix} a_{11} & a_{12} & \cdots & a_{1n} \\ \vdots & & & \vdots \\ a_{m1} & \cdots & \cdots & a_{mn} \end{pmatrix} \in R^{m,n} \quad (m, n \in \mathbf{N}) \tag{6.11f}$$

gegeben, und sei in der ersten Zeile mindestens ein Element $\neq 0$ und

$$R \ni d \eqsim (a_{11}, a_{12}, \ldots, a_{1n}); \tag{6.11f'}$$

dann existieren

$s_{11}, \ldots, s_{1n}$ aus R mit
$$a_{11}s_{11} + \cdots + a_{1n}s_{1n} = d, \quad 1 \eqsim (s_{11}, \ldots, s_{1n}). \tag{6.11f''}$$

Bilden wir mit $s_{11}, \ldots, s_{1n}$ gemäß Lemma 6.14 die Matrix S nach (6.11b), so ist $S \in R^{n,n}$ eine unimodulare Matrix und es gilt

$$A \cdot S^T = \begin{pmatrix} d, & a_2, \ldots, a_n \\ \vdots & \\ \vdots & \end{pmatrix} \in R^{m,n}, \; d \mid a_\nu \quad (\nu = 2, \ldots, n); \tag{6.11g}$$

man beachte dazu, daß $a_2, \ldots, a_n$ aus dem von $a_{11}, \ldots, a_{1n}$ erzeugten Ideal sind. Indem man entsprechendes mit Spalten durchführt (transponierte Matrizen) erhält man

Bemerkung 17. Ist eine Matrix $A \in R^{m,n}$ gemäß (6.11f) gegeben, so gibt es

172

eine unimodulare Matrix $S_4 \in R^{n,n}$ bzw. $S_4' \in R^{m,m}$, für die gilt

$$A \cdot S_4 = \begin{pmatrix} d & a_2 & \cdots & a_n \\ \vdots & & & \\ \vdots & & & \end{pmatrix} \quad \text{bzw.} \quad S_4' \cdot A = \begin{pmatrix} d_1 & \cdots & & \\ a_2' & & & \\ \vdots & & & \\ a_m' & & & \end{pmatrix} \qquad (6.11\text{h})$$

mit $\quad d \mid a_\nu \;\; (\nu = 2, \ldots, n)$ bzw. mit $\quad d_1 \mid a_\mu' \;\; (\mu = 2, \ldots, m)$.

Wir tragen nun, wie angekündigt, folgendes nach:

Beweis von Lemma 6.7 im allgemeinen Fall.
1. Ausgehend von einer Matrix $A \in R^{m,n}$ erhält man gemäß Bemerkung 17 mit S_4' die Form $S_4' \cdot A$, wobei also $d_1 \mid a_\mu' \;(\mu = 2, \ldots, m)$ und d_1 ein ggT der ersten Spalte von A ist. Durch Addition von geeigneten Vielfachen der ersten Zeile von $S_4' \cdot A$ zu den anderen Zeilen (dies ist eine unimodulare Transformation) erhält man eine Matrix der Form

$$\begin{pmatrix} d_1 & a_{22}' & \cdots & a_{2n}' \\ 0 & & & \\ \vdots & & & \\ 0 & & & \end{pmatrix} \in R^{m,n}. \qquad (6.11\text{i})$$

Falls hierbei $d_1 \mid a_{2\nu}' \;(\nu = 2, \ldots, n)$, so kann man wie beim Beweis von Lemma 6.7 die erste Zeile in Nullen überführen. Anderenfalls ist $d' \doteqdot (d_1, a_{22}', \ldots, a_{2n}')$ ein echter Teiler von d_1. Nach Multiplikation mit einem unimodularen S_4 hat die erste Zeile die Form $(d', a_2, \ldots, a_n)$ mit $d' \mid a_\nu$ $(\nu = 2, \ldots, n)$; durch Addition von geeigneten Vielfachen der ersten Spalte zu den anderen Spalten erhält man eine Matrix der Form

$$\begin{pmatrix} d' & 0 & \cdots & 0 \\ \vdots & & & \\ \vdots & & & \end{pmatrix} \in R^{m,n}. \qquad (6.11\text{i}')$$

Wenn hierbei die Form (6.5c) noch nicht erreicht ist, so wiederholt man dieses Verfahren, wobei in der linken oberen Ecke der Matrix jeweils echte Teiler auftreten

$$d' \mid d_1, \quad d_1 \nmid d'; \; d'' \mid d', \, d' \nmid d''; \ldots; \qquad (6.11\text{i}'')$$

nach endlich vielen Schritten ist somit eine Matrix A' der Form (6.5c) erreicht.
2. Ist hierbei (6.5d) noch nicht erfüllt, so gehe man analog zum Teil 3 des Beweises von Lemma 6.7 vor und wiederhole anschließend den obigen Beweisteil 1. Nach endlich vielen Wiederholungen erhält man auch im allgemeinen Fall die volle Aussage von Lemma 6.7.
3. Aus dem Beweis folgt, daß auch hier die Behauptung der früheren Bemerkung 10 zutrifft. Die weiteren Herleitungen des Satzes 6.9 gelten unverändert. ∎

173

Wir illustrieren dieses Verfahren an einem Beispiel.

$\boxed{5}$ Sei $R = \mathbf{Z}$ und $A^T = \begin{pmatrix} 10 & 4 & 6 \\ 12 & 8 & 28 \end{pmatrix} \in \mathbf{Z}^{2,3}$.

Dann ist $2 \doteqdot (10, 4, 6)$ und $2 = 0 \cdot 10 - 1 \cdot 4 + 1 \cdot 6$, also ist $s_{11} = 0$, $s_{12} = -1$, $s_{13} = 1$. Nach Lemma 6.14 erhält man

$$S = \begin{pmatrix} 0 & -1 & 1 \\ 0 & 0 & 1 \\ 1 & 0 & 0 \end{pmatrix} \in \mathbf{Z}^{3,3}.$$

Dann liefert das obige Beweisschema

$$A^T \cdot S^T = \begin{pmatrix} 10 & 4 & 6 \\ 12 & 8 & 28 \end{pmatrix} \cdot S^T = \begin{pmatrix} 2 & 6 & 10 \\ 20 & 28 & 12 \end{pmatrix} \longrightarrow$$

$$\longrightarrow \begin{pmatrix} 2 & 0 & 0 \\ 20 & -32 & -88 \end{pmatrix} \longrightarrow \begin{pmatrix} 2 & 0 & 0 \\ 0 & -32 & -88 \end{pmatrix} \overset{(*)}{\longrightarrow} \begin{pmatrix} 2 & 0 & 0 \\ 0 & -32 & 8 \end{pmatrix}$$

$$\longrightarrow \begin{pmatrix} 2 & 0 & 0 \\ 0 & 8 & 0 \end{pmatrix}, \text{ denn } (*): (-32, -88) \cdot \begin{pmatrix} 1 & -3 \\ 0 & 1 \end{pmatrix} = (-32, 8).$$

Dies ist zugleich die Elementarteilerform der Matrix A^T.

Zur Frage der Eindeutigkeit der direkten Summenzerlegung von R-Torsionsmoduln noch zwei Beispiele:

$\boxed{5a}$ $R = \mathbf{Z}$, dann ist $\mathbf{Z}/15 \cdot \mathbf{Z} \cong \mathbf{Z}/3 \cdot \mathbf{Z} \oplus \mathbf{Z}/5 \cdot \mathbf{Z}$.
Dies sind zwei Darstellungen als direkte Summe von $\mathbf{Z}$-zyklischen Moduln von verschiedenem Typus: $\mathbf{Z}/15 \cdot \mathbf{Z}$ ist die Form gemäß Satz 6.11, d.h. in «Elementarteilerform»; die zweite Darstellung entspricht Satz 6.12, d.h. der primären Zerlegung; hier ist die Teilbarkeitsbedingung (6.9a) der Annulatoren nicht mehr erfüllt.

$\boxed{5b}$ $R = K = \mathbf{Z}/p \cdot \mathbf{Z}$ sei ein Körper von p Elementen, d.h. ein endlicher Körper (zugleich ein $\mathbf{Z}$-Modul), $M = V$ ein endlich-dimensionaler K-Vektorraum. Dann gilt: M ist kein K-Torsionsmodul aber $\mathbf{Z}$-Torsionsmodul, und die Zahl der direkten Summanden (nicht aber sie selbst) ist eindeutig festgelegt $= \dim_K(V)$.

Ist nun wie früher

R ein Hauptidealring,   (6.12)
M ein endlich-erzeugter R-Torsionsmodul,

so ist nach Satz 6.11 (nach Verschiebung der Indizes)

$M = R \cdot y^1 \oplus R \cdot y^2 \oplus \cdots \oplus R \cdot y^r$ mit

$\mathfrak{a}_\rho = \mathrm{Ann}_R(y^\rho) = \delta_\rho \cdot R \quad (\rho = 1, \ldots, r)$,   (6.12a)

$\delta_\rho \mid \delta_{\rho+1} \quad (\rho = 1, \ldots, r-1), \quad \mathfrak{a}_r = \mathrm{Ann}_R(M)$, die Zerlegung in R-zyklische R-Moduln, wobei mit paarweise teilerfremden Primelementen $p_1, \ldots, p_s$ aus R weiter gilt

$$\delta_\rho \doteq \prod_{\sigma=1}^{s} p_\sigma^{e_{\rho,\sigma}} \quad \text{mit} \quad e_{\rho,\sigma} \in \mathbf{N}_0 \quad (\rho = 1, \ldots, r; \ \sigma = 1, \ldots, s),$$

$$\text{und} \quad e_{\rho,\sigma} \leq e_{\rho+1,\sigma} \quad (\rho = 1, \ldots, r-1), \tag{6.12a'}$$

$$\text{insbesondere} \quad \delta_r \doteq \prod_{\sigma=1}^{s} p_\sigma^{e_\sigma} \quad \text{mit} \quad e_\sigma = e_{r,\sigma} \in \mathbf{N}.$$

Weiter gilt einerseits gemäß Satz 6.12 die *eindeutige* Zerlegung

$$M = M_{p_1} \oplus \cdots \oplus M_{p_s} \quad \text{mit}$$
$$M_{p_\sigma} \text{ gemäß (6.10b)} \quad \text{und} \quad \mathrm{Ann}_R(M_{p_\sigma}) = p_\sigma^{e_\sigma} \cdot R \, ; \tag{6.12b}$$

andererseits haben wir die *eindeutigen* primären Zerlegungen der R-zyklischen Moduln

$$R \cdot y^\rho = R \cdot y^{\rho,1} \oplus \cdots \oplus R \cdot y^{\rho,s} \quad \text{mit}$$

$$M \ni y^{\rho,\sigma} = \left(\prod_{\tau \neq \sigma} p_\tau^{e_{\rho,\tau}} \right) \cdot y^\rho \quad \text{mit} \quad \mathrm{Ann}_R(y^{\rho,\sigma}) = p_\sigma^{e_{\rho,\sigma}} \cdot R \tag{6.12c}$$

$$(\rho = 1, \ldots, r)$$

in p-primäre R-zyklische R-Torsionsmoduln $R \cdot y^{\rho,\sigma}$.

Bemerkung 18. Etwas allgemeiner sieht man sofort: Eine Primärzerlegung eines R-zyklischen Torsionsmoduls führt stets zu R-zyklischen primären Komponenten; umgekehrt ist eine direkte Summe p_σ-primärer R-zyklischer R-Torsionsmoduln genau dann R-zyklisch, wenn $(p_\sigma, p_\tau) \doteq 1$ für $\sigma \neq \tau$ ist (vgl. auch Aufgabe **15a**).

Weiter läßt sich auch jedes M_{p_σ}, das zunächst nicht R-zyklisch sein muß, nach Satz 6.11 in eine direkte Summe von R-zyklischen Teilmoduln zerlegen, d.h. für $\sigma = 1, \ldots, s$ ist jeweils

$$M_{p_\sigma} = R \cdot z^{1,\sigma} \oplus \cdots \oplus R \cdot z^{l_\sigma,\sigma} \quad \text{mit}$$
$$\mathrm{Ann}_R(z^{\lambda,\sigma}) = p_\sigma^{d_{\lambda,\sigma}} \cdot R \quad (\lambda = 1, \ldots, l_\sigma), \text{ wobei} \tag{6.12d}$$
$$0 < d_{1,\sigma} \leq d_{2,\sigma} \leq \cdots \leq d_{l_\sigma,\sigma} = e_\sigma.$$

Schematisch angedeutet haben wir also die folgenden Zerlegungsverfahren

$$\begin{array}{ccc}
M & \xrightarrow{\text{Satz 6.12 (eindeutig)}} & \bigoplus\limits_{\sigma=1}^{s} M_{p_\sigma} \\[2em]
\text{Satz 6.11} \Big\downarrow & & \Big\downarrow \text{Satz 6.11} \\[2em]
\bigoplus\limits_{\rho=1}^{r} R \cdot y^\rho & \xrightarrow[\text{(eindeutig)}]{\text{Satz 6.12}} & \bigoplus\limits_{\rho=1}^{r} \bigoplus\limits_{\sigma=1}^{s} R \cdot y^{\rho,\sigma} \overset{?}{=} \bigoplus\limits_{\sigma=1}^{s} \bigoplus\limits_{\lambda=1}^{l_\sigma} R \cdot z^{\lambda,\sigma}
\end{array} \tag{6.12e}$$

und die Frage, ob in der rechten unteren Ecke Gleichheit gilt. Wir vermerken nun

Lemma 6.15. *Ist p ein Primelement eines Hauptidealringes R und ist ein endlich-erzeugter p-primärer R-Torsionsmodul M_p in eine direkte Summe von R-zyklischen Teilmoduln zerlegt*

$$M_p = R \cdot z^1 \oplus \cdots \oplus R \cdot z^l \quad \text{mit} \quad \text{Ann}_R(z^\lambda) = p^{d_\lambda} \cdot R,$$

$$0 < d_\lambda \leq d_{\lambda+1} \leq e \quad (\lambda = 1, \ldots, l \text{ bzw. } l-1), \tag{6.12f}$$

$$\text{wobei} \quad \text{Ann}_R(M_p) = p^e \cdot R,$$

so ist für jedes $n \in \mathbf{N}$ die Anzahl

$$A_n(M_p) := \#(\lambda \mid d_\lambda = n) \quad \text{gemäß (6.12f)} \tag{6.12g}$$

durch M_p eindeutig und invariant festgelegt.

Beweis. 1. Ist nämlich eine zweite Zerlegung von M_p in R-zyklische Teilmoduln vorgegeben:

$$M_p = R \cdot z'^1 \oplus \cdots \oplus R \cdot z'^k \quad \text{mit} \quad \text{Ann}_R(z'^\kappa) = p^{d'_\kappa} \cdot R$$
$$0 < d'_\lambda \leq d'_{\lambda+1} \leq e \quad \text{mit Ann}_R(M_p) = p^e \cdot R, \tag{6.12f'}$$

so muß die maximale auftretende p-Potenz in beiden Fällen jeweils p^e sein; sei weiter

$$A'_n(M_p) := \#(\kappa \mid d'_\kappa = n) \quad \text{gemäß (6.12f')}. \tag{6.12g'}$$

Schließlich sei

$$M'_p := \{x \in M_p \mid p \cdot x = \mathbf{0}_{M_p}\} \leq M_p; \tag{6.12h}$$

der Restklassenring $K_p := R/p \cdot R$ ist ein Körper (vgl. Aufgabe **2** bzw. EA, Satz 10.4 und Satz 10.7) und M'_p ist trivialerweise auch ein K_p-Modul, denn

$$\text{ist } \bar{a} \in K_p, \text{ wobei } \bar{a} = \text{Klasse von } a \in R \text{ modulo } p \cdot R,$$
$$\text{so ist } \bar{a} \cdot x := a \cdot x \quad \text{für} \quad x \in M'_p \text{ wohldefiniert.} \tag{6.12h'}$$

Folglich ist die K_p-Dimension von M'_p eindeutig bestimmt und dies ist die Zahl der direkten Summanden von M_p in (6.12f) bzw. (6.12f'); denn

$$M_p \ni x = \sum_{\lambda=1}^{l} \xi_\lambda \cdot z^\lambda \in M'_p \Leftrightarrow p \cdot \xi_\lambda \in p^{d_\lambda} \cdot R \quad (\lambda = 1, \ldots, l)$$

und analog für (6.12f'). Dies bedeutet

$$l = \sum_{n=1}^{e} A_n(M_p) = \sum_{n=1}^{e} A'_n(M_p) = k. \tag{6.12h''}$$

2. Wir wiederholen nun diese Argumentation mit dem Modul

$$p \cdot M_p = \left\{ \sum_{\lambda=1}^{l} \xi_\lambda \cdot (p \cdot z^\lambda) \right\},$$

wobei die Glieder mit $\mathrm{Ann}_R(z^\lambda) = p \cdot R$ weggelassen werden können und erhalten dann

$$\sum_{n=2}^{e} A_n(M_p) = \sum_{n=2}^{e} A_n'(M_p),$$

usw.. Hieraus folgt dann

$$A_n(M_p) = A_n'(M_p) \quad (n = 1, \ldots, e) \tag{6.12g''}$$

und damit die Behauptung von Lemma 6.15. ∎

Beweis von Satz 6.13. Nach Lemma 6.15 sind unter den Voraussetzungen und Bezeichnungen von (6.12), (6.12a, a', b, c, d) für jedes p_σ ($\sigma = 1, \ldots, s$) die Zerlegungen (6.12d) durch M und p_σ eindeutig bestimmt, d.h.

$$M_{p_\sigma} = R \cdot z^{1,\sigma} \oplus \cdots \oplus R \cdot z^{l_\sigma,s} = R \cdot y^{r-l_\sigma+1,\sigma} \oplus \cdots \oplus R \cdot y^{r,\sigma}$$

$$\text{mit} \quad \mathrm{Ann}_R(z^{\lambda,\sigma}) = p_\sigma^{d_{\lambda,\sigma}} \cdot R = \mathrm{Ann}_R(y^{r-l_\sigma+\lambda,\sigma}) = p_\sigma^{e_{l_\sigma+\lambda,\sigma}} \cdot R$$

$$\tag{6.12e'}$$

$$\text{für} \quad \lambda = 1, \ldots, l_\sigma, \quad \text{d.h.} \quad l_\sigma \le r.$$

Für $1 \le \rho \le r - l_\sigma$ tritt also $e_{\rho,\sigma} = 0$ auf.
Beachtet man nun $\delta_\rho \mid \delta_{\rho+1}$ und Bemerkung 18, so folgt sofort

$$\delta_r \doteq \prod_{\sigma=1}^{s} p_\sigma^{e_\sigma} = \prod_{\sigma=1}^{s} p_\sigma^{d_{l_\sigma,\sigma}},$$

$$\delta_\rho \doteq \prod_{\sigma=1}^{s} p_\sigma^{e_{\rho,\sigma}} \quad \text{mit} \quad e_{\rho,\sigma} = \begin{cases} d_{l_\sigma-r+\rho,\sigma} & \text{für} \quad l_\sigma - r + \rho \ge 1, \\ 0 & \text{sonst} \end{cases}$$

und hieraus die Behauptung des Satzes. ∎

Definition 6H'. Unter den Voraussetzungen und Bezeichnungen von (6.12a, b, c, d) nennt man die Primelementpotenzen $p_\sigma^{d_{\lambda,\sigma}}$ in

$$(p_1^{d_{1,1}}, \ldots, p_1^{d_{l_1,1}}; \ldots; p_s^{d_{1,s}}, \ldots, p_s^{d_{l_s,s}}) \tag{6.12i}$$

die *primären Elementarteiler* von M und den Ausdruck (6.12i) den *Typus* des endlich-erzeugten Torsions-R-Moduls.

Da speziell $R = \mathbf{Z}$ ein Hauptidealring ist, lassen sich diese Ergebnisse sofort auf abelsche Gruppen anwenden und wir erhalten

Satz 6.16. (*Basissatz für abelsche Gruppen*). *Jede endlich-erzeugte (additiv geschriebene) abelsche Gruppe* $(M: +)$ *läßt sich als direkte Summe zyklischer Gruppen darstellen gemäß*

$$M \cong \underbrace{\mathbf{Z} \oplus \cdots \oplus \mathbf{Z}}_{(n-m)\text{-mal}} \oplus \mathbf{Z}/(\delta_{k+1} \cdot \mathbf{Z}) \oplus \cdots \oplus \mathbf{Z}/(\delta_m \cdot \mathbf{Z}); \tag{6.12j}$$

falls hierbei der endliche Torsionsanteil in zyklische Gruppen von Primzahlpotenzordnung p_σ^λ *weiter zerlegt wird, so ist die Zahl* $n - m$ *der unendlichen Zyklen und der Typus (6.12i) des Torsionsteiles durch* M *eindeutig bestimmt (Typus der Gruppe).*

Bemerkung 19. Für einfachste Spezialfälle vergleiche auch EA, §12. Eine endliche abelsche Gruppe vom Typus $(p, \ldots, p)$ nennt man auch eine *elementar abelsche p-Gruppe*. Die Ergebnisse lassen sich auch auf endlicherzeugte multiplikativ geschriebene abelsche Gruppen $(G, \cdot)$ «übersetzen» (vgl. Aufgabe 17).

Bemerkung 20. Der Satz 6.16 findet in verschiedenen Varianten Anwendungen in der algebraischen Zahlentheorie; falls $R = K[X]$ oder ein anderer Hauptidealring ist, so bilden die obigen Ergebnisse die Grundlage vieler Untersuchungen der Arithmetik, wie z.B. in der Theorie der algebraischen Funktionen.

Aufgaben zu §6

1. Bestimme mit Hilfe des euklidischen Algorithmus (§1, Bemerkung 11, (1.7c)) einen ggT in den folgenden Fällen:

   a) $a_0 = 270, \quad a_1 = 2541 \quad$ in $\quad R = \mathbf{Z}$.

   b) $a_0 = X^3 - 8X^2 + 17X - 10,$

   $\quad a_1 = X^3 + 10X^2 + 11X - 70 \quad$ in $\quad R = \mathbf{Q}[X]$.

   c) Gebe in beiden Fällen Teilerketten zu a_0 bzw. a_1 an.

2. Es sei R ein Hauptidealring. Zeige:
   a) Ist $p \in R$ ein Primelement, so ist der Restklassenring $R/(p \cdot R)$ ein Körper.
   b) Jedes $a \in R$, $a \neq 0$, $a \notin E(R)$ besitzt eine bis auf den Übergang zu Assoziierten eindeutige Potenzproduktdarstellung $a = \varepsilon \cdot \prod_{\sigma=1}^{s} p_\sigma^{e_\sigma}$
   $(e_\sigma \in \mathbf{N}_0)$, p_σ geeignete Primelemente, $\varepsilon \in E(R)$.
   c) Es sei a_0 und a_1 gemäß b) als Potenzprodukt dargestellt. Wie drücken sich
   (i) $a_0 \mid a_1$ bzw. (ii) a_0 ist echter Teiler von a_1 bzw. (iii) (a_0, a_1)
   durch die Exponentensysteme $\{e_\sigma\}$ von a_0 bzw. $\{e'_\sigma\}$ von a_1 aus?
   d) Löse hiermit die Rechenaufgaben aus **1.**

3. Es sei R ein Hauptidealring; $(a_1, \ldots, a_n)$ sei jeweils ein ggT von $a_1, \ldots, a_n$ aus R, $\neq 0$.
   a) Zeige: $(a_1, \ldots, a_n) \eqsim 1 \Rightarrow (sa_1, \ldots, sa_n) \eqsim s$ $(s \neq 0)$.
   b) Zeige: $((a_1, a_2), a_3) \eqsim (a_1, a_2, a_3)$. Begründe:

   $$(a_1, \ldots, a_{i-1}, (a_i, \ldots, a_j), a_{j+1}, \ldots, a_n) \eqsim (a_1, \ldots, a_n).$$

   c) Bestimme hiermit $(5, 25, 125, 7, 875)$ und $(110, 1540, 616)$ in $R = \mathbf{Z}$, sowie

   $$(X^2 + 2X + 5, X^6 + 2X^5 + 5X^4 + X^3 + 3X^2 + 7X + 5, X^6 + X^5 + 2X + 5)$$

   in $\mathbf{Q}[X]$.

4. Bestimme in $\mathbf{Z}$ Teilerketten, die bei $(210) = 210 \cdot \mathbf{Z}$ beginnen und bei $2 \cdot \mathbf{Z}$, $3 \cdot \mathbf{Z}$, $5 \cdot \mathbf{Z}$ bzw. $7 \cdot \mathbf{Z}$ enden.

5. Es sei $\mathbf{F}_7 = \mathbf{Z}/7 \cdot \mathbf{Z}$ der Körper von 7 Elementen und $\underline{X}$ eine Unbestimmte über $\mathbf{F}_7$. Zeige, daß $f(X) = X^5 + X^4 + X^3 + X + \bar{3} \in \mathbf{F}_7[X]$ den quadratischen Faktor $g(X) = X^2 + \bar{2} \cdot X + \bar{5}$ hat und zerlege $f(X)$ in $\mathbf{F}_7[X]$ in irreduzible Faktoren.

6. a) Es sei R ein Hauptidealring, M ein R-Linksmodul. $x^1 \; x^2 \in M$ und $\mathrm{Ann}_R(x^i) = d_i \cdot R \quad (i = 1, 2)$. Zeige: Ist $N = [x^1, x^2] \leq M$ und $\mathrm{Ann}_R(N) = \{r \in R \mid r \cdot x = \mathbf{0}_M, \quad x \in N\}$, so folgt $\mathrm{Ann}_R(N) = \mathrm{Ann}_R(x^1) \cap \mathrm{Ann}_R(x^2) = d \cdot R$, wobei d ein kleinstes gemeinsames Vielfaches von d_1 und d_2 in R ist.

b) Es sei $a^1, \ldots, a^n$ eine Basis des K-Vektorraumes V, $\varphi \in \mathrm{End}_K(V)$, und sei V als $K[X]$-Linksmodul bzgl. φ aufgefaßt. Wie bestimmt man $m(X, \varphi)$ aus $\mathrm{Ann}_{K[X]}(a^i)$ $(i = 1, \ldots, n)$?

c) Bestimme das Minimalpolynom von

$$A = \begin{pmatrix} 2 & 0 & -1 \\ -1 & 1 & 1 \\ 0 & 0 & 1 \end{pmatrix} \in \mathbf{R}^{3,3}.$$

7. a) Es seien R_1 ein kommutativer Ring mit Einselement und $m \neq n$ natürliche Zahlen, sowie $A \in R_1^{m,n}$. Zeige: Es gibt keine Matrix $B \in R_1^{n,m}$, so daß gleichzeitig $A \cdot B = E_{m,m}$ und $B \cdot A = E_{n,n}$ gilt.

b) Es sei F ein freier R_1-Modul mit n-gliedriger Basis. Zeige, daß jede andere endliche Basis von F die gleiche Länge hat.

c) Begründe Bemerkung 5.

8. Sei $F = \mathbf{Z}^3$ als $\mathbf{Z}$-Modul der Zahlentripel mit der Standardbasis e^1, e^2, e^3 gegeben.

a) Zeige, daß $N := \{(x_1, x_2, x_3) \in F \mid 10x_1 - 5x_2 - 4x_3 = 0, \; 6 \mid x_2\}$ ein $\mathbf{Z}$-Teilmodul von F ist.

b) Bestimme nach dem Beweis von Satz 6.4 eine Basis $\mathbf{b}^T = (b^1, \ldots, b^m)$ von N.

c) Bestimme eine Matrix $\Lambda \in \mathbf{Z}^{m,3}$, so daß $\mathbf{b} = \Lambda \cdot \mathbf{e}$.

d) Bestimme unimodulare Matrizen $S \in \mathbf{Z}^{3,3}$, $U \in \mathbf{Z}^{m,m}$, so daß $U \cdot \Lambda \cdot S$ die Diagonalform (6.7c) hat, und gib die Elementarteiler von Λ an.

9. Es sei R ein Hauptidealring und $n, m \in \mathbf{N}$.

a) Zeige, daß $\sim_R$ eine Äquivalenzrelation in $R^{m,n}$ liefert.

b) Bestimme die inversen Matrizen zu $S_1^{(i,k)}$, $S_2(\varepsilon \cdot i)$ und $S_3(i, k; \lambda)$ $(\varepsilon \in E(R); \lambda \in R)$ in $R^{n,n}$.

c) Zeige, daß

$$A = \begin{pmatrix} X^3 & X^2 & X & 1 \\ X^2 & X & 1 & 0 \\ X & 1 & 0 & 0 \\ 1 & 0 & 0 & 0 \end{pmatrix} \in \mathbf{R}[X]^{4,4}$$

unimodular ist und berechne A^{-1}.

10. Bringe die nachfolgend genannten Matrizen

$$A = \begin{pmatrix} 0 & -4 & -4 & 0 \\ -1 & 1 & 2 & 1 \\ -1 & -3 & -4 & 1 \end{pmatrix} \in \mathbf{Z}^{3,4}, \quad B = \begin{pmatrix} 10 & 20 \\ 16 & 5 \\ 12 & 2 \end{pmatrix} \in \mathbf{Z}^{3,2},$$

$$C = \begin{pmatrix} 2-X & -1 & -1 \\ -1 & 1-X & 1 \\ 0 & 0 & 1-X \end{pmatrix} \text{ bzw.}$$

$$C_1 = \begin{pmatrix} X^2-2X+1 & 2(X^2-X) & -2X^2+3X-1 \\ 3(1-X) & 1-X & 3(X-1) \\ -X^2+X+1 & 2(1-X^2) & 2X^2-2-X \end{pmatrix}$$

aus $\mathbf{Q}[X]^{3,3}$ jeweils auf Elementarteilerform
a) durch Ausführung des Verfahrens aus Lemma 6.7 und Satz 6.9 und
   gebe transformierende unimodulare Matrizen U bzw. S an.
b) durch Berechnung der Determinantenteiler dieser Matrizen.

11. Es sei $F = R^n$ ein n-dimensionaler freier Modul über dem Hauptidealring mit der Standardbasis e und $N \leq F$ ein Teilmodul. Bestimme die Elementarteiler von N in F in den folgenden Fällen:
a) $R = \mathbf{Q}[X]$, $n = 3$, $N = [v^1, v^2, v^3]$ mit

$$v = \begin{pmatrix} 1-X & 0 & 0 \\ 0 & -X & 1 \\ 0 & -2 & -2-X \end{pmatrix} \cdot e.$$

b) $R = \mathbf{C}[X]$, $n = 4$ und $N = [v^1, v^2, v^3, v^4]$ mit

   $v^\nu = (X - i^\nu) \cdot e^\nu$ $(\nu = 1, 2, 3, 4)$.

c) $R = \mathbf{Z}$, $N = 4 \cdot \mathbf{Z} \oplus 14 \cdot \mathbf{Z} \leq \mathbf{Z} \oplus \mathbf{Z} = \mathbf{Z}^2$.

12. Es sei R ein Hauptidealring und M ein endlich erzeugter R-Linksmodul. Gebe eine endliche Präsentation von M an, bestimme den Torsionsmodul $T_R(M) = M'$ und den Annulator $\mathrm{Ann}_R(M')$; bestimme weiter die Größen $n - m$, k, δ_μ aus Satz 6.11 zu M und berechne die Primärzerlegung von $T_R(M) = M'$ in den folgenden Fällen:
a) $R = \mathbf{Z}$, $M = (\mathbf{Z}/180 \cdot \mathbf{Z}) \oplus \mathbf{Z}$.
b) $R = \mathbf{Z}$, $M = (\mathbf{Z}/24 \cdot \mathbf{Z}) \oplus (\mathbf{Z}/75 \cdot \mathbf{Z})$.
c) $R = \mathbf{Q}[X]$ für $M = \mathbf{Q}[X] \oplus (\mathbf{Q}[X]/f(X)\mathbf{Q}[X]) \oplus (\mathbf{Q}[X]/g(X)\mathbf{Q}[X])$,

   wobei   (i) $f(X) = X^2 + 5X + 6$, $g(X) = X^2 + 8X + 15$

   bzw. (ii) $f(X) = X^2 + X + 3$, $g(X) = X + 11$.

13. a) Begründe Bemerkung 10.
   b) Führe den Induktionsbeweis zu Satz 6.12 aus.
   c) Begründe die Gleichwertigkeit von (6.9) und (6.9a).

14. Bringe die Matrizen aus **10**. auf Elementarteilerform mit der Methode von Lemma 6.14.

15. a) Begründe Bemerkung 18.
b) Führe den zweiten Beweisschritt zu Lemma 6.15 im Einzelnen aus.

16. a) Bestimme die primären Elementarteiler und den Typus der folgenden R-Moduln:
$$R = \mathbf{Z}, \; M = (\mathbf{Z}/21 \cdot \mathbf{Z}) \oplus (\mathbf{Z}/75 \cdot \mathbf{Z}) \oplus (\mathbf{Z}/275 \cdot \mathbf{Z}),$$
$$R = \mathbf{Q}[X], \; M = R/(X^2 + 5X + 6) \cdot R \oplus R/(X^3 + 15X^2 + 71X + 105) \cdot R.$$

b) Es sei p eine Primzahl, $\mathbf{F}_p = \mathbf{Z}/p \cdot \mathbf{Z}$, $n \in \mathbf{N}$ und $f(X) \in \mathbf{F}_p[X] = R$ mit $d(f) = n$. Bestimme den Typus der Additivgruppe $(\mathbf{F}_p[X]/f(X) \cdot \mathbf{F}_p[X]; +)$. Welche Struktur hat diese Gruppe als $\mathbf{F}_p$-Modul bzw. als R-Modul?

17. a) Formuliere den Basissatz für endlich-erzeugte multiplikative abelsche Gruppen.
b) Sei $\mathbf{F}_5 = \mathbf{Z}/5 \cdot \mathbf{Z}$ und $(G; \cdot)$ die multiplikative Gruppe der nicht-singulären Diagonalmatrizen auf $\mathbf{F}_5^{n,n}$. Bestimme den Typus von G.

§7 Normalformen von Matrizen und Anwendungen

Wir wollen hier die Ergebnisse aus §6 auf das in §5 geschilderte Normalformenproblem quadratischer Matrizen anwenden. Dazu verwenden wir die bereits in (5.8) eingeführten Bezeichnungen:

$$
\begin{array}{lll}
K & \text{Körper,} & \\
R = K[X] & \text{Polynomring in } X \text{ über } K, & (7.1) \\
K^{n,n} & \text{voller } n\text{-reihiger Matrizenring über } K, & \\
R^{n,n} & \text{voller } n\text{-reihiger Matrizenring über } R = K[X]; &
\end{array}
$$

wir legen ferner die in (5.8a) geschilderten kanonischen Inklusionen von K in R, von K in $K^{n,n}$, von R in $R^{n,n}$ und von $K^{n,n}$ in $R^{n,n}$ zugrunde. Dann gilt

Bemerkung 1. Jede Matrix $A \in K^{n,n}$ mit $|A| \neq 0$ ist, als Matrix von $R^{n,n}$ aufgefaßt, eine unimodulare Matrix (die Determinante ist ein Element $\neq 0$ aus K, d.h. Einheit in R).

Mit der in (5.8e′) eingeführten Abkürzung und Identifizierung

$$R \ni X^\lambda \leftrightarrow X^\lambda \cdot E_{n,n} = E_{n,n} \cdot X^\lambda$$

$$= \begin{pmatrix} X^\lambda & 0 & \cdots & 0 \\ 0 & X^\lambda & & \vdots \\ \vdots & & \ddots & 0 \\ 0 & \cdots & 0 & X^\lambda \end{pmatrix} \in R^{n,n}, \quad \lambda \in \mathbf{N}, \quad (7.1a)$$

181

können wir analog zu (5.8b, c, d, e) für eine Matrix S aus $R^{n,n}$ schreiben:

$$S = S(X) = (s_{\mu\nu}(X)) \in R^{n,n} \quad \text{mit}$$

$$S(X) = S_0 + S_1 \cdot X + S_2 \cdot X^2 + \cdots + S_r \cdot X^r, \quad \text{wobei} \tag{7.1b}$$

$$S_\rho \in K^{n,n} \quad (\rho = 0, 1, \ldots, r), \quad r = \underset{\mu,\nu}{\text{Max}}(d(s_{\mu\nu}(X))).$$

Also ist $S(X)$ als Polynom in X vom «Grad» r darstellbar mit Koeffizienten S_ρ aus $K^{n,n}$; dabei ist X^λ mit den S_ρ jeweils in $R^{n,n}$ vertauschbar.

Analog zu den Rechnungen zu Lemma 5.9 (vgl. §1, Aufgabe 3 und auch EA, (III. 9.5c)) liefert formale rechtsseitige bzw. linksseitige Division mit Rest in $K^{n,n}[X] \cong R^{n,n}$ die folgende

Bemerkung 2. Ist $S = S(X) \in R^{n,n}$ gemäß (7.1b) vom «Grad» $r \geq 0$ und $B \in K^{n,n}$, so erhält man durch Division mit Rest von $S(X)$ durch $B - X = B - X \cdot E_{n,n}$ vom «Grad» 1

$$S = S(X) = D(X) \cdot (B - X \cdot E_{n,n}) + S^* \quad \text{mit}$$

$$D(X) = D_0 + D_1 \cdot X + \cdots + D_{r-1} \cdot X^{r-1}, \tag{7.1c}$$

wobei für die $D_\rho \in K^{n,n}$ gilt:

$$D_{r-1} = -S_r,$$
$$D_{r-2} = -S_{r-1} - S_r \cdot B,$$
$$D_{r-3} = -S_{r-2} - S_{r-1} \cdot B - S_r \cdot B^2,$$
$$\cdots\cdots\cdots\cdots\cdots\cdots\cdots\cdots\cdots\cdots\cdots\cdots\cdots \tag{7.1c$'$}$$
$$D_0 \quad = -S_1 - S_2 \cdot B - \cdots - S_r \cdot B^{r-1},$$
$$S^* \quad = S_0 + S_1 \cdot B + S_2 \cdot B^2 + \cdots + S_r \cdot B^r = S(B);$$

analog erhält man aus einem $U = U(X) \in R^{n,n}$ vom «Grad» r

$$U = U(X) = (B - X \cdot E_{n,n}) \cdot F(X) + U^*, \quad U^* \in K^{n,n}$$

$$\text{mit} \quad F(X) = F_0 + F_1 \cdot X + \cdots + F_{r-1} \cdot X^{r-1} \tag{7.1d}$$

bei analogem Berechnungsverfahren.

Definition 7A. Ist $A = (\alpha_{\mu\nu}) \in K^{n,n}$, so heißt die Matrix

$$A - X = A - X \cdot E_{n,n} \in R^{n,n} \tag{7.1e}$$

die *charakteristische Matrix von A*.

182

Bemerkung 3. Gelegentlich wird auch $X \cdot E_{n,n} - A$ die charakteristische Matrix von A genannt (andere Normierung dieses Polynoms); in unserem Fall ist

$$|A - X \cdot E_{n,n}| \in K[X] \tag{7.1f}$$

das charakteristische Polynom von A.

Satz 7.1. *Zwei Matrizen* $A = (\alpha_{\mu\nu})$ *und* $B = (\beta_{\mu\nu})$ *aus* $K^{n,n}$ *sind genau dann ähnlich in* $K^{n,n}$, *wenn ihre zugehörigen charakteristischen Matrizen in* $R^{n,n}$ *unimodular äquivalent sind, d.h. wenn es unimodulare Matrizen* U *und* S *aus* $R^{n,n} = K[X]^{n,n}$ *gibt, so daß*

$$U \cdot (A - X \cdot E_{n,n}) \cdot S = B - X \cdot E_{n,n}, \tag{7.2}$$

d.h. es gilt

$$(A - X \cdot E_{n,n}) \sim_R (B - X \cdot E_{n,n}) \Leftrightarrow A \approx B \quad in \quad K^{n,n}. \tag{7.2a}$$

Beweis. 1. Es seien A und B ähnliche Matrizen; somit existiert eine invertierbare Matrix $V \in K^{n,n}$ mit $V^{-1} \cdot A \cdot V = B$. Dann ist V in $R^{n,n}$ unimodular und es gilt

$$B - X \cdot E_{n,n} = V^{-1} \cdot A \cdot V - X \cdot V^{-1} \cdot V$$
$$= V^{-1} \cdot (A - X \cdot E_{n,n}) \cdot V;$$

also ist $(A - X \cdot E_{n,n}) \sim_R (B - X \cdot E_{n,n})$ in $R^{n,n}$.

2. Seien nun umgekehrt die charakteristischen Matrizen zu A und B unimodular äquivalent, d.h.

$$U \cdot (A - X \cdot E_{n,n}) \cdot S = B - X \cdot E_{n,n}, \quad \text{d.h.}$$
$$U^{-1} \cdot (B - X \cdot E_{n,n}) = (A - X \cdot E_{n,n}) \cdot S \tag{7.2b}$$

mit $U = U(X)$ und $S = S(X) \in R^{n,n}$, unimodular,

und es existieren jeweils

$$U(X)^{-1} \quad \text{und} \quad S(X)^{-1} \quad \text{in} \quad R^{n,n}. \tag{7.2c}$$

Wir müssen zeigen:

Es gibt Matrizen S^* und $U^* = S^{*-1} \in K^{n,n}$

mit $B = U^* \cdot A \cdot S^*$; $\tag{7.2d}$

dann sind U^* und S^* in $R^{n,n}$ sogar unimodular.

3. Wir gehen von $S(X)$ und $U(X)$ aus und bilden gemäß Bemerkung 2, insbesondere (7.1c):

$$S^* = S(X) - D(X) \cdot (B - X \cdot E_{n,n}) \in K^{n,n}. \tag{7.2e}$$

Da $U^{-1}(X)$ existiert, können wir die Matrix

$$P = U^{-1}(X) - (A - X \cdot E_{n,n}) \cdot D(X) \in R^{n,n} \tag{7.2e'}$$

bilden. Dann ist wegen (7.2b) zunächst

$$\begin{aligned}
P \cdot (B - X \cdot E_{n,n}) &= U^{-1}(X) \cdot (B - X \cdot E_{n,n}) \\
&\quad - (A - X \cdot E_{n,n}) \cdot D(X) \cdot (B - X \cdot E_{n,n}) \\
&= (A - X \cdot E_{n,n}) \cdot (S(X) - D(X) \cdot (B - X \cdot E_{n,n}));
\end{aligned}$$

also folgt aus (7.2e)

$$P \cdot (B - X \cdot E_{n,n}) = (A - X \cdot E_{n,n}) \cdot S^*; \tag{7.2e''}$$

durch «Koeffizientenvergleich» dieser Polynome in X mit Koeffizienten aus $K^{n,n}$ folgt, daß $P = S^* \in K^{n,n}$ sein muß.

4. Analog folgt aus (7.2b) mit dem Ansatz

$$U(X) \cdot (A - X \cdot E_{n,n}) = (B - X \cdot E_{n,n}) \cdot S^{-1}(X) \tag{7.2b'}$$

und mit (7.1d)

$$\begin{aligned}
U^* &= U(X) - (B - X \cdot E_{n,n}) \cdot F(X) \in K^{n,n}, \\
Q &:= S^{-1}(X) - F(X) \cdot (A - X \cdot E_{n,n});
\end{aligned} \tag{7.2f}$$

durch analoge Rechnung erhalten wir

$$(B - X \cdot E_{n,n}) \cdot Q = U^* \cdot (A - X \cdot E_{n,n}); \tag{7.2f'}$$

wie eben ergibt sich, daß $Q = U^* \in K^{n,n}$ sein muß.

5. Multiplizieren wir die Ausdrücke (7.2f) für U^* und (7.2e') für P miteinander formal aus, und beachten wir (7.2b'), so folgt

$$\begin{aligned}
K^{n,n} \ni U^* \cdot P &= E_{n,n} - (B - X \cdot E_{n,n}) \cdot [F(X) \cdot U^{-1}(X) \\
&\quad + S^{-1}(X) \cdot D(X) - F(X) \cdot (A - X \cdot E_{n,n}) \cdot D(X)].
\end{aligned} \tag{7.2g}$$

Wäre nun der Ausdruck in der eckigen Klammer $\neq O_{n,n}$, so stünde aus Gradgründen auf der rechten Seite von (7.2g) eine Matrix, die $\notin K^{n,n}$ ist; Widerspruch. Also gilt

$$U^* \cdot P = E_{n,n} \quad \text{und} \quad S^* \cdot Q = E_{n,n}; \tag{7.2h}$$

die zweite Aussage folgt durch eine analoge Rechnung.

184

6. Multiplizieren wir nun (7.2e″) von links mit U^*, so erhalten wir

$$B - X \cdot E_{n,n} = U^* \cdot (A - X \cdot E_{n,n}) \cdot S^*$$

$$\text{mit} \quad U^*, S^* \in K^{n,n}.$$

(7.2i)

Dies bedeutet aber

$$B - X \cdot E_{n,n} = U^* \cdot A \cdot S^* - X \cdot (U^* \cdot S^*),$$

d.h. beim «Koeffizientenvergleich» der X-Potenzen folgt:

$$U^* \cdot S^* = E_{n,n}, \quad \text{d.h.} \quad B = S^{*-1} \cdot A \cdot S^*$$

$$\text{mit} \quad S^* \in K^{n,n};$$

(7.2j)

hiermit ist gemäß (7.2d) gezeigt, daß $A \approx B$. ∎

$\boxed{1}$ In §6, $\boxed{3b}$ ist übrigens das Beispiel einer nichtkonstanten Matrix aus $K[X]^{n,n}$ angegeben, zu der eine inverse Matrix in diesem Ring existiert.

Bemerkung 4. Wenn im folgenden Elemente (Polynome) aus $K[X]$ bis auf Einheitsfaktoren eindeutig bestimmt sind, werden wir in der Regel die auf den höchsten Koeffizienten 1 normierten Polynome auswählen und dann auch von *normierten Elementen* sprechen.

Definition 7B. Unter den Voraussetzungen und Bezeichnungen von (7.1a) und Definition 7A heißen die normierten Elementarteiler der charakteristischen Matrix $A - X \cdot E_{n,n}$, d.h.

$$\delta_i(A - X \cdot E_{n,n}) =: \delta_i^A(X) \in K[X]$$

$$(\textit{normiertes Polynom}) \quad (i = 1, \ldots, n),$$

(7.3)

die *Ähnlichkeitsinvarianten von A* oder auch die *normierten (zusammengesetzten) Elementarteiler von A*. Analog nennt man auch die normierten Polynome

$$\Delta_i(A - X \cdot E_{n,n}) =: \Delta_i^A(X) \in K[X]$$

$$(\textit{normiertes Polynom}) \quad (i = 1, \ldots, n),$$

(7.3a)

die zugehörigen *normierten Determinantenteiler* (zu A).

Die Ergebnisse von Satz 7.1 liefern dann leicht den folgenden

Satz 7.2. *Die Ähnlichkeitsinvarianten* $\delta_i(A - X \cdot E) = \delta_i^A(X)$ *und die normierten Determinantenteiler* $\Delta_i(A - X \cdot E) = \Delta_i^A(X)$ *sind*

durch $A \in K^{n,n}$ eindeutig bestimmt. Zwei Matrizen A und B aus $K^{n,n}$ sind genau dann ähnlich zueinander, wenn alle ihre Ähnlichkeitsinvarianten übereinstimmen, d.h.

$$\boxed{\begin{array}{c} A \approx B \Leftrightarrow \delta_i(A - X \cdot E) = \delta_i^A(X) = \delta_i^B(X) = \delta_i(B - X \cdot E) \\ (i = 1, \ldots, n). \end{array}} \qquad (7.3b)$$

Entsprechendes gilt für die zugehörigen normierten Determinantenteiler, und dabei haben wir

$$\delta_1^A(X) = \Delta_1^A(X), \quad \Delta_\nu^A(X) = \delta_\nu^A(X) \cdot \Delta_{\nu-1}^A(X) \quad (\nu = 2, \ldots, n); \quad (7.3c)$$

ferner ist

$$\Delta_n(A - X \cdot E_{n,n}) = (-1)^n \cdot \chi(X; A), \qquad (7.3d)$$

sowie

$$\Delta_{n-1}(A - X \cdot E_{n,n}) = (-1)^n \cdot d(X; A) \quad (vgl. \ (5.9a)),$$

$$m(X; A) = \frac{\chi(X; A)}{d(X; A)} = \frac{\Delta_n(A - X \cdot E_{n,n})}{\Delta_{n-1}(A - X \cdot E_{n,n})} = \delta_n(A - X \cdot E_{n,n}) \qquad (7.3e)$$

(Minimalpolynom von A).

Beweis. 1. Die $\delta_i^A(X)$ bzw. $\Delta_i^A(X)$ sind durch die Definition bis auf einen Einheitsfaktor aus $K[X]$, d.h. ein Element $\neq 0$ aus K, bestimmt; durch die Normierung sind dann diese Größen eindeutig festgelegt.

2. Nach Satz 7.1, insbesondere (7.2a), ist

$$A \approx B \Leftrightarrow (A - X \cdot E_{n,n}) \sim_{K[X]} (B - X \cdot E_{n,n});$$

nach Satz 6.9 ist eine Matrix durch ihre Elementarteiler bis auf unimodulare Äquivalenz eindeutig bestimmt, d.h. (7.3b) gilt. Aus Satz 6.9 folgt weiter (7.3c) und nach Definition des charakteristischen Polynoms gilt (7.3d).

3. Nach der Bemerkung 12 aus §5 ist der $(n-1)$-te Determinantenteiler von $A - X \cdot E_{n,n}$ gleich dem Ergänzungsfaktor $\pm d(X; A)$ aus (5.9a); hieraus folgen sofort die Formeln in (7.3e) (für eine andere Begründung siehe auch Satz 7.5 und Aufgabe 8a)). ∎

Wir illustrieren dies an folgendem Spezialfall:

$\boxed{\text{1a}}$ K sei ein beliebiger Körper und $\lambda_1, \lambda_2, \ldots, \lambda_n$ seien nicht notwendig verschiedene Elemente aus K. Wir betrachten die

Diagonalmatrix

$$\Lambda = \begin{pmatrix} \lambda_1 & 0 & \cdots & 0 \\ 0 & \lambda_2 & & \vdots \\ \vdots & & \ddots & 0 \\ 0 & \cdots & 0 & \lambda_n \end{pmatrix} \in K^{n,n} \quad \text{und}$$

(7.3f)

$$\Lambda - X \cdot E_{n,n} = \begin{pmatrix} \lambda_1 - X & 0 & \cdots & \cdots & 0 \\ 0 & \lambda_2 - X & & & \vdots \\ \vdots & & \ddots & & 0 \\ 0 & \cdots & \cdots & 0 & \lambda_n - X \end{pmatrix} \in K[X]^{n,n}.$$

Auf der Hauptdiagonalen von $\Lambda - X \cdot E_{n,n}$ stehen lineare Polynome, während alle anderen Elemente dieser Matrix Nullen sind. Bei den Determinanten der zugehörigen Streichungsmatrizen (vgl. §1, (1.6j) und EA, (II.8.9)) sind also alle diejenigen $= 0$, bei denen die Nummer der gestrichenen Zeile von der der gestrichenen Spalte verschieden ist (da dann eine Spalte nur Nullen enthält). Also verbleibt

$$\Delta_i(\Lambda - X \cdot E_{n,n}) \cong ggT \text{ von } (\lambda_{\nu_1} - X)(\lambda_{\nu_2} - X) \cdots (\lambda_{\nu_i} - X)$$

$$\text{mit} \quad 1 \le \nu_1 < \nu_2 < \cdots < \nu_i \le n, \quad (i = 1, \ldots, n). \tag{7.3g}$$

Bezeichnen wir mit $\mu_1, \ldots, \mu_r$ die verschiedenen der obigen λ_ν und ist jeweils e_ρ die Vielfachheit von μ_ρ, so erhalten wir für die normierten Determinantenteiler zu Λ:

$$\Delta_n(\Lambda - X \cdot E_{n,n}) = (-1)^n \chi(X; \Lambda) = \prod_{\nu=1}^{n} (X - \lambda_\nu)$$

$$= \prod_{\rho=1}^{r} (X - \mu_\rho)^{e_\rho},$$

(7.3h)

bzw.

$$\Delta_{n-1}(\Lambda - X \cdot E_{n,n}) = \Delta_{n-1}^{\Lambda}(X) = \prod_{e_\rho > 1} (X - \mu_\rho)^{e_\rho - 1},$$

(7.3h′)

$$\delta_n^{\Lambda}(X) = m(X; \Lambda) = \prod_{\rho=1}^{r} (X - \mu_\rho)$$

(d.h. Produkt über die verschiedenen Linearfaktoren von χ).

187

Aus dem Elementarteilersatz für Matrizen, aus Satz 7.2 und diesem Beispiel folgt weiter

Satz 7.3. *Ist* $A \in K^{n,n}$ *eine beliebige Matrix, sind* $\delta_i^A(X)$, $\Delta_i^A(X)$, $m(X; A)$ *und* $\chi(X; A)$ *wie früher definiert, so gilt*

$$\Delta_n^A(X) = (-1)^n \cdot \chi(X; A) = \prod_{\nu=1}^{n} \delta_\nu^A(X) \quad mit$$

$$\delta_i^A(X) \mid \delta_{i+1}^A(X) \quad für \quad i = 1, \ldots, n-1 \tag{7.4}$$

$$und \quad \delta_n^A(X) = m(X; A),$$

sowie die Teilbarkeitsregel

$$m(X; A) \mid \chi(X; A) \quad und \quad \chi(X; A) \mid (m(X; A))^n. \tag{7.4a}$$

Beweis. Ist $A \in K^{n,n}$ beliebig, so folgt aus den zitierten Sätzen $\delta_i^A(X) \mid \delta_{i+1}^A(X)$ und $(A - X \cdot E_{n,n}) \sim_{K[X]} \mathrm{diag}(\delta_1^A(X), \ldots, \delta_n^A(X))$. Wegen (7.3c) erhält man durch Determinantenbildung die Formel (7.4) für $\chi(X; A)$, und wegen (7.3e) ist $m(X; A) = \delta_n^A(X)$. Trivialerweise gilt somit $m(X; A) \mid \chi(X; A)$; wegen der Transitivität der Polynomteilbarkeit ist weiter

$$\delta_\nu^A(X) \mid \delta_n^A(X) \quad (\nu = 1, \ldots, n-1, n). \tag{7.4b}$$

Hieraus folgt durch Multiplikation wegen (7.4) sofort, daß $\chi(X; A) \mid (m(X; A))^n$ gilt, also ist (7.4a) bewiesen. ∎

Satz 7.3a (*Diagonalisierungssatz*). *A ist genau dann diagonalisierbar, wenn* $\chi(X; A)$ *in* $K[X]$ *vollständig in Linearfaktoren zerfällt und gleichzeitig das Minimalpolynom* $m(X; A)$ *keine mehrfachen Linearfaktoren (Nullstellen) besitzt. Zerfällt* $\chi(X; A)$ *in lauter verschiedene Linearfaktoren, so ist* $m(X; A) = \pm\chi(X; A)$ *und A ist diagonalisierbar.*

Beweis. 1. Ist A diagonalisierbar, d.h. $A \approx \Lambda$ gemäß (7.3f), so müssen $\chi(X; A)$ und $m(X; A)$ als Ähnlichkeitsinvarianten die genannten Eigenschaften haben.

2. Sei umgekehrt $A \in K^{n,n}$ eine Matrix, für die $\chi(X; A)$ vollständig in Linearfaktoren zerfällt und $m(X; A)$ gemäß

$$\delta_n^A(X) = m(X; A) = \prod_{\rho=1}^{r} (X - \mu_\rho), \quad \mu_i \neq \mu_j \quad für \quad i \neq j \tag{7.4c}$$

nur einfache Nullstellen hat; dann muß gelten:

$$\chi(X; A) = (-1)^n \prod_{\rho=1}^{r} (X - \mu_\rho)^{e_\rho} \quad \text{mit}$$

$$\sum_{\rho=1}^{r} e_\rho = n \quad \text{und} \quad e_\rho \geq 1 \quad (\rho = 1, \ldots, r). \tag{7.4d}$$

Wegen der Teilbarkeitsbedingung $\delta_i^A(X) \mid \delta_{i+1}^A(X)$ aus (7.4) und $\chi = (-1)^n \cdot \prod_{\nu=1}^{n} \delta_\nu^A$ folgt dann sofort:

$$\delta_i^A(X) = \prod_{\rho=1}^{r} (X - \mu_\rho)^{f_\rho} \quad \text{mit } f_\rho = \begin{cases} 1 & \text{für } n - i < e_\rho \\ 0 & \text{sonst,} \end{cases} \tag{7.4e}$$

d.h. diese $\delta_i^A(X)$ sind durch $\chi(X; A)$ und $m(X; A)$ eindeutig bestimmt. Nun gibt es aber (bis auf Permutation der Diagonalenelemente) genau eine Diagonalmatrix Λ gemäß (7.3f) mit den gleichen $\delta_i^\Lambda(X)$ $(i = 1, \ldots, n)$. Nach Satz 7.2 muß dann $A \approx \Lambda$ sein, d.h. A ist diagonalisierbar.

3. Falls $\chi(X; A)$ in lauter verschiedene Linearfaktoren zerfällt, muß $\chi(X; A) = \pm m(X; A)$ sein, und A ist nach dem Vorangehenden diagonalisierbar. ∎

Bemerkung 5. Aus (7.4a) läßt sich ein einfacher Beweis für Bemerkung 14 aus den Ergänzungen zu §5 finden. – Der obige Satz 7.3a enthält das bei beliebigem Körper K gültige *allgemeine Diagonalisierungskriterium* für Matrizen $A \in K^{n,n}$; es benutzt lediglich Eigenschaften von $\chi(X; A)$ und $m(X; A)$ und Determinantenberechnungen sowie Primfaktorzerlegungen von Polynomen. Für spezielle Matrizensorten oder für spezielle Körper kann es natürlich noch weitere Kriterien geben.

Wir illustrieren die Ergebnisse an einigen Beispielen:

$\boxed{1b}$ Es sei $K = \mathbf{R}$ und $n = 2$. Dann ist zunächst

$$E = \begin{pmatrix} 1 & 0 \\ 0 & 1 \end{pmatrix}, \quad E - X \cdot E = \begin{pmatrix} 1 - X & 0 \\ 0 & 1 - X \end{pmatrix}, \quad \text{d.h.}$$

$$\chi(X; E) = (1 - X)^2, \quad m(X; E) = X - 1 = \Delta_1^E(X);$$

$$A = \begin{pmatrix} 1 & 1 \\ 0 & 1 \end{pmatrix}, \quad A - X \cdot E = \begin{pmatrix} 1 - X & 1 \\ 0 & 1 - X \end{pmatrix}, \quad \text{d.h.}$$

$$\chi(X; A) = (1 - X)^2, \quad \Delta_1^A(X) = 1 \doteq \text{ggT} \quad \text{von} \quad (1, 1 - X),$$

$$m(X; A) = (X - 1)^2.$$

Somit sind E und A nicht ähnlich. – Seien weiter:

$$B = \begin{pmatrix} 1 & 0 \\ 0 & 2 \end{pmatrix}, \quad B - X \cdot E = \begin{pmatrix} 1-X & 0 \\ 0 & 2-X \end{pmatrix}, \quad \text{d.h.}$$

$$\chi(X; B) = (X-1)(X-2) = m(X; B);$$

$$C = \begin{pmatrix} 1 & 1 \\ 0 & 2 \end{pmatrix}, \quad C - X \cdot E = \begin{pmatrix} 1-X & 1 \\ 0 & 2-X \end{pmatrix}, \quad \text{d.h.}$$

$$\chi(X; C) = (X-1)(X-2) = m(X; C).$$

Da nun $\begin{pmatrix} 1 & 1 \\ 0 & 1 \end{pmatrix}^{-1} = \begin{pmatrix} 1 & -1 \\ 0 & 1 \end{pmatrix}$, erhalten wir

$$\begin{pmatrix} 1 & -1 \\ 0 & 1 \end{pmatrix} \begin{pmatrix} 1 & 1 \\ 0 & 2 \end{pmatrix} \begin{pmatrix} 1 & 1 \\ 0 & 1 \end{pmatrix} = \begin{pmatrix} 1 & 0 \\ 0 & 2 \end{pmatrix}.$$

In diesem Fall sind also B und C ähnlich zueinander.

Während bei $n = 2$ die beiden Invarianten $\chi(X; A)$ und $m(X; A)$ zur Charakterisierung der Ähnlichkeitsklasse von A ausreichen, sind für $n > 2$ zumindest im allgemeinen Fall beim Normalformenproblem weitere Invarianten und ihre algebraische Diskussion heranzuziehen. Es seien dazu über die Vorgaben (7.1) noch folgende Größen gegeben:

V: ein n-dimensionaler K-Vektorraum,

$\varphi : V \to V$ ein K-Endomorphismus von V,

$A = A_{\mathfrak{a}}^{\varphi} \in K^{n,n}$ die φ bzgl. der Basis $\mathfrak{a}$ von V

mit $\mathfrak{a}^T = (a^1, \ldots, a^n)$ gemäß (5.3, 5.3a)

$\hspace{4cm}$ zugeordnete Matrix. $\hspace{3cm}$ (7.5)

Dann sind nach Definition 7B und Satz 7.2 die Größen

$\chi(X; \varphi) = \chi(X; A)$ das charakteristische Polynom von φ,

$m(X; \varphi) = m(X; A)$ das Minimalpolynom von φ,

$\delta_i^A(X) = \delta_i(A - X \cdot E)$ die Ähnlichkeitsinvarianten von A,

$\Delta_i^A(X) = \Delta_i(A - X \cdot E)$ die Determinantenteiler von $A - X \cdot E$,

$\hspace{2cm} (i = 1, \ldots, n),$ $\hspace{4cm}$ (7.5a)

erklärt und unabhängig von $\mathfrak{a}$ dem Endomorphismus φ (und damit auch A) invariant zugeordnet.

Weiter hat nach Definition 5H, insbesondere (5.10, 10′, 10a), der

190

K-Vektorraum V noch zusätzlich eine $K[X]$-*Linksmodulstruktur bzgl.* φ (bzw. A, falls $V = K^n$), d.h.:

$$K[X] \times V \to V \quad \text{mit}$$

$$f(X) \underset{\varphi}{\cdot} x = f(\varphi)(x) \quad \text{für} \quad f(X) \in K[X], \quad x \in V, \tag{7.5b}$$

$$(\text{bzw. } f(X) \underset{A}{\cdot} \tilde{x} = f(A) \cdot \tilde{x} \quad \text{für} \quad f(X) \in K[X], \tilde{x} \in V = K^n);$$

hierbei stimmt die K-Linksmodulstruktur von V mit der von V als $(K \cdot \mathrm{id}_V)$-Linksmodul überein, was wir auch anschließend ausnutzen. – Weiter sieht man unmittelbar

Lemma 7.4. *Ein K-Teilvektorraum $U \leq V$ ist genau dann zyklischer $K[X]$-Linksmodul bzgl. φ (gemäß §6), d.h.*

$$U = K[X] \underset{\varphi}{\cdot} w := \{y = f(\varphi)(w) \mid f(X) \in K[X]\} \tag{7.5c}$$

mit erzeugendem Element w (in U),

wenn U φ-zyklisch mit dem erzeugenden Vektor w im Sinne von §5, Definition 5D ist. Gilt hierbei

$$\mathfrak{a} := \mathrm{Ann}_{K[X]}(w) = \delta(X) \cdot K[X] \quad (bzgl. \ \varphi)$$

$$mit \quad \delta(X) = X^l + a_{l-1} \cdot X^{l-1} + \cdots + a_1 \cdot X + a_0 \in K[X], \tag{7.5d}$$

so ist

$$U = K[X] \underset{\varphi}{\cdot} w \cong K[X]/\mathfrak{a} \quad als \quad K[X]\text{-}Modul \tag{7.5e}$$

und damit auch als K-Modul und bzgl. der K-Basis

$$\mathfrak{w}^T = (w, \varphi(w), \ldots, \varphi^{l-1}(w)) \quad von \quad U \tag{7.5f}$$

ist der Einschränkung $\varphi_{|U}$ von φ auf U nach Satz 5.12 als Matrix die Transponierte der Begleitmatrix zu $\delta(X)$, d.h.

$$A = A_\delta = \begin{pmatrix} 0 & 1 & 0 \cdots\cdots\cdots\cdots\cdots 0 \\ & 0 & \ddots \\ & & & \ddots \\ \vdots & \vdots & & & \ddots \\ & & & & & 0 \\ 0 & 0 \cdots\cdots\cdots\cdots\cdots 0 & 1 \\ -a_0, & -a_1 \cdots\cdots\cdots\cdots\cdots\cdots -a_{l-1} \end{pmatrix} = (A_\mathfrak{w}^{\varphi \mid U})^T \quad mit \tag{7.5g}$$

$$\varphi_{|U}(\mathfrak{w}) = A_\delta \cdot \mathfrak{w}$$

zugeordnet.

Beweis. Die Gleichwertigkeit der Zyklizitätsbegriffe ist klar. Nach Satz 6.11 ist dann (7.5d, e) richtig und $\mathfrak{w}$ aus (7.5f) liefert eine Basis von U. Wir schränken nun φ auf U ein und beachten, daß

$$\varphi^l(w) = -\sum_{\nu=0}^{l-1} a_\nu \varphi^\nu(w) \quad \text{ist und folgern hieraus (7.5g).} \quad \blacksquare$$

Wir formulieren nun (beachte die mit (7.6a') beschriebene Verschiebung der Indizes ρ auf den Bereich $1 \le \rho \le r$) den

Satz 7.5. *Ist φ gemäß (7.5) ein K-Endomorphismus des n-dimensionalen Vektorraumes V, so ist V als $K[X]$-Linksmodul bzgl. φ ein endlich-erzeugter $K[X]$-Torsionsmodul und damit direkte Summe*

$$V = V_1 \oplus \cdots \oplus V_r \tag{7.6}$$

$K[X]$-*zyklischer Unterräume*

$$V_\rho = K[X] \underset{\varphi}{\cdot} w^\rho \cong K[X]/\mathfrak{a}_\rho \quad \text{mit}$$
$$\mathfrak{a}_\rho := \mathrm{Ann}_{K[X]}(w^\rho) = \vartheta_\rho(X) \cdot K[X] \quad (\rho = 1, \ldots, r), \tag{7.6a}$$

wobei die Polynome

$$\vartheta_\rho(X) := \delta^A_{n-r+\rho}(X) \quad \text{der Grade} \quad d(\vartheta_\rho(X)) = l_\rho \tag{7.6a'}$$

die Ähnlichkeitsinvarianten von $A = A^\varphi_\mathfrak{a}$ sind, die keine Einheiten in $K[X]$ sind; es gilt

$$\vartheta_\rho(X) \mid \vartheta_{\rho+1}(X) \quad \text{(normiert)} \quad (\rho = 1, \ldots, r-1), \tag{7.6b}$$

und somit sind die ϑ_ρ dem φ und dem $K[X]$-Modul V invariant zugeordnet. Sind jeweils w^ρ erzeugende Vektoren der V_ρ, schreiben wir $\varphi_\rho = \varphi_{|V_\mathfrak{a}}$, so ist

$$\mathfrak{w}_\rho^T = (w^\rho, \varphi(w^\rho), \ldots, \varphi^{l_\rho-1}(w^\rho)) \quad K\text{-Basis von } V_\rho$$
$$\text{mit} \quad \varphi_\rho(\mathfrak{w}_\rho) = A_{\vartheta_\rho} \cdot \mathfrak{w}_\rho \quad (\rho = 1, \ldots, r), \tag{7.6c}$$

und mit

$$\mathfrak{w}^T = (\mathfrak{w}_1^T, \mathfrak{w}_2^T, \ldots, \mathfrak{w}_r^T) \tag{7.6d}$$

erhält man eine K-Basis von V, d.h.

$$n = \sum_{\rho=1}^{r} l_\rho; \tag{7.6d'}$$

192

mit der Matrix

$$A' = \operatorname{diag}(A_{\vartheta_1}, A_{\vartheta_2}, \ldots, A_{\vartheta_r}) \qquad (7.6\mathrm{e})$$

ist dann

$$\varphi(\mathfrak{w}) = A' \cdot \mathfrak{w}, \quad (A')^T = A_{\mathfrak{w}}^{\varphi}, \qquad (7.6\mathrm{f})$$

d.h. $(A')^T$ *ist ähnlich zu* $A = A_{\mathfrak{a}}^{\varphi}$:

$$(A')^T \approx A = A_{\mathfrak{a}}^{\varphi}. \qquad (7.6\mathrm{g})$$

Beweis. 1. Jede K-Basis $\mathfrak{a}$ von V ist zugleich ein $K[X]$-Erzeugendensystem bzgl. φ von V, d.h. V ist endlich-erzeugbar und somit direkte Summe von $K[X]$-zyklischen Teilmoduln nach Satz 6.11; dabei muß V sogar $K[X]$-Torsionsmodul sein (bzgl. φ), denn sonst enthielte V einen zu $K[X]$ (als K-Modul) isomorphen Teilmodul, was wegen $\dim_K(V) = n < \infty$ unmöglich ist.

2. Also muß V gemäß (7.6) direkte Summe von endlich vielen zyklischen Teilmoduln $V_\rho \cong K[X]/\vartheta_\rho(X) \cdot K[X]$ sein, wobei (7.6b) gelten muß und wir die eventuell auftretenden $K[X]$-Einheiten fortlassen können. Mit $d(\vartheta_\rho) = l_\rho$ folgt dann auch (7.6d') für die K-Dimensionen.

Bilden wir nun die K-Basen $\mathfrak{w}_\rho$ bzw. $\mathfrak{w}$, so müssen nach Lemma 7.4 offensichtlich die Regeln (7.6c, d, d', e, f) gelten, d.h. insbesondere ist

$$(A')^T = (\operatorname{diag}(A_{\vartheta_1}, A_{\vartheta_2}, \ldots, A_{\vartheta_r}))^T \approx A_{\mathfrak{a}}^{\varphi} = A. \qquad (7.6\mathrm{g}')$$

3. Nach dem Vorangehenden haben A'^T und A die gleichen Ähnlichkeitsinvarianten, d.h.

$$A'^T - X \cdot E \quad \text{und} \quad A - X \cdot E$$

haben die gleichen Elementarteiler und auch die gleichen Determinantenteiler. Beachtet man nun, daß bei einer Begleitmatrix A_{ϑ_ρ} in K^{l_ρ, l_ρ} der letzte Elementarteiler gleich $m(X) \doteq \chi(X)$ ist, und daß hierin alle anderen Elementar- und Determinantenteiler assoziiert zu 1 sind, und berücksichtigt man die Formeln (7.6b), so folgt durch einfache rechnerische Diskussion der Determinantenteiler von $A'^T - X \cdot E$

$$\delta_i^A(X) = \begin{cases} \vartheta_{i-(n-r)}(X) & \text{für} \quad i = n-r+1, \ldots, n \\ 1 & \text{für} \quad i = 1, \ldots, n-r; \end{cases} \qquad (7.6\mathrm{h})$$

hieraus erhält man die verbleibenden Behauptungen des Satzes, d.h. die Ausdrücke (7.6), (7.6a) bzw. (7.6e) sind φ invariant und eindeutig zugeordnet.

Bemerkung 6. Aus den obigen Rechnungen folgt auch, daß die in Satz 6.13 genannte Eindeutigkeitsaussage für diesen Fall von endlich-erzeugten $K[X]$-Torsionsmoduln bewiesen ist, nämlich durch die Interpretation der ϑ_ρ als Ähnlichkeitsinvarianten. Jeder endlich-erzeugte $K[X]$-Torsionsmodul läßt sich in der oben geschilderten Weise interpretieren, so daß der Eindeutigkeitssatz 6.13 stets über $K[X]$ gilt (vgl. auch die Ergänzungen zu §6).

Definition 7C. Ist $A \in K^{n,n}$, so nennt man die gemäß (7.6e) erklärte zu A ähnliche «Kästchenmatrix»

$$A' = \operatorname{diag}(A_{\vartheta_1}, A_{\vartheta_2}, \ldots, A_{\vartheta_r})$$

die durch A eindeutig bestimmte *rationale Normalform zu* A; dabei sind die A_{ϑ_ρ} die Begleitmatrizen zu den nichttrivialen Ähnlichkeitsinvarianten ϑ_ρ von A mit der Eigenschaft (7.6b).

Bemerkung 7. Ist unter den Voraussetzungen von Satz 7.5 φ bzgl. $\mathfrak{w}$ die Matrix $A_{\mathfrak{w}}^\varphi$ zugeordnet, so gilt nach §3 und §5:

$$V \ni x = \tilde{x}^T \cdot \mathfrak{w} \mapsto \varphi(x) = \tilde{y}^T \cdot \mathfrak{w} = y \in V \quad \text{mit}$$

$$K^n \ni \tilde{x} \mapsto \tilde{y} = A_{\mathfrak{w}}^\varphi \cdot \tilde{x} \in K^n. \tag{7.6i}$$

Wir illustrieren das Ergebnis zunächst an Beispielen:

$\boxed{2}$ Sei $K = \mathbf{Q}$, $V = \mathbf{Q}^4$ und $\varphi \in \operatorname{End}_{\mathbf{Q}}(\mathbf{Q}^4)$ mit

$$A = A_{\mathfrak{e}}^\varphi = \begin{pmatrix} 1 & 0 & 0 & 0 \\ 0 & 1 & 1 & 0 \\ 0 & 0 & 1 & 0 \\ 0 & 0 & 0 & 2 \end{pmatrix}, \quad \text{d.h.}$$

$$A - X \cdot E = \begin{pmatrix} 1-X & 0 & 0 & 0 \\ 0 & 1-X & 1 & 0 \\ 0 & 0 & 1-X & 0 \\ 0 & 0 & 0 & 2-X \end{pmatrix}.$$

Dann folgt zunächst für die normierten Determinantenteiler $\Delta_1^A = 1$, $\Delta_2^A = 1$ (nämlich ggT von $X-1$ und $X-2$),

$\Delta_3^A = X - 1$ und $\Delta_4^A = (X-1)^3(X-2)$.

Also erhält man für die zugehörigen normierten Elementarteiler (Ähnlichkeitsinvarianten): $\delta_1^A = \delta_2^A = 1$, $\delta_3^A = X - 1 = \vartheta_1(X)$, $\delta_4^A = (X - 1)^2(X - 2) = X^3 - 4X^2 + 5X - 2 = \vartheta_2(X)$.
Hieraus folgt

$$A \approx A' = \begin{pmatrix} 1 & \vdots & 0 & 0 & 0 \\ 0 & \vdots & 0 & 1 & 0 \\ 0 & \vdots & 0 & 0 & 1 \\ 0 & \vdots & 2 & -5 & 4 \end{pmatrix}, \quad \text{und dies ist}$$

die rationale Normalform zu A (da $\delta_1 = \delta_2 = 1$ ist, treten nur zwei Kästchen bei dieser Konstruktion auf).

Die nachfolgenden Beispiele skizzieren noch einige weitere Berechnungsverfahren zu diesem Gegenstand:

[2a] Es sei K ein Körper, $V = K^n$ mit der Standardbasis $\tilde{e}^\nu$ ($\nu = 1, \ldots, n$) und $A = (\alpha_{\mu\nu}) \in K^{n,n}$. Gemäß (7.5b) ist V bzgl. A sogar ein $K[X]$-Modul mit

$$f(X) \underset{A}{\cdot} \tilde{x} = f(A) \cdot \tilde{x} \quad \text{für} \quad f(X) \in K[X]. \tag{7.7}$$

Auch der $K[X]$-Modul K^n hat $\tilde{e}^\nu$ als Erzeugendensystem; wir betrachten nun den freien $K[X]$-Modul $(K[X])^n$ und bilden analog zu (6.8b)

$$\psi : (K[X])^n \to K^n \quad \text{mit}$$

$$\sum_{\nu=1}^n f_\nu(X) \cdot \tilde{e}^\nu \underset{\psi}{\longmapsto} \sum_{\nu=1}^n f_\nu(A) \cdot \tilde{e}^\nu. \tag{7.7a}$$

Man rechnet nach, daß Kern $\psi = N \leq (K[X])^n$ von den Elementen (als $K[X]$-Modul)

$$(K[X])^n \ni \tilde{a}^\mu := \sum_{\nu=1}^n \alpha_{\nu\mu} \cdot \tilde{e}^\nu - X \cdot \tilde{e}^\mu \quad (\mu = 1, \ldots, n) \tag{7.7b}$$

erzeugt wird; K^n als $K[X]$-Modul bzgl. A, d.h. als $K[A]$-Linksmodul, ist isomorph zu

$$(K[X])^n / N \cong K^n \quad \text{(als } K[X]\text{-Modul)}. \tag{7.7c}$$

Dabei erhält man das Erzeugendensystem von N aus dem von $K[X]^n$ vermöge der Substitution

$$\mathfrak{a}' = (A^T - X \cdot E) \cdot \mathfrak{e} \quad \text{mit} \quad \mathfrak{a}'^T = (\tilde{a}^1, \ldots, \tilde{a}^n). \tag{7.7d}$$

195

Somit erhält man die zugehörige Elementarteilerform gemäß

$$U \cdot (A^T - X \cdot E) \cdot S =: \mathrm{diag}(\underbrace{1, \ldots, 1}_{(n-r)-\mathrm{mal}}, \vartheta_1, \ldots, \vartheta_r) \qquad (7.7\mathrm{e})$$

mit unimodularem $U(X)$, $S(X) \in K[X]^{n,n}$.

Aus der Formel $S^{-1}(X) = (s^*_{\mu\nu}(X))$ und

$$\mathfrak{f} = S^{-1}(X) \underset{A}{\cdot} \mathfrak{e} := \begin{pmatrix} \sum_{\nu=1}^{n} s^*_{1\nu}(A) \cdot \tilde{e}^\nu \\ \vdots \\ \sum_{\nu=1}^{n} s^*_{n\nu}(A) \cdot \tilde{e}^\nu \end{pmatrix} \qquad (7.7\mathrm{f})$$

ergeben sich Elemente aus K^n, die nach Verschiebung der Indizes (vgl. auch (7.6h)) die $\tilde{w}^\rho$ und damit die φ_A-zyklischen Unterräume $V_\rho = K[A] \cdot \tilde{w}^\rho$ liefern. Dabei ist bei der Anwendung von (7.7f), d.h. der «Multiplikation» eines Polynoms mit einem $\tilde{x} \in K^n$ die Interpretation (7.7) zu benutzen (vgl. auch Aufgabe **9**).

[2b]   Seien jetzt speziell $K = \mathbf{R}$, $R = \mathbf{R}[X]$,

$$A = \begin{pmatrix} 0 & 0 \\ 0 & 1 \end{pmatrix} \in \mathbf{R}^{2,2} \quad \text{und} \quad A^T - X \cdot E = A - X \cdot E$$

$$= \begin{pmatrix} -X & 0 \\ 0 & 1-X \end{pmatrix} \in R^{2,2}.$$

Dann bestätigt man durch Nachrechnen (vgl. auch §6, [4a])

$$\begin{pmatrix} 1 & 0 \\ 0 & X(X-1) \end{pmatrix} = \begin{pmatrix} 1 & 1 \\ 1-X & -X \end{pmatrix} \cdot \begin{pmatrix} -X & 0 \\ 0 & 1-X \end{pmatrix} \cdot \begin{pmatrix} -1 & 1-X \\ 1 & X \end{pmatrix},$$

d.h. $\; S^{-1}(X) = \begin{pmatrix} -1 & 1-X \\ 1 & X \end{pmatrix}^{-1} = \begin{pmatrix} -X & 1-X \\ 1 & 1 \end{pmatrix}.$

Mit $\; \tilde{e}^1 = \begin{pmatrix} 1 \\ 0 \end{pmatrix} \;$ und $\; \tilde{e}^2 = \begin{pmatrix} 0 \\ 1 \end{pmatrix} \;$ folgt also gemäß (7.7f):

$$-A \cdot \tilde{e}^1 + (E-A) \cdot \tilde{e}^2 = \begin{pmatrix} 0 \\ 0 \end{pmatrix}, \quad E \cdot \tilde{e}^1 + E \cdot \tilde{e}^2 = \begin{pmatrix} 1 \\ 1 \end{pmatrix} = \tilde{w}^1.$$

Somit ist $V = V_1$ mit der Basis $\tilde{w}^1$, $A \cdot \tilde{w}^1 = \begin{pmatrix} 0 \\ 1 \end{pmatrix}$, und das

Minimalpolynom ist $m(X; A) = X^2 - X$ mit der Begleit-matrix $A_m \approx A$.

Wir vermerken noch eine einfache Folgerung und Ergänzung zu Satz 7.5 und Lemma 7.4, nämlich

Korollar 7.6. *Ein n-dimensionaler K-Vektorraum V ist genau dann $K[X]$-zyklisch bzgl. $\varphi \in \mathrm{End}_K(V)$, wenn das Minimalpoly-nom $m(X; \varphi)$ den Grad n hat.*

Wir kommen nun zum allgemeinen Fall gemäß Satz 7.5 zurück. Dort gilt für die Grade der (normierten) Ähnlichkeitsinvarianten

$$d(\vartheta_\rho(X)) = l_\rho \geq 1, \quad (\rho = 1, \ldots, r),$$

$$n = \sum_{\rho=1}^{r} l_\rho \tag{7.7g}$$

und speziell für das charakteristische Polynom

$$\chi(X; \varphi) = (-1)^n \cdot \prod_{\rho=1}^{r} \vartheta_\rho(X), \tag{7.7h}$$

wobei die $\vartheta_\rho(X)$ bis auf das Vorzeichen $(-1)^{l_\rho}$ die charakte-ristischen Polynome der A_{ϑ_ρ} in den entsprechenden Unterräumen sind.

Wir gehen nun von der Primfaktorzerlegung dieser Polynome in $K[X]$ aus und betrachten zunächst die Zerlegung

$$\chi(X; \varphi) = (-1)^n \cdot \prod_{\sigma=1}^{s} p_\sigma(X)^{e_\sigma}, \quad \text{wobei}$$

$$p_\sigma(X) \quad \text{irreduzibel vom Grad} \quad d(p_\sigma) = d_\sigma \quad \text{ist}, \tag{7.8}$$

$$e_\sigma \in \mathbf{N}, \quad (\sigma = 1, \ldots, s).$$

Da die $\vartheta_\rho(X)$ Teiler von $\chi(X; \varphi)$ sind, muß für sie gelten (vgl. auch (6.12a')):

$$\vartheta_\rho(X) = \prod_{\sigma=1}^{s} p_\sigma(X)^{e_{\rho.\sigma}} \quad \text{mit} \quad e_{\rho.\sigma} \in \mathbf{N}_0$$

$$\text{und} \quad \sum_{\sigma=1}^{s} d_\sigma e_{\rho.\sigma} = l_\rho \quad (\rho = 1, \ldots, r); \tag{7.8a}$$

dabei treten in dieser Primfaktorzerlegung die gleichen irreduzi-blen Polynome auf, allerdings eventuell mit dem Exponenten 0.

Hierbei ist

$$\sum_{\sigma=1}^{s} d_\sigma e_\sigma = n = \sum_{\sigma=1}^{s} d_\sigma \left(\sum_{\rho=1}^{r} e_{\rho,\sigma}\right). \tag{7.8b}$$

Wir übertragen und verschärfen nun die Bemerkung 16 aus §6 zu

Lemma 7.7. *Es seien V ein n-dimensionaler K-Vektorraum, $\varphi \in \mathrm{End}_K(V)$ und $f(X) \in K[X]$ ein normiertes Polynom mit*

$$f(\varphi)(V) = (\mathbf{0}_V) \tag{7.8c}$$

und

$$f(X) = f_1(X) \cdot f_2(X), \quad \text{wobei} \quad (f_1, f_2) \doteq 1, \quad f_i \text{ normiert}, \tag{7.8c'}$$

so gilt

$$V = W_1 \oplus W_2 \quad \text{mit} \quad W_i = \mathrm{Kern}(f_i(\varphi)) \quad (i = 1, 2); \tag{7.8d}$$

ist hierbei speziell $f(X) = (-1)^n \cdot \chi(X; \varphi)$, so folgt zusätzlich

$$\dim_K(W_i) = d(f_i) \quad \text{und} \quad f_i(X) = \pm \chi(X; \varphi_{|W_i}) \quad (i = 1, 2). \tag{7.8e}$$

Beweis. 1. V ist $K[X]$-Linksmodul bzgl. φ und $f(X) \overset{.}{\circ} x = \mathbf{0}_V$ für alle $x \in V$; dann sind wegen (7.8c') die Voraussetzungen von Bemerkung 16 aus §6 erfüllt, und somit existiert eine direkte Zerlegung (7.8d).

2. Sei jetzt speziell $f(X) = (-1)^n \cdot \chi(X; \varphi)$, und sei eine Basis $\mathfrak{a}^T = (\mathfrak{a}_1^T, \mathfrak{a}_2^T)$ von V aus Basen $\mathfrak{a}_i$ von W_i $(i = 1, 2)$ zusammengesetzt. Dann ist, da die W_i φ-invariant sind,

$$\begin{aligned}
&A = A_\mathfrak{a}^\varphi = \mathrm{diag}(A_1, A_2) \quad \text{mit} \\
&A_i \in K^{n_i, n_i} \quad \text{mit} \quad n_i = \dim_K(W_i) \quad (i = 1, 2)
\end{aligned} \tag{7.8f}$$

und folglich

$$\begin{aligned}
&\chi(X; \varphi) = \chi(X; A) = \chi_1(X; A_1) \cdot \chi_2(X; A_2) \\
&\text{mit} \quad \chi_i(X; A_i) = |A_i - X \cdot E_{n_i, n_i}| \quad (i = 1, 2);
\end{aligned} \tag{7.8f'}$$

dabei ist χ_i das charakteristische Polynom von $\varphi_{|W_i}$. Da nun $f_i(\varphi)(W_i) = (\mathbf{0}_V)$ $(i = 1, 2)$, folgt auch

$$f_i(A_i) = O_{n_i, n_i} \quad (i = 1, 2). \tag{7.8g}$$

Somit gilt für die Minimalpolynome $m_i(X) = m_i(X; A_i)$ $m_i(X) \mid f_i(X)$ $(i = 1, 2)$, d.h. $f_i(X)$ und $\chi_i(X; A_i)$ sind jeweils aus den gleichen irreduziblen Polynomen zusammengesetzt und alle Primfaktoren

198

von χ_i treten auch in $f_i(X)$ auf. Wegen

$$f_1(X) \cdot f_2(X) = f(X) = (-1)^n \cdot \chi(X; A) = (-1)^n \cdot \chi_1(X) \cdot \chi_2(X)$$

und $\quad (f_1, f_2) \doteq 1$

folgt schließlich

$$f_i(X) = (-1)^{n_i} \cdot \chi_i(X; A_i),$$
$$\text{d.h.} \quad n_i = \dim_K(W_i) = d(f_i) \qquad (i = 1, 2) \qquad (7.8\text{g}')$$

und dies ergibt zusammen Lemma 7.7. ∎

Genau wie bei der Herleitung von Satz 6.12 kann man durch Induktion dieses Lemma mehrfach anwenden entsprechend der Zerlegung des Polynoms in Potenzen von irreduziblen Polynomen (vgl. z.B. (7.8) bzw. (7.8a)), wobei sich auch die Dimensionsaussage aus (7.8e) überträgt.

Wir wenden dieses Verfahren zunächst auf einen φ_ρ-zyklischen Raum V_ρ an (vgl. Satz 7.5) mit $\vartheta_\rho(X) = (-1)^{l_\rho} \cdot \chi(X; \varphi_\rho)$ und setzen dies dann nach dem Schema des Satzes 7.5 im allgemeinen Fall zusammen.

Satz 7.8. *Ist unter den Voraussetzungen und Bezeichnungen von Satz 7.5 $\varphi_\rho = \varphi_{|V_\rho}$ ein K-Endomorphismus des φ_ρ-zyklischen Vektorraumes V_ρ der Dimension $\dim_K(V_\rho) = l_\rho$ mit der K-Basis $\mathfrak{w}_\rho^T$ gemäß (7.6c) und dem charakteristischen Polynom*

$$\chi(X; \varphi_\rho) = (-1)^{l_\rho} \cdot \vartheta_\rho(X), \qquad (7.9)$$

das gemäß (7.8a) in Primpolynompotenzen zerlegt ist, und ist $(A_{\vartheta_\rho})^T = A_{\mathfrak{w}_\rho}^{\varphi_\rho}$, so gilt die direkte Zerlegung

$$V_\rho = K[X] \underset{\varphi}{\cdot} w^\rho = W_{\rho,1} \oplus W_{\rho,2} \oplus \cdots \oplus W_{\rho,s} \qquad (7.9\text{a})$$

in φ_ρ-zyklische, primäre Vektorräume

$$W_{\rho,\sigma} = K[X] \underset{\varphi}{\cdot} w^{\rho,\sigma} \quad mit \quad \dim_K(W_{\rho,\sigma}) = d_\sigma \cdot e_{\rho,\sigma},$$

$$w^{\rho,\sigma} = \left(\prod_{\substack{\tau=1 \\ \tau \neq \sigma}}^{s} p_\tau(X)^{e_{\rho,\tau}} \right) \underset{\varphi}{\cdot} w^\rho, \quad wobei \qquad (7.9\text{b})$$

$$\text{Ann}_{K[X]}(w^{\rho,\sigma}) = (p_\sigma(X)^{e_{\rho,\sigma}}) \cdot K[X] \quad (\sigma = 1, \ldots, s) \ ist.$$

Bedeutet jeweils

$$\mathfrak{w}_{\rho,\sigma}^T = (w^{\rho,\sigma}, \varphi_\rho(w^{\rho,\sigma}), \ldots, \varphi_\rho^{d_\sigma \cdot e_{\rho,\sigma}-1}(w^{\rho,\sigma}))$$
$$(\sigma = 1, \ldots, s) \quad und \quad \mathfrak{w}_\rho^T = (\mathfrak{w}_{\rho,1}^T, \ldots, \mathfrak{w}_{\rho,s}^T), \qquad (7.9\text{c})$$

so ist φ_ρ *bzgl.* $\mathfrak{w}_\rho$ *die Matrix* $\mathrm{diag}(A_{\rho 1}, A_{\rho 2}, \ldots, A_{\rho s})$ *mit*

$$\varphi_\rho(\mathfrak{w}_\rho) = \mathrm{diag}(A_{\rho 1}, A_{\rho 2}, \ldots, A_{\rho s}) \cdot \mathfrak{w}_\rho,$$

$$A_{\rho\sigma} = Begleitmatrix\ zu\ p_\sigma(X)^{e_{\rho\sigma}} \quad (\sigma = 1, \ldots, s) \tag{7.9d}$$

zugeordnet, d.h. es gilt die Ähnlichkeit

$$A_{\vartheta_\rho} \approx \mathrm{diag}(A_{\rho 1}, \ldots, A_{\rho s}). \tag{7.9d'}$$

Bemerkung 8. Falls in (7.8a) für ein σ der Wert $e_{\rho,\sigma} = 0$ ist, so ist $W_{\rho,\sigma}$ der Nullraum und der entsprechende Term im obigen Satz entfällt; die Angaben des Satzes erlauben sofort die Bestimmung der Kästchenmatrix $\mathrm{diag}(A_{\rho 1}, \ldots, A_{\rho s})$ aus (7.8a), und mit (7.9b) kann man sogar die $w^{\rho,\sigma}$ berechnen.

Satz 7.8a. *Ist unter den Voraussetzungen und Bezeichnungen von Satz 7.5 V bzgl.* φ *in eine direkte Summe* $K[X]$-*zyklischer Unterräume* V_ρ *zu den Ähnlichkeitsinvarianten* $\vartheta_\rho(X)$ *von* A_a^φ *zerlegt, und wird für jedes* $\rho = 1, \ldots, r$ V_ρ *gemäß Satz 7.8 weiter zerlegt, so ist*

$$V = \bigoplus_{\rho=1}^{r} \left(\bigoplus_{\sigma=1}^{s} W_{\rho,\sigma} \right), \tag{7.9e}$$

und bzgl. der zusammengesetzten Basis

$$\mathfrak{w}^T = (\mathfrak{w}_1^T, \ldots, \mathfrak{w}_r^T), \quad \mathfrak{w}_\rho^T \ gem\ddot{a}\ss\ (7.9c) \tag{7.9e'}$$

gilt in formaler Aufzählung

$$\varphi(\mathfrak{w}) = \mathrm{diag}(A_{11}, \ldots, A_{1s}; A_{21}, \ldots, A_{2s}; \ldots; A_{r1}, \ldots, A_{rs}) \cdot \mathfrak{w}, \tag{7.9f}$$

d.h. A_a^φ *ist ähnlich zu der durch* φ *bis auf die Reihenfolge eindeutig bestimmten Kästchenmatrix in (7.9f), bei der die* $A_{\rho\sigma}$ *jeweils Begleitmatrizen zu Potenzen irreduzibler Polynome sind; falls* $e_{\rho,\sigma} = 0$, *so entfällt das entsprechende* $A_{\rho\sigma}$ *jeweils.*

In Anlehnung an Definition 6H' erklären wir

Definition 7C'. Unter den Voraussetzungen und Bezeichnungen von Satz 7.5 und (7.8a) nennt man die Primpolynompotenzen, sofern $e_{\rho,\sigma} \neq 0$, in

$$(p_1^{e_{1,1}}(X), \ldots, p_1^{e_{r,1}}(X); \quad p_2^{e_{1,2}}(X), \ldots, p_2^{e_{r,2}}(X);$$
$$\ldots; p_s^{e_{1,s}}(X), \ldots, p_s^{e_{r,s}}(X)) \tag{7.9g}$$

die *primären* (*normierten*) *Elementarteiler von* A bzw. φ und die Kästchenmatrix in (7.9f), d.h. (sofern $A_{\rho\sigma}$ nicht weggelassen wird)

$$\operatorname{diag}(A_{11}, \ldots, A_{1s}; A_{21}, \ldots, A_{2s}; \ldots; A_{r1}, \ldots, A_{rs}) \approx A, \quad (7.9\mathrm{h})$$

Primärzerlegung der rationalen Normalform von A *bzw. rationale primäre Normalform.*

Bemerkung 9. Die primären Elementarteiler und die Normalform (7.9h) sind bis auf die Reihenfolge der Terme eindeutig bestimmt. Zu ihrer Berechnung muß man nur die Elementarteiler $\vartheta_\rho(X)$ und ihre Primfaktorzerlegung kennen und kann dann die Begleitmatrizen $A_{\rho\sigma}$ angeben; für die Bestimmung der $W_{\rho,\sigma}$ und ihrer erzeugenden Vektoren vgl. [2a] und (7.8d) (weitere diesbezügliche Berechungsverfahren folgen später bzw. in den Ergänzungen zu §7).

[2c]   Sei wie in [2] $K = \mathbf{Q}$, $V = \mathbf{Q}^4$ und zu φ A bzw. A' wie dort gegeben mit $\delta_1 = \delta_2 = 1$ und $\delta_3 = (X-1)$, $\delta_4 = (X-1)^2(X-2)$. Dann ist $p_1(X) = (X-1)$ und $p_2(X) = (X-2)$ und wir haben $\delta_4 = p_1^2 \cdot p_2^1$, woraus folgt: $(X-1, (X-1)^2, X-2)$ sind die primären Elementarteiler, und die Normalform ist

$$A \approx \begin{pmatrix} 1 & \vdots & 0 & 0 & 0 \\ \hdashline 0 & \vdots & 0 & 1 & \vdots & 0 \\ 0 & \vdots & -1 & 2 & \vdots & 0 \\ \hdashline 0 & & 0 & 0 & \vdots & 2 \end{pmatrix}, \quad \text{da} \quad (X-1)^2 = X^2 - 2X + 1.$$

[2d]   Sei nun wie in [1a]: $\Lambda = \operatorname{diag}(\lambda_1, \lambda_2, \ldots, \lambda_n)$, wobei die λ_ν nicht notwendig verschieden sind. Dann ist nach [1a] und (7.4e) jedes $\delta_i^\Lambda(X)$ ein Produkt verschiedener Linearfaktoren; also sind alle primären Elementarteiler lineare Polynome und die rationale primäre Normalform ist wieder die ursprüngliche Matrix.

[2e]   Ist $f(X) = (X-1)(X-2)(X^2-2) \in \mathbf{Q}[X]$ und A_f die zugehörige Begleitmatrix, so sind $(X-1, X-2, X^2-2)$ die primären Elementarteiler und $A_f \approx \operatorname{diag}(1, 2, A')$ mit $A' = \begin{pmatrix} 0 & 1 \\ 2 & 0 \end{pmatrix} \in \mathbf{Q}^{2.2}$ ist die Normalform.

Für die nachfolgenden Überlegungen machen wir die folgenden

generellen *Voraussetzungen*:

> Für alle auftretenden $\varphi \in \mathrm{End}_K(V)$ bzw. $A \in K^{n,n}$ zerfalle $\chi(X;\varphi)$ bzw. $\chi(X;A)$ vollständig in Linearfaktoren, d.h.:
> $$\chi(X;\varphi) \text{ bzw. } \chi(X;A) = (-1)^n \cdot \prod_{\nu=1}^{n} (X - \lambda_\nu),\ \lambda_\nu \in K.$$

(7.10)

Bemerkung 10. Diese Voraussetzung ist für *alle* φ bzw. A erfüllt unter einer der folgenden Annahmen über K:

(i) K ist *algebraisch-abgeschlossen*, d.h. jedes Polynom f mit $d(f) \ge 1$ aus $K[X]$ hat mindestens eine Nullstelle in K.

oder speziell:

(ii) $K = \mathbf{C}$ (*Fundamentalsatz der Algebra*, vgl. Satz 7.12).

Wir betrachten nun gemäß (7.9b) einen φ-zyklischen primären Teilraum; dann ist hier sinngemäß

$$p_\sigma(X) = X - \lambda_\sigma,\quad \lambda_\sigma \in K,\quad \dim_K(W_{\rho,\sigma}) = e_{\rho,\sigma} \in \mathbf{N}_0,$$

$$\mathrm{Ann}_{K[X]}(w^{\rho,\sigma}) = (X - \lambda_\sigma)^{e_{\rho,\sigma}} \cdot K[X],\quad W_{\rho,\sigma} = K[X] \underset{\varphi}{\cdot} w^{\rho,\sigma}.$$

(7.10a)

Neben der gemäß (7.9c) zu $W_{\rho,\sigma}$ gegebenen Basis (eventuell ist $W_{\rho,\sigma} = (0_V)$, dann existiert keine echte Basis)

$$\mathfrak{w}_{\rho,\sigma}^T = (w^{\rho,\sigma}, \varphi(w^{\rho,\sigma}), \dots, \varphi^{e_{\rho,\sigma}-1}(w^{\rho,\sigma}))$$

(7.10a')

betrachten wir nun noch folgende leicht modifizierte weitere Basis

$$\mathfrak{z}^T = (z^1, z^2, \dots, z^e)\quad \text{mit}$$

$$z^e := z^{e_{\rho,\sigma}} = w^{\rho,\sigma},\quad z^i := (\varphi - \lambda_\sigma \cdot \mathrm{id}_V)^{e-i}(w^{\rho,\sigma})$$

(7.10b)

$$(i = 1, \dots, e-1 = e_{\rho,\sigma}-1).$$

Da $\varphi(\varphi - \lambda_\sigma \cdot \mathrm{id}_V)^i(z^e) = (\varphi - \lambda_\sigma \cdot \mathrm{id}_V)^{i+1}(z^e) + \lambda_\sigma(\varphi - \lambda_\sigma \cdot \mathrm{id}_V)^i(z^e)$ ist, erhält man sofort

$$\varphi(z^2) = z^1 + \lambda_\sigma \cdot z^2,\quad \varphi(z^3) = z^2 + \lambda_\sigma \cdot z^3, \dots,$$

$$\varphi(z^e) = z^{e-1} + \lambda_\sigma \cdot z^e,\quad \varphi(z^1) = \lambda_\sigma \cdot z^1,$$

(7.10c)

also:

$$\varphi(\mathfrak{z}) = \begin{pmatrix} \lambda_\sigma & 0 & \cdots & & & & 0 \\ 1 & \lambda_\sigma & 0 & & & & \\ 0 & 1 & & & & & \\ & & 0 & & & & \\ & & & & & 1 & \lambda_\sigma & 0 \\ 0 & \cdots & & & 0 & 1 & \lambda_\sigma \end{pmatrix} \cdot \mathfrak{z}. \qquad (7.10\text{c}')$$

Definition 7D. Ist K ein Körper, $r \in \mathbf{N}$, so heißt eine Matrix

$$J_r(\lambda) := \begin{pmatrix} \lambda & 1 & 0 & \cdots & 0 \\ 0 & \lambda & 1 & & \\ & & & & 0 \\ & & & & 1 \\ 0 & \cdots & & 0 & \lambda \end{pmatrix} \in K^{r,r}, \quad \lambda \in K \qquad (7.10\text{d})$$

eine *r-reihige Jordan-Matrix zum Eigenwert* $\lambda \in K$. Allgemeiner heißt eine Matrix $B \in K^{n,n}$ der Form

$$B = \operatorname{diag}(J_{r_1}(\lambda_1), \ldots, J_{r_\mu}(\lambda_1); J_{r_{\mu+1}}(\lambda_2), \ldots, J_{r_\alpha}(\lambda_s))$$

$$= \begin{pmatrix} J_{r_1}(\lambda_1) & & & & 0 \\ & \ddots & & & \\ & & J_{r_\mu}(\lambda_1) & & \\ & & & J_{r_{\mu+1}}(\lambda_2) & \\ & & & & \ddots \\ 0 & & & & J_{r_\alpha}(\lambda_s) \end{pmatrix} \quad \text{mit } \sum_{\mu=1}^{\alpha} r_\mu = n, \qquad (7.10\text{d}')$$

wobei auf der Hauptdiagonalen als Kästchen Jordan-Matrizen $J_r(\lambda)$ mit eventuell verschiedenen Werten von r und λ stehen, eine Matrix in *Jordanscher Normalform*.

Bemerkung 11. Die in $(7.10\text{c}')$ auftretende Matrix ist also von der Form $J_e(\lambda_\sigma)^T \in K^{e,e}$; die φ bzgl. $\mathfrak{z}$ von $W_{\rho,\sigma}$ zugeordnete Matrix ist $A_{\mathfrak{z}}^\varphi = J_e(\lambda_\sigma)$. Einige Autoren nennen $J_e(\lambda_\sigma)^T$ eine Jordan-Matrix; man erhält die $(7.10\text{c}')$ entsprechende Regel, indem man die z^ν in umgekehrter Reihenfolge numeriert.

Zur Illustration jedoch zunächst zwei Beispiele:

$\boxed{3}$ Es sei K ein Körper, $\lambda \in K$, $r \in \mathbf{N}$ und $J = J_r(\lambda)$ gemäß (7.10d) gebildet. Dann folgt sofort

$$\chi(X; J_r(\lambda)) = (\lambda - X)^r, \qquad\qquad (7.10\mathrm{d}'')$$

d.h. λ ist r-facher Eigenwert von $J_r(\lambda)$. Wegen $\Delta^J_{r-1} = 1$, ist $m(X; J_r(\lambda)) = (X - \lambda)^r$ und somit ist $J_r(\lambda)$ für $r > 1$ sicher nicht diagonalisierbar, aber offensichtlich eine Dreiecksmatrix, also triagonalisierbar.

$\boxed{3\mathrm{a}}$ Sei $\lambda \in K$ fest, $e \in \mathbf{N}$. Wir betrachten die Matrix

$$B(\lambda) := \operatorname{diag}(J_{\nu_1}(\lambda), J_{\nu_2}(\lambda), \ldots, J_{\nu_t}(\lambda)) \in K^{e,e} \quad \text{mit}$$
$$\nu_1 \geq \nu_2 \geq \cdots \geq \nu_t \geq 1 \quad \text{und} \quad \sum_{\tau=1}^t \nu_\tau = e. \qquad (7.10\mathrm{e})$$

Durch Berechnung der zugehörigen normierten Determinantenteiler folgt für die Ähnlichkeitsinvarianten von $B(\lambda)$:

$$\delta_1 = \delta_2 = \cdots = \delta_{e-t} = 1,$$
$$\delta_{e-t+1}(X) = (X - \lambda)^{\nu_t}, \ldots, \delta_{e-1}(X) = (X - \lambda)^{\nu_2},$$
$$\delta_e(X) = (X - \lambda)^{\nu_1} = m(X; B(\lambda)), \qquad (7.10\mathrm{e}')$$
$$\text{und} \quad \chi(X; B(\lambda)) = (-1)^e \cdot (X - \lambda)^e.$$

Wir formulieren nun

Satz 7.9 (*Hauptsatz über Jordansche Normalformen*). *Ist $A \in K^{n,n}$ eine Matrix mit (7.10), so ist A ähnlich zu einer Matrix A' der Jordanschen Normalform, d.h. insbesondere ist A triagonalisierbar. Gilt dabei speziell für das charakteristische Polynom von A bzw. φ*

$$\chi(X; A) = (-1)^n \cdot f(X) = \chi(X; \varphi) \quad (A = A_a^\varphi) \qquad (7.10\mathrm{f})$$

mit

$$f(X) = \prod_{\sigma=1}^s (X - \lambda_\sigma)^{e_\sigma} \in K[X] \quad mit \quad \lambda_\sigma \neq \lambda_\tau \quad für \quad \sigma \neq \tau$$
$$und \quad \sum_{\sigma=1}^s e_\sigma = n \qquad\qquad (7.10\mathrm{f}')$$

und sind die Ähnlichkeitsinvarianten von A von der Form

$$\delta_i^A(X) = \prod_{\sigma=1}^{s} (X - \lambda_\sigma)^{\nu_{i,\sigma}} \quad (i = 1, \ldots, n) \quad mit$$

$$0 \leq \nu_{i,\sigma} \leq \nu_{j,\sigma} \leq e_\sigma \quad für \quad i \leq j, \tag{7.10g}$$

$$\sum_{i=1}^{n} \nu_{i,\sigma} = e_\sigma, \quad \sum_{\sigma=1}^{s} \nu_{i,\sigma} = l_i, \quad \sum_{i=1}^{n} l_i = n \quad (\sigma = 1, \ldots, s),$$

so hat die Jordansche Normalform zu A die Gestalt

$$A' = \mathrm{diag}(B(\lambda_1), B(\lambda_2), \ldots, B(\lambda_s)) \quad mit$$

$$B(\lambda_\sigma) = \mathrm{diag}(J_{\nu_{n,\sigma}}(\lambda_\sigma), \ldots, J_{\nu_{1,\sigma}}(\lambda_\sigma)) \in K^{e_\sigma, e_\sigma} \tag{7.10g'}$$

(Glieder mit $\nu_{i,\sigma} = 0$ weglassen),

und diese Jordansche Normalform ist bis auf die Reihenfolge der auftretenden Kästchen $J_{\nu_{i,\sigma}}(\lambda_\sigma)$ eindeutig bestimmt. Umgekehrt gibt es zu jeder Vorgabe (7.10f', g) eine Matrix aus $K^{n,n}$ mit diesen Invarianten, nämlich A' gemäß (7.10g').

Beweis. 1. Es sei für A (bzw. φ) die Voraussetzung (7.10) erfüllt und für V die Zerlegung (7.9e) aus Satz 7.8a zugrundegelegt. Ersetzen wir nun $\mathfrak{w}^T$ mit $\mathfrak{w}_\rho^T$ gemäß (7.9c) durch eine Basis, in der an Stelle der $\mathfrak{w}_{\rho,\sigma}^T$ jeweils ein $\mathfrak{z}_{\rho,\sigma}^T$ im Sinne von (7.10b) steht, so ist φ bzgl. dieser neuen Basis eine Matrix der Form (7.10d') zugeordnet und somit ist A (bzw. φ) triagonalisierbar.

2. Gilt für A bzw. φ (7.10f, f', g), so ist die zugehörige Jordansche Normalform offensichtlich vom Typus (7.10g'). Da die Ähnlichkeitsinvarianten durch A eindeutig bestimmt sind und da das Gleiche für die primären Elementarteiler gilt, folgt sofort die obige Eindeutigkeitsaussage.

3. Sei umgekehrt zu den in (7.10f', g) genannten Größen λ_σ und $\nu_{i,\sigma}$ die Matrix A' gemäß (7.10g') konstruiert, so bestätigt man durch Ausrechnen der Determinantenteiler von $A' - X \cdot E$, daß A' diese Aufgabe löst. ∎

Bemerkung 12. Mit diesem Satz ist somit das in Satz 5.13 (Fahnensatz) genannte Triagonalisierungskriterium erneut bewiesen. Die Jordansche Normalform ist bekannt, wenn man die irreduziblen Faktoren von $\chi(X; A)$ und die Exponentensysteme $\nu_{i,\sigma}$ kennt (in den einzelnen Ähnlichkeitsinvarianten); werden in (7.10g) statt der $\delta_i^A(X)$ die Größen $\vartheta_\rho(X) = \prod_{\sigma=1}^{s} (X - \lambda_\sigma)^{e_{\rho,\sigma}}$ gemäß

(7.7a′, 8a) verwendet, so treten die Indizes $e_{\rho,\sigma} = \nu_{n-r+\rho,\sigma}$ auf. Transponierte Matrizen haben jeweils die gleiche Normalform.

Weiter erkennt man sofort

Satz 7.9a. *Eine Matrix $A \in K^{n,n}$ mit (7.10) ist genau dann diagonalisierbar, wenn alle Jordanmatrizen in (7.10g′) 1-reihig sind, d.h. wenn in (7.10g) alle $\nu_{i,\sigma} = 1$ oder $= 0$ sind; dies bedeutet, daß alle primären Elementarteiler vom Grade 1 sind.*

Man beachte auch:

<u>3b</u>   Ist $\lambda \in K$ und $n > 1$, $n \in \mathbf{N}$, so gibt es sicher Matrizen $A \in K^{n,n}$ mit $\chi(X; A) = (-1)^n \cdot (X - \lambda)^n$, die also λ als einzigen Eigenwert haben, aber nicht ähnlich sind, z. B. $\operatorname{diag}(\lambda, \lambda, \ldots, \lambda)$ bzw. $J_n(\lambda)$; vgl. auch <u>3a</u>.

Wir schildern nun ein Verfahren mit dem man bei Kenntnis der λ_σ die Werte $\nu_{i,\sigma}$ bestimmen kann. Dazu

Definition 7E. Ist $A \in K^{n,n}$ und $\lambda \in K$, so heißt ein $\tilde{x} \in V = K^n$ ein *Hauptvektor von A zum Eigenwert* λ, wenn es ein $k \in \mathbf{N}_0$ gibt mit

$$(A - \lambda \cdot E)^k \cdot \tilde{x} = \mathbf{0}_{K^n}; \tag{7.11}$$

die kleinste Zahl $k \in \mathbf{N}_0$ mit der Eigenschaft (7.11) für $\tilde{x}$ bei festem λ heißt die *Stufe von* $\tilde{x}$. Man nennt

$$V_\lambda(A) = V_\lambda := \{\tilde{x} \text{ ist Hauptvektor von } A \text{ zu } \lambda \text{ für} \tag{7.11a}$$
$$\text{ein geeignetes } k \in \mathbf{N}_0\}$$

den *Hauptraum von A zu* λ.

Bemerkung 13. V_λ ist stets ein Unterraum von K^n (als Lösungsmenge geeigneter homogener Gleichungssysteme). Die Hauptvektoren der Stufe 1 sind gerade die Eigenvektoren von A zum Eigenwert λ; zur Stufe 0 zählt man hierbei *nur* den Nullvektor $\mathbf{0}_{K^n}$.

Wir vermerken zunächst einige einfache Rechenregeln und Beispiele zu diesen Bildungen, zugleich als Vorbereitung für die nachfolgenden Überlegungen. Z. B. folgt aus Lemma 7.7, wenn wir die Matrizen als Abbildungen interpretieren:

$$A \in K^{n,n}, \quad \chi(X; A) = (-1)^n \cdot \prod_{\sigma=1}^{s} (X - \lambda_\sigma)^{e_\sigma}$$
$$\Rightarrow V_{\lambda_\sigma} = \operatorname{Kern}((A - \lambda_\sigma \cdot E_{n,n})^{e_\sigma}) \quad (\sigma = 1, \ldots, s). \tag{7.11b}$$

Sei nun $\nu \in \mathbf{N}$, $\lambda \in K$ und $J_\nu(\lambda) \in K^{\nu,\nu}$ die Jordan-Matrix zu λ, $E_{\nu,\nu}$ die Einheitsmatrix, $\mu \in K$, so folgt

$$J_\nu(\lambda) - \mu \cdot E_{\nu,\nu} = J_\nu(\lambda - \mu) = \begin{pmatrix} \lambda - \mu & 1. & & 0 \\ & \ddots & \ddots & \\ & & \ddots & 1 \\ 0 & & & \lambda - \mu \end{pmatrix}, \qquad (7.11\text{c})$$

sowie für den Rang der Matrizen $r(\cdots)$:

$$\mu \neq \lambda \Rightarrow |J_\nu(\lambda - \mu)| \neq 0$$
$$\mu = \lambda \Rightarrow r(J_\nu(0)^k) = \begin{cases} \nu - k & (k = 1, \ldots, \nu), \\ 0 & \text{für } k \geq \nu. \end{cases} \qquad (7.11\text{c}')$$

Ferner gelten die Rechenregeln

$$A_\sigma, B_\sigma \in K^{n_\sigma,n_\sigma} \quad (\sigma = 1, \ldots, s; \, n_\sigma \in \mathbf{N}) \Rightarrow$$
$$\operatorname{diag}(A_1, A_2, \ldots, A_s) \cdot \operatorname{diag}(B_1, B_2, \ldots, B_s) \qquad (7.11\text{d})$$
$$= \operatorname{diag}(A_1 \cdot B_1, A_2 \cdot B_2, \ldots, A_s \cdot B_s),$$

sowie

$$B, A, S, E \in K^{n,n}, \quad |S| \neq 0, \; B = S^{-1} \cdot A \cdot S, \; \text{d.h. } B \approx A,$$
$$\Rightarrow S^{-1} \cdot (A - \lambda \cdot E)^k \cdot S = (S^{-1} \cdot (A - \lambda \cdot E) \cdot S)^k$$
$$= (B - \lambda \cdot E)^k, \qquad (7.11\text{e})$$
$$\text{d.h.} \quad r((B - \lambda \cdot E)^k) = r((A - \lambda \cdot E)^k).$$

Ist jetzt $A \in K^{n,n}$ und $A' \approx A$ gemäß $(7.10\text{g}')$ die Jordansche Normalform zu A, so folgt für $\lambda \in K$ und $k \in \mathbf{N}$:

$$r((A - \lambda \cdot E_{n,n})^k)$$
$$= r((\operatorname{diag}(B(\lambda_1), \ldots, B(\lambda_s)) - \lambda \cdot E_{n,n})^k) \qquad (7.11\text{f})$$
$$= r(\operatorname{diag}((B(\lambda_1) - \lambda \cdot E_{e_1,e_1})^k, \ldots, (B(\lambda_s) - \lambda \cdot E_{e_s,e_s})^k))$$
$$= \sum_{\sigma=1}^{s} r((B(\lambda_\sigma) - \lambda \cdot E_{e_\sigma,e_\sigma})^k).$$

Falls $\lambda \neq \lambda_\sigma$, so ist $|B(\lambda_\sigma) - \lambda \cdot E_{e_\sigma,e_\sigma}| \neq 0$ nach $(7.11\text{c}')$, und somit folgt

$$r((B(\lambda_\sigma) - \lambda \cdot E_{e_\sigma,e_\sigma})^k) = e_\sigma \quad \text{für} \quad \lambda \neq \lambda_\sigma,$$
$$k \in \mathbf{N} \quad \text{und} \quad \sigma = 1, \ldots, s. \qquad (7.11\text{g})$$

Wir betrachten nun eine Matrix $B(\lambda_\sigma)$, in deren Darstellung

(7.10g') nur die $J_\nu(\lambda_\sigma)$ mit $\nu = \nu_{\mu,\sigma} > 0$ auftreten; dann ist für festes σ mit $1 \le \sigma \le s$

$$B(\lambda_\sigma) = \operatorname{diag}(J_{\nu_{n,\sigma}}(\lambda_\sigma), \ldots, J_{\nu_{1,\sigma}}(\lambda_\sigma)), \quad \nu_{\mu,\sigma} > 0,$$

$$r((B(\lambda_\sigma) - \lambda_\sigma \cdot E_{e_\sigma,e_\sigma})^k) = e_\sigma - \sum_{i=1}^{k}\left(\sum_{\nu_{\mu,\sigma} \ge i} 1\right), \tag{7.11h}$$

da $B(\lambda_\sigma) - \lambda_\sigma \cdot E_{e_\sigma,e_\sigma} = \operatorname{diag}(\ldots, J_{\nu_{\mu,\sigma}}(\lambda_\sigma) - \lambda_\sigma \cdot E_{\nu_{\mu,\sigma},\nu_{\mu,\sigma}}, \ldots)$ ist.

Wir behaupten nun

Satz 7.10. *Ist $A \in K^{n,n}$, so ist $\lambda = \lambda_\sigma$ genau dann Eigenwert von A, wenn*

$$r(A - \lambda_\sigma \cdot E) = n - \sum_{J_{\nu_{\mu,\sigma}}(\lambda_\sigma)} 1 < n, \tag{7.12}$$

d.h. wenn in einer Normalformzerlegung von A Jordanmatrizen vom Typ $J_\nu(\lambda_\sigma)$ auftreten; für Matrizen A mit (7.10) gilt für

$$l_i(\lambda_\sigma) := \#\{J_i(\lambda_\sigma) \text{ in } A\} = \text{Anzahl der } i\text{-reihigen}$$

$$\text{Jordanmatrizen zum Eigenwert } \lambda_\sigma \text{ in } A, \tag{7.12a}$$

die Gleichung

$$l_i(\lambda_\sigma) = r((A - \lambda_\sigma \cdot E)^{i+1}) + r((A - \lambda_\sigma \cdot E)^{i-1}) - 2 \cdot r((A - \lambda_\sigma \cdot E)^i), \tag{7.12b}$$

womit man die Anzahl der Jordanmatrizen berechnen kann.

Beweis. 1. Nach (7.11h) und (7.11f, g) ist $r(A - \lambda_\sigma \cdot E) = n - \sum 1$, summiert über die Anzahl der Jordanmatrizen zum Eigenwert λ_σ; andererseits ist diese Zahl genau dann $< n$, wenn λ_σ Eigenwert ist, woraus (7.12) folgt.
2. Da offensichtlich

$$l_i(\lambda_\sigma) = \sum_{\nu_{\mu,\sigma} = i} 1 \quad (\nu_{\mu,\sigma} \text{ aus (7.11h)}, \mu = 1, \ldots, m) \tag{7.12a'}$$

ist, folgt (7.12b) aus (7.11h) durch einfache Rechnung. ∎

Bemerkung 14. Man kann somit die Jordansche Normalform von A mit (7.10) dadurch bestimmen, daß man die Nullstellen λ_σ von $\chi(X; A)$ ermittelt und dann die Ränge der Matrizen $(A - \lambda_\sigma \cdot E)^k$ berechnet. Durch Lösung der homogenen linearen Gleichungssysteme (7.11), d.h. Berechnung der Hauptvektoren,

208

kann man wegen (7.11b) und (7.10b) auch die Basen $\mathfrak{z}^T$ bzw. $\mathfrak{w}^T$ bestimmen.

Als weitere einfache Folgerung erhält man den folgenden

Satz 7.11. *Eine Matrix* $A \in K^{n,n}$ *mit der Eigenschaft* (7.10) *ist genau dann diagonalisierbar, wenn für jedes* $\sigma = 1, \ldots, s$ *gilt*

$$e_\sigma = n - r(A - \lambda_\sigma \cdot E) = \dim_K (EV(\lambda_\sigma)), \tag{7.12c}$$

d.h. die Dimension des Eigenvektorraumes zum Eigenwert λ_σ *ist gleich dem Exponenten* e_σ *des Linearfaktors* $X - \lambda_\sigma$ *im charakteristischen Polynom* $\chi(X; A)$.

Der Beweis hiervon ist eine einfache Anwendung der obigen Ergebnisse. – Wir illustrieren diese Kriterien an einem ersten Beispiel

④ Sei

$$A = \begin{pmatrix} 2 & 1 & 0 & 0 \\ 0 & 2 & 0 & 0 \\ 0 & 0 & 2 & 0 \\ 0 & -1 & 0 & 2 \end{pmatrix} \in \mathbf{R}^{4,4};$$

dann ist $\chi(X; A) = |A - X \cdot E| = (2 - X)^4$, also ist $\lambda_1 = 2$ einzige und 4-fache Nullstelle von $\chi(X; A)$, d.h. $e_1 = 4$. Da

$$(A - 2 \cdot E) = \begin{pmatrix} 0 & 1 & 0 & 0 \\ 0 & 0 & 0 & 0 \\ 0 & 0 & 0 & 0 \\ 0 & -1 & 0 & 0 \end{pmatrix}$$

und $(A - 2 \cdot E)^2 = O_{4,4}$ ist, folgt $r(A - 2 \cdot E) = 1$, $r((A - 2 \cdot E)^2) = 0$, $r((A - 2 \cdot E)^0) = r(E) = 4$. Somit gilt
$l_1(\lambda_1) = r((A - 2 \cdot E)^2) + r((A - 2 \cdot E)^0) - 2 \cdot r(A - 2 \cdot E) = 2$,
$l_2(\lambda_1) = r((A - 2 \cdot E)^3) + r(A - 2 \cdot E) - 2 \cdot r((A - 2 \cdot E)^2) = 1$;

also erhält man

$$A \approx \left(\begin{array}{cc:c:c} 2 & 1 & 0 & 0 \\ 0 & 2 & 0 & 0 \\ \hdashline 0 & 0 & 2 & 0 \\ \hdashline 0 & 0 & 0 & 2 \end{array} \right)$$

als Jordansche Normalform.

Bemerkung 15. Eine Matrix $C \in K^{n,n}$ heißt bekanntlich *nilpotent*, wenn eine geeignete Potenz von C die Nullmatrix $O_{n,n}$ ergibt; $I \in K^{n,n}$ heißt *idempotent*, falls $I^2 = I$; offensichtlich ist $J_r(0)$ stets eine nilpotente Matrix (vgl. auch (7.11c')).

Einige weitere Beispiele, Anwendungen und Weiterführungen dieser Theorie, insbesondere für $K = \mathbf{C}$ bzw. $K = \mathbf{R}$, werden in den nachfolgenden Ergänzungen behandelt.

Ergänzungen zu §7

Wir beschäftigen uns zunächst mit der Begründung des folgenden

Satz 7.12 (*Fundamentalsatz der Algebra*). *Jedes Polynom*

$$0 \neq f(X) = a_n X^n + a_{n-1} X^{n-1} + \cdots + a_1 X + a_0 \in \mathbf{C}[X],$$

$$d(f) = n \geq 1 \quad (7.13)$$

besitzt in $\mathbf{C}[X]$ *eine vollständige Zerlegung in Linearfaktoren*

$$
\begin{aligned}
&f(X) = a(X - z_1)(X - z_2) \cdots (X - z_n) \\
&\text{mit} \quad a = a_n \in \mathbf{C},\ z_\nu \in \mathbf{C} \quad (\nu = 1, \ldots, n)
\end{aligned}
\quad (7.13')
$$

(vgl. auch EA, Satz 10.14).

Wir betrachten daneben den

Satz 7.12a. *Jedes Polynom* $f(X) \neq 0$ *aus* $\mathbf{C}[X]$ *vom Grad* $d(f) = n \geq 1$ *besitzt mindestens eine Nullstelle* $z_\nu \in \mathbf{C}$.

Wegen EA, Satz 9.9 folgt Satz 7.12 durch einen einfachen Induktionsschluß aus Satz 7.12a, so daß es genügt, den letzteren Satz zu begründen. Wir wollen schildern, wie man mit möglichst elementaren Hilfsmitteln aus der reellen Analysis diesen Satz 7.12a begründen kann.

Beweis von Satz 7.12a (bis auf eine Hilfsbemerkung): 1. Wir setzen $\mathbf{C}$ und seine Interpretation als Gaußsche Zahlenebene, sowie den absoluten Betrag $|z| = |x + iy| = \sqrt{x^2 + y^2}$ als bekannt voraus. Wir betrachten die folgenden durch $f(X)$ gegebenen Abbildungen:

$$\mathbf{C} \xrightarrow{\ f\ } \mathbf{C} \quad \text{mit}$$

$$\mathbf{C} \ni z \mapsto f(z) = \sum_{\nu=0}^{n} a_\nu z^\nu \in \mathbf{C} \quad (a_n \neq 0) \qquad (7.13a)$$

bzw.

$$\mathbf{C} \xrightarrow{\ |f|\ } \mathbf{R} \quad \text{mit} \quad \mathbf{C} \ni z \longmapsto |f(z)| \in \mathbf{R}. \qquad (7.13b)$$

Dann ist $|f|$ eine auf $\mathbf{C} = \mathbf{R}^2$ *stetige* Funktion (von zwei reellen Variablen), denn Realteil u und Imaginärteil v von f sind stetige, weil rationale, Funktionen von x und y und auch $u^2 + v^2$ ist stetig.

210

2. Ist $f(z_1)$ $(z_1 \in \mathbf{C})$ ein fester Funktionswert, so existiert ein

$$R > \mathrm{Max}(|z_1|, 1), \quad R \in \mathbf{R} \quad \text{mit}$$
$$|f(z)| \geq |f(z_1)| \quad \text{für alle} \quad |z| > R, \tag{7.13c}$$

wie eine einfache Grenzwertüberlegung zeigt. Andererseits ist $|f(z)|$ in der abgeschlossenen Kreisscheibe $|z| \leq R$ stetig und nach unten beschränkt durch 0 und nimmt somit dort sein Minimum an, d.h.:

$$\text{Es gibt ein} \quad z_0 \in \mathbf{C} \quad \text{mit} \quad |z_0| \leq R, \quad \text{so daß}$$
$$|f(z)| \geq |f(z_0)| \quad \text{für alle} \quad |z| \leq R. \tag{7.13c$'$}$$

Zusammen gilt also (wegen (7.13c, c$'$)):

$$|f(z)| \geq |f(z_0)| \quad \text{für } alle \quad z \in \mathbf{C}. \tag{7.13c$''$}$$

3. Wir benutzen nun die folgende'

Hilfsbemerkung. Ist f ein nichtkonstantes Polynom aus $\mathbf{C}[X]$, ist $f(z_0') \neq 0$ für $z_0' \in \mathbf{C}$, so existiert stets ein $z \in \mathbf{C}$ mit

$$|f(z)| < |f(z_0')|. \tag{7.13d}$$

Wählen wir nun für z_0' den Wert z_0 aus (7.13c$'$) und machen die Annahme $f(z_0) \neq 0$, so folgte nach dieser Hilfsbemerkung ein Widerspruch zur Tatsache, daß z_0 ein absolutes Minimum von $|f|$ ist. Also muß f mindestens eine Nullstelle in $\mathbf{C}$ haben. ■

Es verbleibt nun noch der

Beweis der Hilfsbemerkung. Es sei $z_0' \in \mathbf{C}$ mit $f(z_0') = b_0 \neq 0$. Wir bilden nun durch formales Einsetzen

$$g(w) = \frac{1}{f(z_0')} \cdot f(z_0' + w) = 1 + \sum_{\mu = m}^{n} b_\mu w^\mu, \quad w \in \mathbf{C} \tag{7.13e}$$

mit

$$1 \leq m \leq n \quad \text{und} \quad b_m \neq 0, \quad b_m \in \mathbf{C}, \tag{7.13e$'$}$$

d.h. m sei der kleinste Index, für den $b_m \neq 0$ ist. Dann gibt es ein $w_1 \in \mathbf{C}$, so daß

$$b_m \cdot w_1^m = u + iv \quad \text{mit} \quad u = \mathrm{Re}(b_m \cdot w_1^m) < 0. \tag{7.13f}$$

Zum Beispiel würde eine Lösung $w_1 = w_2$ von

$$w_2^m = - \frac{1}{b_m} \tag{7.13f$'$}$$

diese Eigenschaft haben (vgl. EA, §3, (I.3.11e) und Aufgabe **10**; für eine andere Lösung von (7.13f) vgl. Bemerkung 16 und Aufgabe **17**). Wir bilden weiter mit

$$\lambda \in \mathbf{R} \quad \text{und} \quad 0 < \lambda \leq 1 \tag{7.13g}$$

den Ausdruck

$$g(\lambda \cdot w_1) = 1 + u\lambda^m + iv\lambda^m + \sum_{\mu=m+1}^{n} c_\mu \lambda^\mu \qquad (7.13\text{g}')$$

wobei $\quad c_\mu = b_\mu \cdot w_1^\mu \quad (\mu = m+1, \ldots, n) \quad$ ist;

die letzte Summe tritt nur auf, wenn $n > m$ ist. Setzen wir

$$c = \begin{cases} 0, & \text{falls} \quad m = n, \\ \sum_{\mu=m+1}^{n} |c_\mu|, & \text{falls} \quad m < n, \end{cases}$$

so ist wegen (7.13g) sicher

$$|g(\lambda \cdot w_1)| \le |1 + u\lambda^m + iv\lambda^m| + c \cdot \lambda^{m+1} \quad \text{mit} \quad u < 0. \qquad (7.13\text{g}'')$$

Da $|z| = \sqrt{z \cdot \bar{z}}$ und da $\sqrt{1+x} \le 1 + \frac{1}{2}x$ für reelles x mit $1 + x \ge 0$, folgt weiter

$$\begin{aligned} |g(\lambda \cdot w_1)| &\le \sqrt{1 + 2u\lambda^m + (u^2 + v^2) \cdot \lambda^{2m}} + c \cdot \lambda^{m+1} \\ &\le 1 + u\lambda^m + \{\tfrac{1}{2}(u^2 + v^2) + c\} \cdot \lambda^{m+1}. \end{aligned} \qquad (7.13\text{g}''')$$

Ist speziell

$$\lambda_0 = \text{Min}\left(1, \frac{-u}{u^2 + v^2 + 2c}\right) \quad \text{und} \quad z = z_0' + w_1\lambda_0, \qquad (7.13\text{h})$$

so folgt

$$\begin{aligned} &|g(\lambda_0 \cdot w_1)| \le 1 + \frac{u}{2}\lambda_0^m < 1 \quad \text{und somit} \\ &|f(z)| = |f(z_0') \cdot g(\lambda_0 \cdot w_1)| < |f(z_0')|, \end{aligned} \qquad (7.13\text{h}')$$

woraus (7.13d) und die Hilfsbemerkung folgt. ∎

Bemerkung 16. Der geschilderte Beweis folgt Gedanken von *Gauß*, *Littlewood* und insbesondere *Estermann*. Benutzt man dabei das Kriterium für m-te Wurzeln aus komplexen Zahlen gemäß (7.13f'), so werden Eigenschaften der reellen Exponential- und Winkelfunktionen verwendet; man kann dies vermeiden, wenn man die schwächere Aussage (7.13f) nach Estermann direkt elementar herleitet (vgl. Aufgabe **17**).

Beachtet man noch die Einbettung von **R** in **C** (vgl. (1.5b) bzw. EA, §3), so folgt sofort

Satz 7.12b. *Jedes Polynom* $f(X) \ne 0$, $f(X) \in \mathbf{R}[X]$ *vom Grad* $d(f) = n \ge 1$ *besitzt in* $\mathbf{R}[X]$ *eine eindeutige Zerlegung in normierte irreduzible Faktoren*

$$f(X) = a \cdot \prod_{\sigma=1}^{s} p_\sigma(X) \quad \text{mit} \quad d(p_\sigma) = 1 \text{ oder } 2, \qquad (7.13\text{i})$$

die also linear oder quadratisch sind.

212

Wir wollen noch einige Bemerkungen zu einem Analogon Jordanscher Normalformen für den Fall machen, daß (7.10) nicht erfüllt ist, d.h. daß irreduzible Faktoren von $\chi(X; A)$ vom Grad > 1 auftreten. Zunächst gilt die Zerlegung in die primäre rationale Normalform wie in Satz 7.8a mit zyklischen Unterräumen zu den primären Elementarteilern von A bzw. φ.

Es genügt somit, den folgenden Fall zu betrachten: Es sei

K ein Körper, $K[X]$ Polynomring und

$$f(X) = p(X)^e \ (e \in \mathbf{N}), \text{ wobei } p(X) \in K[X]$$
$$\text{ein irreduzibles Polynom (normiert) vom} \tag{7.14}$$

$\text{Grad } d(p(X)) = d = d_p \geq 2 \quad \text{ist.}$

Weiter sei

W ein φ-zyklischer K-Vektorraum, d.h.

$$\varphi \colon W \to W \text{ ein zyklischer } K\text{-Endomorphismus von } W \tag{7.14a}$$
$$\text{mit} \quad \chi(X; \varphi) = f(X) \cdot (-1)^{ed}, \quad w \text{ ein erzeugender Vektor,}$$

d.h. $\quad W = K[X] \underset{\varphi}{\cdot} w \quad$ mit $\quad \mathrm{Ann}_{K[X]}(w) = p(X)^e \cdot K[X].$

Dann gilt

Satz 7.13. *Unter den Voraussetzungen und Bezeichnungen* (7.14) *und* (7.14a) *für φ ist*

$$\mathfrak{w}'^T := (w, \varphi(w), \ldots, \varphi^{d-1}(w);$$
$$p(\varphi)(w), \varphi p(\varphi)(w), \ldots, \varphi^{d-1} p(\varphi)(w); \tag{7.14b}$$
$$\ldots; p^{e-1}(\varphi)(w), \ldots, \varphi^{d-1} p^{e-1}(\varphi)(w))$$

eine modifizierte Basis von W, die gemäß

$$\varphi(\mathfrak{w}') = A \cdot \mathfrak{w}' \tag{7.14c}$$

mit

$$K^{ed,ed} \ni A = \begin{pmatrix} A_p & N & & & 0 \\ & A_p & N & & \\ & & \ddots & \ddots & \\ 0 & & & & N \\ & & & & A_p \end{pmatrix}, \quad \textit{wobei die Begleitmatrix } A_p$$

zu $p(X)$ e-mal auftritt

$$\tag{7.14d}$$

$$\textit{und} \quad N = \begin{pmatrix} 0 & O_{d-1,d-1} \\ \vdots & \\ 0 & \\ 1 & 0 \cdots\cdots\cdots 0 \end{pmatrix} \in K^{d,d} \quad \textit{ist,}$$

durch φ abgebildet wird.

Bemerkung 17. Bei einer geeigneten Permutation der Basis kann man auch erreichen, daß in der entsprechenden Matrix e-mal die Begleitmatrix A_p auf der Hauptdiagonalen und die Matrizen N unterhalb der Hauptdiagonalen stehen; dann steht im Fall $d(p) = 1$ gerade die frühere Normalform $J_e(\lambda)^T$ da. – Falls $K = \mathbf{R}$ und $d(p) = 2$, d.h.

$$p(X) = X^2 + a_1 X + a_0 \in \mathbf{R}[X] \quad \text{irreduzibel,} \tag{7.14e}$$

so hat die in (7.14d) auftretende Matrix die Form

$$A = \begin{pmatrix} 0 & 1 & 0 & 0 & & & \\ -a_0 & -a_1 & 1 & 0 & & & 0 \\ & & 0 & 1 & 0 & 0 & \\ & & -a_0 & -a_1 & 1 & 0 & \\ & & & & & & \\ & 0 & & & & 0 & 1 \\ & & & & & -a_0 & -a_1 \end{pmatrix} \in K^{n,n} \tag{7.14d'}$$

$$\text{mit} \quad n = e \cdot d = 2 \cdot e \text{ (gerade)},$$

wobei also längs der Diagonalen wieder die Begleitmatrizen zu $p(X)$ stehen. In $\mathbf{C}[X]$ zerfällt $p(X)$ in zwei konjugiert-komplexe Linearfaktoren

$$p(X) = (X - a - ib)(X - a + ib) \quad \text{in} \quad \mathbf{C}[X]. \tag{7.14e'}$$

Dann gilt in $\mathbf{C}^{n,n}$ für A aus (7.14d'):

$$A \approx \begin{pmatrix} a+bi & 1 & & 0 & & & 0 \\ & a+bi & & & & & \\ & & & 1 & & & \\ 0 & & & a+bi & & & \\ & & & & a-bi & 1 & 0 \\ & & 0 & & & a-bi & \\ & & & & & & 1 \\ & 0 & & & 0 & & a-bi \end{pmatrix} \tag{7.14f}$$

$$= \operatorname{diag}(J_e(a + bi), J_e(a - bi)).$$

Wegen der Matrizenidentität

$$\begin{pmatrix} 1 & 1 \\ i & -i \end{pmatrix} \cdot \begin{pmatrix} a+bi & 0 \\ 0 & a-bi \end{pmatrix} \cdot \begin{pmatrix} 1 & -i \\ 1 & i \end{pmatrix} = \begin{pmatrix} 2a & 2b \\ -2b & 2a \end{pmatrix},$$

214

erhält man leicht die folgende weitere Ähnlichkeit

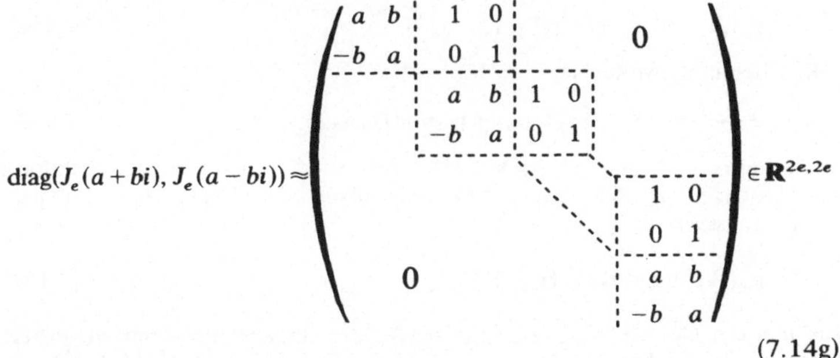

$$\mathrm{diag}(J_e(a+bi),\, J_e(a-bi)) \approx \begin{pmatrix} a & b & 1 & 0 & & & & \\ -b & a & 0 & 1 & & & 0 & \\ & & a & b & 1 & 0 & & \\ & & -b & a & 0 & 1 & & \\ & & & & & & 1 & 0 \\ & & & & & & 0 & 1 \\ & 0 & & & & & a & b \\ & & & & & & -b & a \end{pmatrix} \in \mathbf{R}^{2e,2e}$$

(7.14g)

Satz 7.13a. *Eine quadratische Matrix über* **R** *ist stets ähnlich zu einer Matrix, die aus Jordanmatrizen und Matrizen der Form* (7.14d′) *(bzw. der Form* (7.14g)) *längs der Hauptdiagonalen zusammengesetzt ist.*

Zur Berechnung der Normalform der Matrizen und der zugehörigen φ-invarianten (φ-zyklischen) Unterräume haben wir folgende Verfahren:

a) *Unimodulare Transformation über* $K[X]$ (Satz 7.5, *Elementarteilersatz* mit den Ähnlichkeitsinvarianten, der rationalen Normalform, und anschließend Berechnung der V_ρ und w^ρ gemäß [2a]).
b) *Primäre Zerlegung* (Lemma 7.7, Satz 7.8, Satz 7.8a; dies erfordert Kenntnis der Zerlegung von $\chi(X;\varphi)$ bzw. $m(X;\varphi)$ in irreduzible Faktoren).
c) *Jordansche Normalform* (Satz 7.9, falls (7.10) gilt, mit Berechnungshilfe der Typen der Jordanmatrizen gemäß Satz 7.10 durch die Dimensionen der Räume der *Hauptvektoren*).

Dabei kann man diese Verfahren analog zu (6.12e) noch in verschiedener Reihenfolge kombinieren, gemäß:

$$
\begin{array}{ccc}
& \text{primär} & \\
V \dashrightarrow & \text{(Lemma 7.7)} & \dashrightarrow \bigoplus_{\sigma=1}^{s} V_{p_\sigma} \\
\text{Satz 7.5} \Big\downarrow & & \Big\downarrow \text{Satz 7.5} \\
\bigoplus_{\rho=1}^{r} V_\rho = \bigoplus_{\rho=1}^{r} K[X]_\varphi\, w^\rho & \dashrightarrow_{\text{Satz 7.8a}} & \bigoplus_{\rho=1}^{r}\bigoplus_{\sigma=1}^{s} W_{\rho,\sigma} = \bigoplus_{\rho=1}^{r}\bigoplus_{\sigma=1}^{s} K[X]_\varphi\, w^{\rho,\sigma}
\end{array}
$$

(7.15)

(evtl. Satz 7.9, 7.10).

Hierbei seien die Zerlegungen

$$\chi(X;\varphi) = (-1)^n \cdot \prod_{\sigma=1}^{s} p_\sigma(X)^{e_\sigma} \quad \text{und}$$

$$m(X;\varphi) = \delta_n(X;\varphi) = \prod_{\sigma=1}^{s} p_\sigma(X)^{e_{n,\sigma}} \quad \text{mit} \quad e_{n,\sigma} \geq 1$$

(7.15a)

215

in irreduzible Polynome oder zumindest die Primpolynome

$$p_\sigma(X) \mid m(X;\varphi) \quad (\sigma = 1, \ldots, s) \tag{7.15a'}$$

selbst bekannt; weiter sei

$$\varphi \leftrightarrow A = A_\mathfrak{a}^\varphi \quad \text{(bzgl. einer festen Basis } \mathfrak{a}\text{),} \tag{7.15b}$$

so daß also die Elemente $x \in V$ bzgl. $\mathfrak{a}$ den $\tilde{x} \in K^n$ entsprechen. Wir bilden die Matrizen $p_\sigma(A)^\nu$ für $\nu \in \mathbf{N}$ und lösen die homogenen linearen Gleichungssysteme

$$p_\sigma(A)^\nu \cdot \tilde{x} = \mathbf{0}_{K^n} \quad (\nu = 1, 2, \ldots) \tag{7.15c}$$

für jedes $p_\sigma(X)$ aus (7.15a); falls $p_\sigma(X)$ ein lineares Polynom ist, erhält man gerade die Hauptvektoren von A der Stufe $k \le \nu$ in (7.15c).

Nach Lemma 7.7, insbesondere (7.8d), gilt

$$V_{p_\sigma} \leftrightarrow \{\tilde{x} \in K^n \mid p_\sigma(A)^{e_\sigma} \cdot \tilde{x} = \mathbf{0}_{K^n}\} \quad (\sigma = 1, \ldots, s). \tag{7.15d}$$

Durch Diskussion von

$$p_\sigma(A)^{e_{n,\sigma}} \cdot \tilde{x} = \mathbf{0}_{K^n} \quad \text{und} \quad p_\sigma(A)^{e_{n,\sigma}-1} \cdot \tilde{x} = \mathbf{0}_{K^n} \tag{7.15e}$$

kann man ein Erzeugendensystem von Vektoren $w^{\rho,\sigma}$ mit maximalmöglichem $p_\sigma(X)$-Potenz-Annullator berechnen und die hiervon erzeugten zyklischen Unterräume ermitteln; man kann die Diskussion der Systeme (7.15c) sogar zur Bestimmung von $e_{n,\sigma}$ bzw. e_σ heranziehen.

Indem man prüft, ob alle bzw. welche Lösungen von (7.15c) für $\nu < e_{n,\sigma}$ in diesen Räumen enthalten sind, erhält man die Erzeugenden $w^{\rho,\sigma}$ mit niedrigerem $p_\sigma(X)$-Potenz-Annullator.

Satz 7.14. *Ist* $\varphi \in \mathrm{End}_K(V)$ *und kennt man* (7.15a) *oder zumindest die irreduziblen Polynome* $p_\sigma(X) \mid m(X;\varphi)$, *ist ferner* $A = A_\mathfrak{a}^\varphi$ *(bzgl. einer Basis* $\mathfrak{a}$ *von* V), *so kann man durch Diskussion der linearen Gleichungssysteme* (7.15c) *nach dem oben beschriebenen Schema die Erzeugenden* $w^{\rho,\sigma}$ *der* φ-*zyklischen primären Unterräume* $W_{\rho,\sigma}$ *und damit die Zerlegung nach Satz 7.8a sowie die primäre rationale Normalform bzw. die Jordansche Normalform zu* A *bestimmen; man kann hierbei die Exponenten* $e_{\rho,\sigma}$ *der* $p_\sigma(X)$ *in* (7.8a) *mitbestimmen.*

Zur Illustration einige Beispiele (in Skizze):

$\boxed{5}$ Sei $K = \mathbf{R}$, $A_1 = \begin{pmatrix} 1 & 1 \\ -1 & 1 \end{pmatrix} \in \mathbf{R}^{2,2}$, $p_2(X) = m(X; A_1) = X^2 - 2X + 2 \in$ $\mathbf{R}[X]$ sowie $A = \mathrm{diag}(1, A_1) \in \mathbf{R}^{3,3}$, $p_1(X) = X - 1$. Dann ist

$$p_1(A) = \begin{pmatrix} 0 & 0 & 0 \\ 0 & 0 & 1 \\ 0 & -1 & 0 \end{pmatrix}$$

216

vom Rang 2 und $p_1(A) \cdot \tilde{x} = \mathbf{0}_{\mathbf{R}^3}$ hat den Lösungsraum der $\tilde{x}_1^T = (\xi_1, 0, 0)$, $\xi_1 \in \mathbf{R}$, wobei $(\tilde{w}^{1,1})^T = (1, 0, 0)$ gewählt werden kann.

$$p_2(A) = \begin{pmatrix} 1 & 0 & 0 \\ 0 & 0 & 0 \\ 0 & 0 & 0 \end{pmatrix}$$

und $p_2(A) \cdot \tilde{x} = \mathbf{0}_{\mathbf{R}^3}$ hat die Lösungen $\tilde{x}_2^T = (0, \xi_2, \xi_3)$ mit $\xi_2, \xi_3 \in \mathbf{R}$, wobei $(\tilde{w}^{1,2})^T = (0, 1, 0)$ den zweiten zyklischen Unterraum erzeugt. Als primäre rationale Normalform von A erhält man mit

$$A_1' = \begin{pmatrix} 0 & 1 \\ -2 & 2 \end{pmatrix}$$

die Matrix diag $(1, A_1')$. Weiter ist

$$m(X; A) = (-1)^3 \cdot \chi(X; A) = (X - 1)(X^2 - 2X + 2) = \delta_1(X)$$

die einzige nichttriviale Ähnlichkeitsinvariante, woraus man sofort die rationale Normalform von A gemäß Satz 7.5 erhält.

$\boxed{5a}$ Ist unter den Voraussetzungen und Bezeichungen aus $\boxed{5}$ $B = \mathrm{diag}(1, A_1, A_1) \in \mathbf{R}^{5,5}$, so folgt

$$p_1(B) = \mathrm{diag}\left(0, \begin{pmatrix} 0 & 1 \\ -1 & 0 \end{pmatrix}, \begin{pmatrix} 0 & 1 \\ -1 & 0 \end{pmatrix}\right) \quad \text{und} \quad p_1(B) \cdot \tilde{x} = \mathbf{0}_{\mathbf{R}^5} \quad \text{hat}$$

einen 1-dimensionalen Lösungsraum.

$$(p_2(B))^2 = p_2(B) = \mathrm{diag}\,(1, O_{2,2}, O_{2,2}) \quad \text{und} \quad p_2(B) \cdot \tilde{x} = \mathbf{0}_{\mathbf{R}^5}$$

hat einen 4-dimensionalen Lösungsraum, der direkte Summe von zwei 2-dimensionalen B-zyklischen Unterräumen ist; $m(X; A) = p_1(X) \cdot p_2(X)$, $\chi(X; B) = (-1)^5 p_1(X) \cdot p_2(X)^2$, woraus die rationalen Normalformen folgen.

$\boxed{5b}$ Ist unter den gleichen Bezeichnungen

$$B_1 = \left(\begin{array}{cc:cc} A_1 & & 0 & 0 \\ & & 1 & 0 \\ \hdashline 0 & 0 & & \\ 0 & 0 & A_1 & \end{array}\right) \in \mathbf{R}^{4,4} \quad \text{und} \quad C_1 = \left(\begin{array}{c:cc} & 1 & 0 \\ O_{2,2} & 0 & 1 \\ \hdashline O_{2,2} & O_{2,2} \end{array}\right) \in \mathbf{R}^{4,4},$$

so ist $p_2(B_1) = C_1$, $(p_2(B_1))^2 = O_{4,4}$, woraus folgt, daß $\mathbf{R}^4$ bzgl. B_1 ein 4-dimensionaler Raum mit dem Annullator $p_2(X)^2 = m(X; B_1)$ ist; ein erzeugender Vektor ist leicht zu berechnen.

$\boxed{5c}$ Durch Kombination dieser Beispiele kann man sich leicht andere Fälle illustrieren.

Bemerkung 18. Die Normalformen von Matrizen werden in der Theorie der Differentialgleichungen, insbesondere bei linearen Differentialgleichungen n-ter Ordnung bzw. bei linearen Systemen mit konstanten

Koeffizienten angewendet (vgl. die Beispiele $\boxed{6}$, $\boxed{6a}$, sowie Aufgaben **21**, **22**).

$\boxed{6}$ Es sei $K = \mathbf{C}$, $y^T = (y_1(t), \ldots, y_n(t))$ ein n-tupel komplexwertiger differenzierbarer Funktionen auf dem reellen Intervall I und $A \in \mathbf{C}^{n,n}$, so ist

$$y' = A \cdot y \tag{7.16}$$

ein System mit konstanten Koeffizienten. Mit

$$S \in \mathbf{C}^{n,n}, \quad |S| \neq 0 \quad \text{und} \quad y(t) = S \cdot u(t) \tag{7.16a}$$

folgt

$$u'(t) = S^{-1} \cdot y'(t) = (S^{-1} \cdot A \cdot S) \cdot u(t), \tag{7.16b}$$

womit das System auf Jordansche Normalform gebracht werden kann.

$\boxed{6a}$ Ist speziell

$$u'(t) = J_n(\lambda) \cdot u(t), \tag{7.16c}$$

so folgt

$$u_1'(t) = \lambda \cdot u_1 + u_2,$$
$$u_2'(t) = \lambda \cdot u_2 + u_3,$$
$$\cdots\cdots\cdots\cdots\cdots\cdots\cdots \tag{7.16d}$$
$$u_{n-1}'(t) = \lambda \cdot u_{n-1} + u_n,$$
$$u_n'(t) = \lambda \cdot u_n,$$

woraus man durch Integration die folgenden Lösungen erhält:

$$u_n(t) = c_n \cdot \exp(\lambda \cdot t) \quad \text{und}$$

$$u_{n-\nu}(t) = \exp(\lambda \cdot t) \cdot \sum_{i=0}^{\nu} c_{n-\nu+i} \frac{t^i}{i!} \quad (\text{mit } 0! = 1), \tag{7.16e}$$

$$c_\nu \in \mathbf{R} \quad (\nu = 1, \ldots, n).$$

Aufgaben zu §7

1. Es seien

$$S = S(X) = \begin{pmatrix} 2X^4 - 5X^2 + 4 & X^2 + X & X^4 + 3X^2 + 2X + 1 \\ X^2 - 7X & X^4 + 1 & X^3 + 11X^2 \\ X - 1 & 6X^3 + \frac{1}{2}X^2 - 4 & X \end{pmatrix}$$

und $B = \begin{pmatrix} 1 & 0 & -1 \\ 0 & 1 & 0 \\ 1 & 0 & 0 \end{pmatrix} \in (\mathbf{Q}[X])^{3,3}$.

a) Stelle $S(X)$ gemäß (7.1b) als Polynom in X dar und dividiere $S(X)$ rechtsseitig mit Rest durch $B - X \cdot E_{3,3}$ in $\mathbf{Q}^{3,3}[X]$.

b) Dividiere $S(X)$ linksseitig mit Rest durch $B - X \cdot E_{3,3}$ gemäß (7.1d) und vergleiche die beiden Ergebnisse.

2. Es seien

$$A = \begin{pmatrix} 1 & 0 & 0 \\ 0 & -1 & 0 \\ 0 & 0 & 2 \end{pmatrix}, \quad B = \begin{pmatrix} 1 & 0 & 0 \\ 0 & 1 & -1 \\ 0 & -2 & 0 \end{pmatrix} \quad \text{und} \quad E = E_{3,3} \in \mathbf{R}^{3,3}.$$

Beweise $A \approx B$ auf folgende Weisen:

a) Berechnung der Ähnlichkeitsinvarianten $\delta_i^A(X)$ und $\delta_i^B(X)$ und der zugehörigen normierten Determinantenteiler.

b) Bestimmung von unimodularen Matrizen U, S aus $(\mathbf{R}[X])^{3,3}$ mit
$U \cdot (A - X \cdot E) \cdot S = B - X \cdot E$.

c) Berechne wie im Beweis von Satz 7.2 die Matrizen $U^*, S^* \in \mathbf{R}^{3,3}$ und verifiziere $A \approx B$ hiermit.

3. a) Beweise, daß $A \approx A^T$ für $A \in K^{n,n}$.

b) Zeige: $A \in K^{n,n}$ ist diagonalisierbar genau dann, wenn $m(X; A)$ in $K[X]$ vollständig in verschiedene Linearfaktoren zerfällt.

c) Begründe die Bemerkung 14 aus den Ergänzungen zu §5 mit Satz 7.3.

d) Zeige, daß eine nilpotente Matrix $A \in K^{n,n}$, $A \neq O_{n,n}$ (vgl. Bemerkung 15) nicht diagonalisierbar ist.

4. Untersuche, ob die folgenden Matrizen

$$A_1 = \begin{pmatrix} \frac{17}{5} & \frac{4}{5} \\ \frac{24}{5} & \frac{13}{5} \end{pmatrix} \in \mathbf{Q}^{2,2} \quad \text{bzw.} \quad A_2 = \begin{pmatrix} -4 & 3 & 0 & 0 \\ 0 & 5 & 1 & 0 \\ 0 & 0 & 1 & 7 \\ 0 & 0 & 0 & -4 \end{pmatrix} \in \mathbf{Q}^{4,4}$$

diagonalisierbar sind und bestimme gegebenenfalls ein S, so daß $S^{-1} \cdot A_\nu \cdot S$ von Diagonalform ist.

5. a) Es sei $A \in \mathbf{Q}^{10,10}$ mit $\chi(X; A) = (X-1)^4(X+4)^2(X-2)(X+3)^3$ und $m(X; A) = (X-1)(X+4)(X-2)(X+3)$ in $\mathbf{Q}[X]$.
Bestimme alle normierten Elementar- und Determinantenteiler von A. Ist A diagonalisierbar?

b) Es sei p eine Primzahl mit $2 \leq p \leq 19$, $\mathbf{F}_p = \mathbf{Z}/p \cdot \mathbf{Z}$, $B \in \mathbf{F}_p^{10,10}$ eine Matrix, für die $\chi(X; B)$ bzw. $m(X; B)$ aus $\chi(X; A)$ bzw. $m(X; A)$ durch Restklassenbildung mod p der Koeffizienten entstehen. Ist B diagonalisierbar?

6. a) Es seien R ein kommutativer Ring mit Einselement, $n > s \in \mathbf{N}$, $A_1 \in R^{s,s}$, $A_2 \in R^{n-s,n-s}$, $A_3 \in R^{n-s,s}$. Betrachte die, wie folgt aus

Kästchen zusammengesetzte Matrix

$$A = \left(\begin{array}{c|c} A_1 & O_{s,n-s} \\ \hline A_3 & A_2 \end{array}\right) \in R^{n,n}$$

und beweise

$$\det(A) = \det(A_1) \cdot \det(A_2).$$

b) Begründe hiermit ausführlich die Formeln (7.7h) und (7.8f′) für die dort auftretenden charakteristischen Polynome.

7. Bestimme die $\vartheta_\rho(X)$ und die rationale Normalform der folgenden Matrizen:

a)

$$A = \begin{pmatrix} 1 & 2 & 0 & 0 \\ 0 & 1 & 0 & 0 \\ 0 & 0 & 3 & 1 \\ 0 & 0 & 0 & -2 \end{pmatrix} \in \mathbf{Q}^{4,4}, \quad B = \begin{pmatrix} 0 & 1 & 0 & 0 & -2 \\ 0 & 0 & 1 & 0 & 0 \\ 0 & 0 & 0 & 1 & 0 \\ 4 & 0 & 0 & 0 & 4 \\ 0 & 0 & 0 & 0 & 2 \end{pmatrix} \in \mathbf{Q}^{5,5}$$

bzw. aus $\mathbf{R}^{5,5}$ bzw. aus $\mathbf{C}^{5,5}$.

b) $A_2 \in \mathbf{Q}^{4,4}$ gemäß **4**.

c) $A \in \mathbf{Q}^{10,10}$ gemäß **5a)**.

8. a) Begründe mit Hilfe von Satz 7.5 die Aussagen (7.3e), d.h.:

$$\delta_n(A - X \cdot E) = \delta_n^A(X) = m(X; A) \quad \text{und}$$

$$\Delta_{n-1}(A - X \cdot E) = \Delta_{n-1}^A(X) = (-1)^n\, d(X; A).$$

b) Zeige, daß sich jeder endlich-erzeugte $K[X]$-Modul gemäß Satz 7.5 interpretieren läßt (Bemerkung 6).

c) Beweise Korollar 7.6.

9. Führe folgende Punkte des Beispiels $\boxed{\text{2a}}$ aus:

a) Beweise: Die Elemente $\quad \tilde{a}^\mu := \sum\limits_{\nu=1}^{n} \alpha_{\nu\mu}\tilde{e}^\nu - X \cdot \tilde{e}^\mu\,(\mu = 1, \ldots, n)$
liefern eine Basis von $N = \text{Kern }\psi$ als $K[X]$-Modul.

b) Begründung von (7.7c), (7.7d) und (7.7e, f).

c) Zeige, daß man die φ_A-zyklischen Unterräume (bei $\varphi_A : K^n \to K^n$) in der Form $V_\rho = K[A] \cdot \tilde{w}^\rho$ erhält, wobei $\tilde{w}^\rho$ die nichtverschwindenden Zeilen der rechten Seite von (7.7f) sind.

d) Wie sieht diese Konstruktion bei beliebigen endlich-dimensionalen K-Vektorräumen V aus?

10. Durch unimodulare Transformation gemäß $\boxed{\text{2a}}$ zerlege den $\mathbf{R}[X]$-Modul $\mathbf{R}^2$ bzgl. A in zyklische Teilräume V_ρ und bestimme die zugehörigen Erzeugenden $\tilde{w}^\rho$ für

$$A = \begin{pmatrix} 1 & 0 \\ 0 & 2 \end{pmatrix} \quad \text{bzw.} \quad A = \begin{pmatrix} 0 & 1 \\ 4 & 0 \end{pmatrix} \quad \text{bzw.} \quad A = \begin{pmatrix} 2 & 0 \\ 0 & 2 \end{pmatrix} \quad \text{aus} \quad \mathbf{R}^{2,2}.$$

11. a) Bestimme zu den in **7** und in **4** genannten Matrizen die primären Elementarteiler und die Primärzerlegung der rationalen Normalform.

b) Zerlege die zyklischen Unterraume V_ρ des $\mathbf{R}[X]$-Moduls $\mathbf{R}^2$ bzgl. A in primär-zyklische Untermoduln für die $A \in \mathbf{R}^{2,2}$ gemäß **10** und $\boxed{\text{2b}}$.

c) Es sei $\varphi_A \in \mathrm{End}_\mathbf{R}(\mathbf{R}^4)$ mit $A = \begin{pmatrix} -2 & 1 & -1 & -3 \\ 0 & 1 & 0 & 0 \\ 4 & -2 & 3 & 3 \\ 1 & -1 & 1 & 1 \end{pmatrix} \in \mathbf{R}^{4,4}$

bzgl. der Standardbasis.
Bestimme die primäre Zerlegung von $V = \mathbf{R}^4$ als $\mathbf{R}[X]$-Modul bzgl. φ_A und zerlege die primären Komponenten weiter in zyklische Räume und bestimme deren Erzeugende. – Zerlege $\mathbf{R}^4$ in φ_A-zyklische Teilräume V_ρ und bestimme deren Basen. Gib die rationale und die primäre rationale Normalform von A an.

12. Es sei $\varphi = \varphi_A : \mathbf{R}^4 \to \mathbf{R}^4$ mit

$$A = \begin{pmatrix} 2 & -2 & 6 & 0 \\ 3 & 2 & 0 & -6 \\ 1 & 0 & 2 & -2 \\ 0 & -1 & 3 & 2 \end{pmatrix} \quad \text{bzw.} \quad A = \begin{pmatrix} 3 & 0 & 0 & 7 \\ 0 & 3 & 0 & 0 \\ 0 & 0 & 3 & 0 \\ 0 & 0 & 0 & 3 \end{pmatrix} \in \mathbf{R}^{4,4}.$$

Bestimme die nachfolgend genannten direkten Zerlegungen von $\mathbf{R}^4$ bzgl. φ, die zugehörigen Basen von $\mathbf{R}^4$ und Normalformen von A:
a) Rationale Normalform (φ-zyklische Unterräume).
b) Primäre rationale Normalform.
c) Jordansche Normalform (Berechnung gemäß Satz 7.10).

13. a) Begründe den letzten Satz von Satz 7.9 ausführlich.
b) Beweise Satz 7.9a.
c) Begründe die Rechenregeln (7.11b, c′, d, e).
d) Begründe die Formeln (7.11h) und (7.12b) ausführlich.

14. Es sei $f(X) = (X-2)^3 \cdot (X-5)^2 \in \mathbf{R}[X]$, $\varphi_A : \mathbf{R}^5 \to \mathbf{R}^5$.
a) Bestimme die möglichen Typen rationaler Normalformen von Matrizen $A \in \mathbf{R}^{5,5}$ mit $\chi(X; A) = (-1)^5 \cdot f(X)$ und gebe den Typus der Zerlegung von $\mathbf{R}^5$ in zugehörige zyklische Unterräume an.
b) Bestimme für jedes A die zugehörige Jordansche Normalform durch Berechnung der Hauptvektoren und der $_3{}^T$ gemäß Bemerkung 14.

15. a) Formuliere ein Kriterium dafür, wie man (vgl. Bemerkung 14) mittels der Hauptvektoren die Basis $_3{}^T$ bestimmen kann.
b) Beweise Satz 7.11.
c) Es sei $A \in K^{n,n}$ mit der Eigenschaft (7.10). Zeige: Es ist $A = C + D$ mit $C, D \in K^{n,n}$, wobei $C \cdot D = D \cdot C$ und C nilpotent, D diagonalisierbar ist.

16. a) Folgere Satz 7.12 aus Satz 7.12a.
   b) Begründe (7.13c) ausführlich.
   c) Folgere Satz 7.12b aus Satz 7.12.

17. Zur Begründung von (7.13f) nach Estermann (Bemerkung 16) zeige:

   a) Sind $k, l \in \mathbf{N}$ mit $l < k$ und ist $\mathbf{C} \ni \left(1 + \dfrac{i}{k}\right)^{l} =: u_l + i \cdot v_l$ mit $u_l, v_l \in \mathbf{R}$,

   so ist:

   (i) $1 - \dfrac{l}{k} < u_l \leq 1,\ 0 < v_l \leq \dfrac{l}{k} \quad (l = 1, \ldots, k)$;

   (ii) $\dfrac{v_{l+1}}{u_{l+1}} > \dfrac{v_l}{u_l} + \dfrac{1}{k} \quad (l = 1, \ldots, k-1)$.

   b) $z := \left(1 + \dfrac{i}{k}\right)^{2}$ hat die Eigenschaft $\mathrm{Re}(z^k) < 0 < \mathrm{Im}(z^k)$.

   c) Ist $b_m = a + ib \in \mathbf{C}$, $b_m \neq 0$ und $k \in \mathbf{N}$, so hat $w_1 \in \mathbf{C}$

$$
\text{mit} \quad w_1 = \begin{cases} 1, & \text{falls} \quad a < 0 \\[2mm] z = \left(1 + \dfrac{i}{k}\right)^{2}, & \text{falls} \quad a \geq 0, \quad b \geq 0 \\[2mm] \bar{z}, & \text{falls} \quad a \geq 0, \quad b < 0 \end{cases}
$$

   die Eigenschaft (7.13f).

18. a) Führe den Beweis zu Satz 7.13 aus.
   b) Beweise die Aussage von Bemerkung 17.
   c) Zeige, daß unter der Voraussetzung (7.14e′) die Matrix aus (7.14d′) die Gestalt (7.14f) hat.
   d) Begründe (7.14g) und führe den Beweis von Satz 7.13a aus.

19. a) Formuliere Algorithmen, nach denen man gemäß Satz 7.14 unter den dortigen Voraussetzungen die $w^{\rho,\sigma}$, die $W_{\rho,\sigma}$ und die Exponenten $e_{\rho,\sigma}$ durch Diskussion der Gleichungssysteme (7.15c) bestimmen kann und begründe diese.
   b) Führe die Rechnungen in $\boxed{5}$, $\boxed{5a}$, $\boxed{5b}$ ausführlich durch.
   c) Bearbeite diese Fragen für die Matrix
   $B_2 = \mathrm{diag}(1, A_1, A_1, B_1)$ mit A_1 aus $\boxed{5}$ und B_1 aus $\boxed{5b}$.

20. Berechne gemäß Satz 7.14 die $w^{\rho,\sigma}$, $W_{\rho,\sigma}$ und ihre Dimensionen, sowie die $e_{\rho,\sigma}$ für die folgenden Matrizen aus $\mathbf{R}^{n,n}$; fasse diese Matrizen jeweils als solche aus $\mathbf{C}^{n,n}$ auf und bestimme dort die Jordanschen Normalformen und die Hauptvektoren:

$$
A_1 = \begin{pmatrix} 2 & -1 \\ 1 & 1 \end{pmatrix}, \quad A_2 = \begin{pmatrix} -1 & 1 \\ -5 & -3 \end{pmatrix}, \quad A_3 = \begin{pmatrix} 2 & -2 & 6 & 0 \\ 3 & 2 & 0 & -6 \\ 1 & 0 & 2 & -2 \\ 0 & -1 & 3 & 2 \end{pmatrix},
$$

$$A_4 = \begin{pmatrix} -1 & 0 & 0 & 0 & -4 \\ -1 & -6 & -2 & 1 & -1 \\ 0 & 0 & -3 & 0 & 0 \\ 0 & -9 & 6 & 0 & -9 \\ 1 & 0 & 0 & 0 & -5 \end{pmatrix}, \quad B_1 = \left(\begin{array}{c|cc} 1 \; \vdots \; 1 & 0 & 0 & 0 \\ \hdashline & A_1 & 1 & 0 \\ & & 0 & 1 \\ \hline O & & A_1 \end{array}\right),$$

$$B_2 = \left(\begin{array}{c|c} \begin{array}{c} \vdots \; 0 \; 0 \\ A_1 \; 1 \; 0 \end{array} & 0 \\ \hline & \begin{array}{cc} 1 & 0 \\ A_2 & 1 \; 1 \end{array} \\ 0 & A_1 \end{array}\right), \quad B_3 = \mathrm{diag}(A_1, B_2, A_3).$$

21. In der Form $\displaystyle\sum_{\nu=0}^{n} a_\nu D^\nu(y) = 0$ $(a_n = 1,\ a_i \in \mathbf{C},\ D = \text{Differentialoperator})$

sei eine lineare Differentialgleichung (Dgl) n-ter Ordnung mit konstanten Koeffizienten gegeben $(D^\nu(y) = y^{(\nu)})$.

a) Bestimme eine Matrix $A \in \mathbf{C}^{n,n}$ mit $\mathfrak{z}' = A \cdot \mathfrak{z}$, wobei $\mathfrak{z}^T = (y^{(0)}, y^{(1)}, \ldots, y^{(n-1)})$, und zeige: $y(t) = \exp(\lambda \cdot t)$ ist genau dann Lösung der Dgl wenn λ Nullstelle von $\chi(X; A)$ ist.

b) Sei speziell

$$y^{(5)} + 5y^{(4)} - 4y^{(3)} - 36y^{(2)} + 27y^{(1)} + 135y = 0$$

gegeben. Zeige, daß $\chi(X; A)$ den Faktor $(X + 2)^3$ enthält, und löse die Dgl.

22. Es sei $y' = A \cdot y$ mit $A \in \mathbf{C}^{n,n}$ ein System mit konstanten Koeffizienten gemäß (7.16).

a) Es sei speziell

$$A = \underset{\alpha}{\mathrm{diag}}(J_{r_1}(\lambda_1), \ldots, J_{r_\mu}(\lambda_1);\ J_{r_{\mu+1}}(\lambda_2), \ldots, J_{r_\alpha}(\lambda_s))$$

mit $\displaystyle\sum_{\mu=1}^{\alpha} r_\mu = n$ gemäß (7.10d') in Jordanscher Normalform gegeben.

Wie sieht die Lösung des Systems aus?

b) Löse die folgenden speziellen Systeme für:

$$A_1 = \begin{pmatrix} -4 & \frac{3}{2} \\ -6 & 2 \end{pmatrix} \in \mathbf{R}^{2,2}, \quad A_2 = \begin{pmatrix} i & 0 & -1 \\ 2i & -i & 2i \\ 0 & 0 & 1+i \end{pmatrix} \in \mathbf{C}^{3,3},$$

$$A_3 = \begin{pmatrix} 6 & 1 & 1 & 0 \\ -2 & 3 & -1 & -1 \\ 1 & 1 & 6 & 1 \\ 0 & 0 & -1 & 5 \end{pmatrix} \in \mathbf{R}^{4,4},$$

$$A_4 = \begin{pmatrix} 3 & 1 & 1 & 0 \\ -2 & 0 & i & -1 \\ 1 & 1 & 1-i & 1 \\ -2-i & -2-i & -2-i & -i \end{pmatrix} \in \mathbf{C}^{4,4}.$$

23. Es seien $A_1, A_2, B_1, B_2 \in K^{n,n}$ mit $|A_1| \neq 0$, $|B_1| \neq 0$. Zeige: Es gibt nichtsinguläre Matrizen $P, Q \in K^{n,n}$ mit

$$PA_1Q = B_1 \quad \text{und} \quad PA_2Q = B_2$$

genau dann, wenn

$$(A_1 \cdot X + A_2) \sim_{K[x]} (B_1 \cdot X + B_2)$$

ist.

Ergänzende Literatur

A. Vorbereitende Literatur

LAMPRECHT, E., *Einführung in die Algebra* (2. Auflage). Birkhäuser Verlag, Basel 1991.

B. Weitere Bücher zur linearen Algebra

FISCHER, G., *Lineare Algebra* (9. Auflage). Verlag-Vieweg, Braunschweig 1986.

GREUB, W. H., *Linear Algebra* (4. Edition). Springer-Verlag, Berlin – Heidelberg – New York 1981.

KLINGENBERG, W., *Lineare Algebra und Geometrie* (2. Auflage). Springer-Verlag, Berlin – Heidelberg 1990.

KOWALSKI, H. J., *Lineare Algebra*. de Gruyter & Co, Berlin – New York 1979.

LAMPRECHT, E., *Lineare Algebra 2*. Birkhäuser Verlag Basel.

LANG, S., *Linear Algebra* (3. Edition). Springer-Verlag 1987.

LORENZ, F., *Lineare Algebra* I, II (2. Auflage). BI-Wissenschaftsverlag, Mannheim – Wien – Zürich 1988/1989.

NEF, W., *Lehrbuch der linearen Algebra* (2. Auflage). Birkhäuser Verlag, Basel 1977.

OELJEKLAUS, E. und REMMERT, R., *Lineare Algebra* I. Springer-Verlag, Berlin – Heidelberg – New York 1974.

TIETZ, H., *Lineare Geometrie* (2. Auflage). UTB Vandenhoeck & Rupprecht, Göttingen 1973.

C. Weitere Literatur zu Normalformenproblemen und zur Elementarteilertheorie

BOURBAKI, N., *Elements of Mathematics. Algebra* II, Ch. 4–7, Springer-Verlag, Berlin – Heidelberg – New York 1989.

COHN, P. M., *Algebra*, Vol. I. (2. Auflage), John Wiley & Sons, Ltd, Chichester 1982.

GRÖBNER, W., *Matrizenrechnung*. BI-Taschenbücher, Mannheim 1976.

JACOBSON, N., *Lectures in Abstract Algebra*, Vol II. Graduate Texts in Mathematics, Vol. 31, Springer-Verlag, Berlin – Heidelberg – New York 1975.

KOCHENDÖRFFER, R., *Einführung in die Algebra*. VEB Deutscher Verlag der Wissenschaften, Berlin 1974.

LANG, S., *Algebra* (2. Edition). Addison-Wesley Publishing Company, Reading 1984.

VAN DER WAERDEN, B. L., *Algebra* II (5. Auflage). Springer-Verlag Berlin – Heidelberg 1976.

Verzeichnis der Symbole

Sachverzeichnis